Komponentenbasierte Entwicklung von NC-Steuerungssystemen

Von der Fakultät für Maschinenwesen
der Rheinisch-Westfälischen Technischen Hochschule Aachen
zur Erlangung des akademischen Grades eines
Doktors der Ingenieurwissenschaften
genehmigte Dissertation

vorgelegt von

Markus Voß

Berichter:
Univ.-Prof. Dr.-Ing. Christian Brecher
Univ.-Prof. Dr.-Ing. Alexander Verl

Tag der mündlichen Prüfung: 20. April 2011

ERGEBNISSE AUS DER PRODUKTIONSTECHNIK

Markus Voß

Komponentenbasierte Entwicklung von NC-Steuerungssystemen

Herausgeber:
Prof. Dr.-Ing. Dr.-Ing. E.h. Dr. h.c. Dr. h.c. F. Klocke
Prof. Dr.-Ing. Dipl.-Wirt.Ing. G. Schuh
Prof. Dr.-Ing. C. Brecher
Prof. Dr.-Ing. R. H. Schmitt

Band 9/2011

WZL
RWTH AACHEN

Fraunhofer
IPT

Bibliografische Information der Deutschen Nationalbibliothek
Die Deutsche Nationalbibliothek verzeichnet diese Publikation in der Deutschen Nationalbibliografie; detaillierte bibliografische Daten sind im Internet über http://dnb.ddb.de abrufbar.

Markus Voß:

Komponentenbasierte Entwicklung von NC-Steuerungssystemen

1. Auflage, 2011

Gedruckt auf holz- und säurefreiem Papier, 100% chlorfrei gebleicht.

Apprimus Verlag, Aachen, 2011
Wissenschaftsverlag des Instituts für Industriekommunikation und Fachmedien an der RWTH Aachen
Steinbachstr. 25, 52074 Aachen
Internet: www.apprimus-verlag.de, E-Mail: info@apprimus-verlag.de

Druck: CPI Druckdienstleistungen GmbH,
Ferdinand-Jühlke-Straße 7 I 99095 Erfurt

ISBN 978-3-86359-021-5

D 82 (Diss. RWTH Aachen University, 2011)

Vorwort

Die vorliegende Arbeit entstand während meiner Tätigkeit als wissenschaftlicher Mitarbeiter am Werkzeugmaschinenlabor (WZL) der Rheinisch-Westfälischen Technischen Hochschule Aachen.

Mein besonderer Dank gilt meinen beiden Doktorvätern, Prof. em. Dr.-Ing. Dr.-Ing. E.h. Dr.-Ing. E.h. Manfred Weck, dem emeritierten Inhaber des Lehrstuhls für Werkzeugmaschinen, und seinem Nachfolger, Prof. Dr.-Ing. Christian Brecher, für die Betreuung, die fachlichen Ratschläge und Diskussionen sowie die Förderung und Unterstützung bei der Durchführung dieser Arbeit an ihrem Lehrstuhl. Die Beschäftigung am WZL bot mir nicht nur die Möglichkeit, diese Dissertation zu erarbeiten, sondern ermöglichte mir auch tiefe Einblicke in zahlreiche verschiedene und interessantes Bereiche des Maschinenbaus und insbesondere der Steuerungs- und Automatisierungstechnik. Herrn Prof. Dr.-Ing. Alexander Verl, dem Leiter des Instituts für Steuerungstechnik der Werkzeugmaschinen und Fertigungseinrichtungen (ISW) der Universität Stuttgart, danke ich für seine Tätigkeit als zweiter Berichter und die eingehende Durchsicht dieser Arbeit. Für die Übernahme des Vorsitzes der Promotionskommission danke ich darüber hinaus Prof. Dr.-Ing. Edmund Haberstroh.

Bei meinem ehemaligen Bürokollegen, Herrn Dr.-Ing. Marco Lescher, möchte ich mich für die zahlreichen fachlichen und fachübergreifenden Diskussionen, die konstruktiven Anregungen und Ratschläge sowie für die kritische und gewissenhafte Durchsicht des Manuskripts bedanken. Weiterhin möchte ich mich auch bei meinen ehemaligen Kollegen Dr.-Ing. Werner Herfs, Dr.-Ing. Ben Schröter, Dr.-Ing. Andreas Kahmen, Dr.-Ing. Jochen Wolf, Dipl.-Ing. Andreas Schmidt und Dipl.-Ing. Mirco Vitr für viele fachliche Diskussionen und Anregungen sowie die gute Zusammenarbeit bedanken.

Für die Unterstützung bei der Umsetzung der praktischen Arbeiten möchte ich mich bei meinen drei ehemaligen studentischen Hilfskräften, Dipl.-Ing. Christian Klein, Dipl.-Inform. Gunter Ohrner und Christian Haentjes, sowie bei Walburga Hobbie bedanken, die durch ihr Engagement und ihre ausgezeichnete Arbeit wesentlich zum Gelingen dieser Arbeit beigetragen haben.

Darüber hinaus möchte ich mich bei meiner Familie bedanken, die meine Ausbildung und meinen Werdegang ermöglicht und stets mit großem Engagement gefördert hat. Meiner Frau, Dipl.-Ing. Verena Voß, danke ich ganz besonders für ihre große, dauerhafte moralische Unterstützung, Motivation und Rücksichtnahme während der Erstellung dieser Arbeit sowie für die gewissenhafte Durchsicht des Manuskripts.

Stuttgart, im Juni 2011

Markus Voß

Inhaltsverzeichnis

Terminologie und Abkürzungen

ACE	*Adaptive Communication Environment*
API	*Application Programming Interface*
AUTOSAR	*AUTomotive Open System ARchitecture*
CBD	*Component-Based Development*
CCM	*CORBA Component Model*
CIAO	*Component Integrated ACE Orb*
CIDL	*Component Implementation Definition Language*
CORBA	*Common Object Request Broker Architecture*
DOC	*Distributed Object Computing*
EJB	*Enterprise Java Beans*
HMI	*Human Machine Interface*
HÜMNOS	*Entwicklung herstellerübergreifender Module für den nutzerorientierten Einsatz der offenen Steuerungsarchitektur*
IDL	*Interface Definition Language*
JOP	*Japan Open Systems Promotion Group*
KMU	*Kleine und mittelständische Unternehmen*
MC	*Motion Control*
MDA	*Model Driven Architecture*
MDD	*Model Driven Development*

MPC	*Make Project Creator*
NC	*Numerical Control*
OCEAN	*Open Controller Enabled by an Advanced real-time Network*
OMAC	*Open Modular Architecture Controller*
OMG	*Object Management Group*
OOP	*Object Oriented Programming*
ORB	*Object Request Broker*
OROCOS	*Open RObot COntrol Software*
OSACA	*Open System Architecture for Controls within Automation Systems*
OSADL	*Open Source Automation Development Lab*
OSEC	*Open System Environment for Controller*
OSEK	*Offene Systeme und deren Schnittstellen für die Elektronik im Kraftfahrzeug*
POA	*Portable Object Adapter*
PLC	*Programmable Logic Controller*
RPC	*Remote Procedure Call*
RUP	*Rational Unified Process*
TAO	*The ACE Orb*
UML	*Unified Modelling Language*
VDX	*Vehicle Distributed Executiv*
XML	*Extensible Markup Language*

1 Einleitung

Introduction

Die effiziente Fertigung kundenindividueller Produkte mit geringen Losgrößen stellt hohe Anforderungen an die Steuerungstechnik der Werkzeugmaschinen. Unterschiedliche Maschinentypen mit verschiedenen Kinematiken erfordern ebenso flexible und konfigurierbare Steuerungen wie die wachsenden Anforderungen an den Bearbeitungsprozess hinsichtlich Werkstückgeometrie, Oberflächenqualität und Bearbeitungszeit [FUCH08, BREC05].

Aufgrund dieser wachsenden Anforderungen an Flexibilität, Konfigurierbarkeit und Skalierbarkeit der NC-Steuerungen werden neue Konzepte zur effizienten Entwicklung und Wartung der Steuerungssoftware benötigt. Damit stehen insbesondere die kleinen und mittelständischen Unternehmen (KMU) unter den Steuerungsherstellern vor einer großen Entwicklungsherausforderung, bei der die effiziente Entwicklung, Wartung und Pflege des Produktes eine Schlüsselrolle einnimmt. Um die Komplexität weiterhin beherrschen und somit NC-Steuerungen zu einem konkurrenzfähigen Preis anbieten zu können, ist es erforderlich, die Steuerungssoftware effizient zu entwickeln und für die Zukunft flexibel erweiterbar und wartbar zu gestalten [FUCH08]. Aktuell werden bei der Entwicklung und Implementierung von Steuerungssystemen sowohl bei großen als auch kleinen und mittelständischen Unternehmen objektorientierte Entwicklungstechniken sowie Ansätze mit verteilten Objekten verwendet [WECK06, FIDI08, SIEM03]. Wie sich bereits in vielen anderen Bereichen der Softwareentwicklung gezeigt hat, erfordert die wirtschaftliche und flexible Erstellung qualitativ hochwertiger Software eine systematische, standardisierte und werkzeuggestützte Vorgehensweise, welche eine einfache Wiederverwendbarkeit erprobter Lösungen erlaubt [HEIN04]. Der Einsatz von Standards und standardisierten Vorgehensweisen hat sich in den bestehenden Ingenieurwissenschaften insbesondere im Bereich der mechanischen Konstruktion durchgesetzt. Bei modernen Ansätzen des Software Engineerings, wie der komponentenbasierten und der modellgetriebenen Entwicklung, werden solche erfolgreichen Ansätze ebenfalls im Bereich der Softwareentwicklung eingesetzt [ANDR04]. Anwendung finden diese Ansätze bereits in vielen technischen Bereichen. Für die Entwicklung von NC-Steuerungssystemen werden solche Entwicklungsansätze bisher nicht genutzt.

Große Unternehmen sind in der Lage, durch große Entwicklungsteams und mit viel Zeitaufwand auch die für die synchrone Ansteuerung der Antriebe notwendige Echtzeitbetriebssystemplattform selbst zu entwickeln. Die Steuerungsapplikation selbst wird zwar modular entwickelt, aber als ein monolithischer Block erstellt. Lediglich die Benutzerschnittstelle wird als separates Modul entwickelt und auf unterschiedlichen Rechnern ausgeführt. Die Kommunikationsmechanismen für den Datenaustausch zwischen NC-Kern und HMI sind bei großen Unternehmen ebenfalls oftmals proprietär implementiert.

Für die kleinen und mittelständischen Unternehmen (KMU) unter den NC-Steuerungsherstellern wird eine solche Art der Steuerungsentwicklung zunehmend schwieriger. Die steigenden Anforderungen nach mehr Funktionalität führen zu einer wachsenden und dadurch teilweise ungünstig strukturierten Source-Code-Basis der Steuerung. Die Weiterentwicklung und Wartung der Steuerung wird damit zunehmend zeitaufwendiger und kostenintensiver. Um trotzdem ein attraktives Produkt auf dem Markt platzieren zu können, sind diese KMU in Zukunft auf einen speziell für die Steuerungstechnik optimierten Software-Engineering-Prozess angewiesen, der sowohl eine effiziente Entwicklung von neuer Steuerungsfunktionalität als auch die Wartung und Pflege des bestehenden Source-Codes der Steuerung ermöglicht.

In dieser Arbeit soll deshalb die komponentenbasierte Entwicklung für numerische Steuerungssysteme erschlossen und validiert werden. Eine komponentenbasierte Software-Systemplattform ermöglicht das Erstellen von marktfähigen Produkten durch Zusammensetzen und Konfiguration von einmal entwickelten Softwarekomponenten nach dem Baukastenprinzip. Die Entwicklung der funktionalen Komponenten für den Baukasten übernimmt hierbei der Steuerungshersteller selbst. Dazu kann er den bestehenden Source-Code seines objektorientiert entwickelten Steuerungssystems in Komponenten überführen. Dieser Aufwand rentiert sich, sobald aus dem Baukasten kosteneffizient mehrere Produkte erzeugt und verkauft werden können. Im Gegensatz zu bisherigen Ansätzen zur Modularisierung der Steuerungssoftware werden sämtliche Abhängigkeiten eines Software-Moduls zur restlichen Software über einen definierten Mechanismus des Komponentenmodells abgebildet. Das ermöglicht die Verringerung des Integrations- und Konfigurationsaufwands im Vergleich zu rein objektorientierten Ansätzen sowie dem modularen Ansatz der OSACA-Architektur [OSAC01]. Für das Komponentenmodell wird auf einen internationalen Software-Standard zurückgegriffen, um eine proprietäre Entwicklung in einem Bereich, der nicht der Kernkompetenz der Steuerungshersteller entspricht, zu vermeiden.

Nach einer Analyse der aktuellen Anforderungen an die Entwicklung von NC-Steuerungssystemen wird ein Konzept erarbeitet, welches Maßnahmen zum erfolgreichen Einsatz der komponentenbasierten Entwicklung für Steuerungssysteme definiert. Des Weiteren werden auch die für den praxisorientierten und effizienten Einsatz dieses Ansatzes notwendigen Vorgehensweisen, Methoden und Hilfswerkzeuge konzeptionell und prototypisch erarbeitet und an einem Anwendungsbeispiel aus dem Bereich der Steuerungsentwicklung validiert. Abschließend setzt sich diese Arbeit kritisch mit den erreichten Resultaten auseinander und gibt einen Ausblick auf Einsatzpotenziale.

Introduction

The efficient manufacturing of customer-individual products at small batch sizes leads to high demands on the controls of machine tools. Different types of machines with different kinematics require as much flexible and configurable controls as the different demands to the process of machining with regard to workpiece geometry, surface quality and process time [FUCH08, BREC05].

Because of these increasing demands to flexibility, configurability and scalability of numerical controls, new concepts for efficient development and maintenance of the numerical control application are necessary. Thereby especially the small and medium-sized enterprises (SME) among the manufacturers of numerical controls face the challenge of development in which efficiency and maintenance take a key role. In order to be able to handle complexity and hence to offer numerical controls at a competitive price, it is necessary to develop software efficiently and to provide it extensible and maintainable for future purposes [FUCH08]. Currently object-oriented development techniques as well as attempts based on distributed objects are utilised for development and implementation of control systems in small and medium-sized as well as in large enterprises [WECK06, FIDI08, SIEM03]. As seen in various other areas of software development, the economic and flexible creation of high quality software requires a systematic, standardised and tool-based approach, which allows the easy re-use of well-known solutions [HEIN04]. The utilisation of standards and standardised methods have proven themselves in existing engineering sciences, especially in the field of mechanic construction. Modern approaches to software engineering such as component-based and model-based development also use these successful attempts for software development [ANDR04]. Furthermore, this approach is used in various technical fields. For the development of numerical control systems however, these attempts have not been used so far.

Large enterprises are able to develop the real-time platforms, which are necessary for the synchronous control of the axes drives, on their own using large development teams and under high expenditure of time. The control application itself is indeed developed in a modular way, but built as a monolithic block. Merely the human machine interface (HMI) is developed as a separate module and executed on different hardware. Communication mechanisms for data exchange between the NC-kernel and the HMI are often also implemented proprietarily in products of large enterprises.

For the small and medium-sized enterprises (SME) among the vendors of numerical controls this kind of development is increasingly difficult. The rising demands for functionality lead to a growing and therefore partly inefficient structured source code base of the control system. Further development and maintenance of the control thereby gets more and more time-consuming and cost-intensive. In order to be able to place an attractive product on the market just the same, in future these SME are dependent on a software engineering process, that is optimised especially for the area of control technique. This process will enable the efficient development of new control functionality as well as maintenance of existing source code for controls.

Therefore in this thesis the component-based development approach is to be made accessible and validated for numerical controls. A component-based software system platform enables the creation of marketable products by the composition and configuration of once developed components according to the principle of modular engineering by assembling ready-to-use building blocks.

The development of these building blocks is performed by the manufacturers of control systems themselves. For this purpose the existing source code base of the control system, that has been developed in a object-oriented way, can be converted into components. This effort is profitable as soon as multiple products can be created and sold out of the modular system of building blocks in a cost-efficient way. Compared to present approaches to modularisation of the control system software, all dependencies of a software module to the rest of the software are managed by a defined mechanism of the component model. That allows the reduction of integration and configuration efforts compared to object-oriented approaches and the modular approach of the OSACA architecture [OSAC01]. An international standard is used for the component model in order to avoid the development of a proprietary standard in a technical area that is not the core competence of numerical control vendors.

After an analysis of the current requirements to the development of numerical control systems, a concept is worked out which defines measures to the successful utilisation of the component-based development of numerical control systems. Furthermore, concepts and prototypes of procedural methods and supporting tools are designed to put this approach into practice efficiently. The concepts and prototypes are validated by means of an example of use from the field of numerical control system development. Finally, this thesis critically evaluates the achieved results and gives a conclusion on the potential use cases.

2 Stand der Technik

State of the Art

Für die effiziente Entwicklung von Software zur Steuerung von Werkzeugmaschinen gibt es unterschiedliche methodische Ansätze und Hilfssysteme, welche den Entwicklungsprozess in seinen einzelnen Phasen unterstützen. Die folgenden Kapitel geben einen Überblick über den aktuellen Stand der Technik im Bereich der Entwicklung von NC-Steuerungen, aber auch relevante Ansätze aus verwandten Bereichen. Weiterhin werden aktuelle Trends in der Softwareentwicklung und Methoden, Systematiken und Technologien zur Entwicklung von Software vorgestellt und im Kontext dieser Arbeit diskutiert. Für einen Überblick über Aufgabe, Funktionsweise und Aufbau einer numerischen Steuerung sei an dieser Stelle auf die Fachliteratur verwiesen [WECK06, PRIT06].

2.1 Entwicklung von Steuerungssystemen

Development of Control Systems

Im Folgenden sollen die Möglichkeiten der Entwicklung von Steuerungsfunktionalität auf Basis von offenen Steuerungssystemen beleuchtet werden. Zur Klärung der Begrifflichkeiten erfolgt zunächst eine Definition des Begriffs *Offenheit* im Kontext der Steuerungstechnik. Weiterhin werden am Markt verfügbare, kommerzielle offene Steuerungen sowie die Mechanismen zur Integration eigener Funktionalität erläutert. Auch die Ansätze zur Steuerungsentwicklung mit herstellerübergreifend offenen Steuerungssystemen werden analysiert und bewertet.

2.1.1 Definitionen zur Offenheit von Steuerungssystemen

Definitions on Openness of Control Systems

Ein offenes Steuerungssystem bietet Anwendungen von unterschiedlichen Herstellern die Möglichkeit zur Interaktion innerhalb eines Steuerungssystems. Bei der Offenheit einer Steuerung lässt sich zwischen *innerer* und *äußerer* Offenheit unterscheiden [KAHM05]. Unter äußerer Offenheit versteht man die Offenlegung und Vereinheitlichung der Schnittstellenspezifikationen der externen Schnittstellen, wie z.B. der Benutzerschnittstelle (HMI) sowie der Antriebsschnittstelle. Bei einer Steuerung mit innerer Offenheit ist ein Zugriff auf die internen Variablen und Funktionen des Steuerungskerns sowie eine Integration zusätzlicher Software in den Steuerungskern möglich. Diese Offenheit wird bei Steuerungssystemen für den Zugriff und die Manipulation von internen Steuerungsdaten, wie z.B. den Soll- oder Istwerten, über klar definierte Schnittstellen benutzt. Somit wird es möglich, die Steuerung beispielsweise durch spezielle Transformationsalgorithmen an Maschinen mit neuen kinematischen Strukturen anzupassen oder Algorithmen zur Prozessregelung in die Steuerung zu integrieren [WECK06, PRIT06].

Ein Steuerungssystem heißt „herstellerübergreifend offen", wenn die Schnittstellen des Systems konform zu einer herstellerunabhängigen Spezifikation sind. Die Konformität zu einer herstellerunabhängigen Schnittstellenspezifikation garantiert die Kompatibilität von Steuerungsmodulen untereinander, basierend auf einem gemeinsamen Kommunikationssystem. Zumindest theoretisch sollte dadurch auch der Austausch von Modulen zwischen Steuerungen verschiedener Hersteller möglich sein. Auch die Performance des Steuerungssystems ließe sich damit skalieren, da Module nach Bedarf gezielt hinzugefügt oder entfernt werden könnten [WECK06, PRIT01]. Auf dem Markt konnten sich herstellerübergreifend offene Steuerungssysteme bisher allerdings nicht etablieren, sodass die theoretischen Möglichkeiten und Vorteile bisher in der industriellen Praxis nicht beobachtet werden konnten.

2.1.2 Entwicklung auf Basis kommerzieller, offener Steuerungssysteme

Development based on commercial, open Control Systems

Im Folgenden werden die wichtigsten am Markt verfügbaren und von den Herstellern als offene Steuerungen bezeichneten Systeme vorgestellt und beleuchtet. Der Grad der Offenheit variiert dabei allerdings von Hersteller zu Hersteller.

Siemens Sinumerik 840D

Die Sinumerik 840D ist die leistungsfähigste und „offenste" Steuerung aus dem Hause Siemens. Sie besitzt eine fest vorgegebene Struktur des NC-Kerns, welcher modulartig gekapselte Geometrieverarbeitungsalgorithmen wie kinematische Transformation, Geschwindigkeitsführung und Interpolation enthält. Die Sinemurik 840D bietet dem Benutzer die Möglichkeit, eigene Funktionalität und Algorithmik in die Steuerung zu integrieren, indem die Berechnung dieser über Events angestoßen wird. Die Events können an bestimmten Einsprungpunkten in den festgelegten Ablauf der Satzvorbereitung und Satzbearbeitung der Steuerung eingesetzt werden. Über virtuelle Zugriffsmethoden (sogenannte *Bindings*) ist es möglich, Daten aus fest definierten Punkten (ca. 50) innerhalb des NC-Kerns auszulesen und auch zu überschreiben [SIEM03]. Eine so integrierte benutzerspezifische Funktionalität wird *Compile Cycle* genannt. Abbildung 2.1 veranschaulicht das Prinzip des Compile-Zyklus und des Einsprungs in benutzerdefinierte Funktionalität über Events.

Die Basis der Steuerung bildet ein in C++ entwickelter, objektorientierter NC-Kern. Der Kern wird auf einem Echtzeitbetriebssystem ausgeführt. In den Kern integrierte Compile-Zyklen laufen ebenfalls parallel zu dem Kern auf dem Echtzeitbetriebssystem [SIEM97]. Aus diesem Grund sind bei der Entwicklung eigener Compile-Zyklen strenge Rahmenbedingungen zu beachten. Die Änderung der Reihenfolge der Geometrieverarbeitung sowie ein kompletter Austausch von Steuerungsfunktionalität ist nicht möglich. Weiterhin gibt es nur eine Ansammlung verschiedener Kommandozeilenwerkzeuge, welche die Entwicklung unterstützen. Außerdem sind diese Entwicklungswerkzeuge wie z.B. der Compiler nur für SUN Workstations mit dem Solaris-Betriebssystem verfügbar. Somit ist die Hürde zur Entwicklung und Integration eigener Steuerungsfunktionalität in die Siemens 840D enorm hoch.

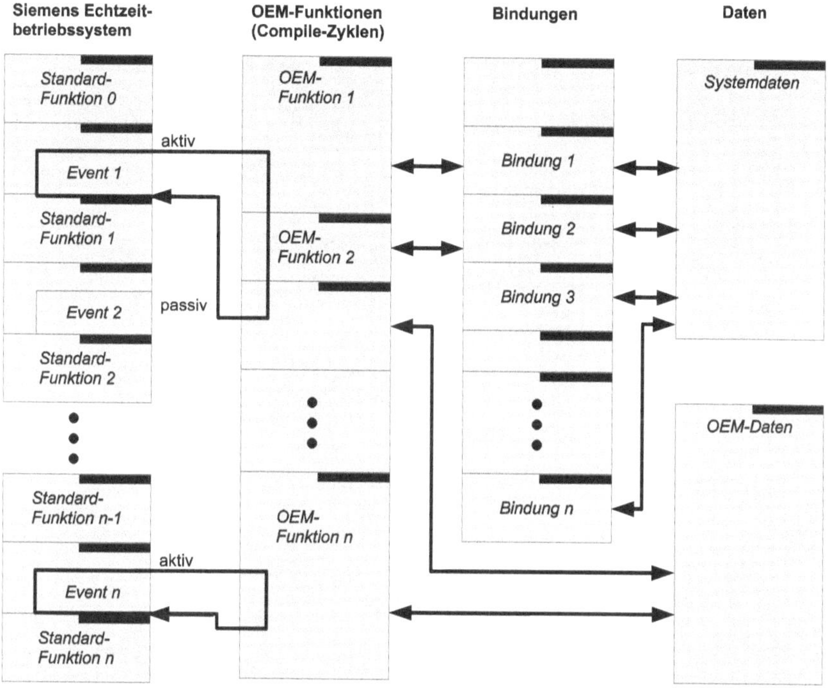

Abbildung 2.1: Prinzip der Siemens-Compile-Zyklen [SIEM03]

Siemens compile cycle principle

Bosch Typ3osa und IndraMotion MTX

Die offensten und leistungsfähigsten Steuerungsvarianten der Firma Bosch Rexroth sind die Bosch Typ3osa bzw. deren Nachfolger, die IndraMotion MTX. Diese Steuerungen bieten die Möglichkeit, eigene Funktionalität mit der Programmiersprache „C" in die Steuerung zu integrieren. Dieser Mechanismus basiert auf dem Prinzip der sogenannten „Joblisten". Die Basis bilden dabei sogenannte Jobs, welche bereits als Bibliotheksbausteine für die Standardfunktionalität vorliegen. Der Benutzer kann allerdings auch eigene Jobs in der Programmiersprache „C" implementieren. Die Joblisten definieren dann die Reihenfolge des Aufrufs der einzelnen Jobs. Eine solche einmal erstellte Jobliste definiert dann eine spezielle NC-Funktionalität, die aus einem beliebigen NC-Programm heraus genutzt werden kann. Somit ist es möglich, durch Änderung oder Ersetzen bestehender Joblisten die vorhandene NC-Funktionalität komplett zu ersetzen, neu zu strukturieren oder beliebig zu erweitern [JOCH01]. Auf steuerungsinterne Daten kann ebenfalls Zugriff genommen werden. Dazu verfügt der Steuerungskern über die NC-Kern-Schnittstelle NCS. Dabei handelt es sich um eine Ethernet-basierte TCP/IP-Schnittstelle, welche die Kommunikation von

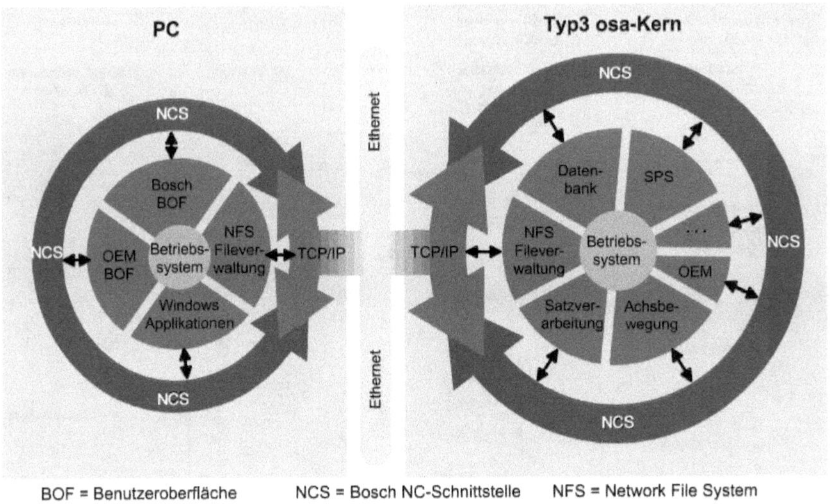

Abbildung 2.2: Prinzip der NC-Kern-Schnittstelle NCS der Bosch Typ3osa [Robe96].

Principle of the Bosch Typ3osa NC kernel interface NCS

außen mit allen Strukturelementen des NC-Kerns (wie z.B. Satzaufbereitung, Achsansteuerung und Soft-SPS) ermöglicht [Robe96]. Abbildung 2.2 zeigt, welche Strukturelemente der Steuerung über die NC-Kern-Schnittstelle NCS erreicht werden können.

Nachteilig bei der Entwicklung von Erweiterungen für die Bosch-Steuerungen über das Joblistenprinzip wirkt sich der rein prozedurale Programmieransatz aus. Da als Programmiersprache nur „C" verwendet werden kann, ist keine objektorientierte Programmierung möglich. Des Weiteren sind für die Entwicklung eigener Jobs ebenfalls genaue Systemkenntnisse erforderlich. Eine komfortable Entwicklungsumgebung existiert nicht. Ähnlich wie bei der Siemens-Steuerung müssen Kommandozeilenwerkzeuge benutzt werden. Allerdings genügt für die Entwicklung ein IBM-kompatibler PC mit Microsoft Windows Betriebssystem.

Weitere Steuerungssysteme

Die Steuerungen der Firmen Siemens und Bosch Rexroth bieten von den am Markt verfügbaren Steuerungen die weitestgehende Offenheit. Weitere am Markt verfügbare Steuerungen verfügen meist nur über eine Schnittstelle zwischen NC-Kern und Bediengerät, sodass kein Eingriff in die steuerungsinterne Geometriedatenverarbeitung in Echtzeit möglich ist. Ein Beispiel dafür ist z.B. die Fagor-Steuerung Fagor-CNC 8070 [FAGO08]. Bei dieser Steuerung hat der Benutzer die Möglichkeit über eine definierte Schnittstelle ein eigens in Visual Basic/C++ entwickeltes HMI mit der Steuerung zu verbinden.

Die Fidia-Steuerungen der C-Klasse besitzen dagegen eine CORBA-Schnittstelle für den Zugriff und die Kontrolle der NC-Kernfunktionalität. Allerdings ist auch hier keine Datenmanipulation steuerungsinterner Daten in Echtzeit möglich [FIDI08]. Die Steuerung andronic 2060 der Firma Andron bietet ebenfalls eine definierte Funktionsschnittstelle. Es ist auch möglich, eigene Berechnungsalgorithmen in die Steuerung zu integrieren. Dafür wird eine proprietäre, C-ähnliche Programmiersprache mit einigen Hilfswerkzeugen zur Integration und Entwicklung zur Verfügung gestellt [ANDR08]. Allerdings sind auch hier strenge Rahmenbedingungen zu beachten, und ein kompletter Austausch von NC-Funktionalität ist ebenfalls nicht möglich.

Ein häufig bereitgestellter Mechanismus zur Anbindung eigener Anwendungen an NC-Steuerungen ist OPC. OPC stellt einen Kommunikationsmechanismus zum Lesen und Schreiben von Steuerungsdaten bereit. Er basiert auf den Kommunikationsmechanismen COM und DCOM von Microsoft. Um diesen Dienst bereitzustellen, implementieren viele Steuerungen einen sogenannten OPC-Server, der ausgewählte Daten der Steuerung zum Lesen bzw. Schreiben zur Verfügung stellt [IWAN05]. Der Umfang der bereitgestellten Daten variiert aber von Hersteller zu Hersteller und ist weder festgelegt noch standardisiert.

2.1.3 Entwicklung auf Basis herstellerübergreifend offener Steuerungssysteme

Development based on vendor-neutral open Control Systems

Die herstellerübergreifend offenen Steuerungssysteme (vgl. Kapitel 2.1.1) sollten eine Alternative zu den proprietären Steuerungssystemen darstellen [OSAC96]. Die offenen und standardisierten Schnittstellen sowie die standardisierte Kommunikations- und Konfigurationsinfrastruktur sollten Vorteile für alle Beteiligten, sowohl für den Steuerungshersteller als auch für Maschinenhersteller, Softwareanbieter und Endkunden bieten. Steuerungshersteller und Softwareanbieter könnten ihre Produktpalette modularisieren, sodass geringere Entwicklungskosten anfallen würden, da eine parallele Entwicklung der Module möglich wäre. Außerdem wäre eine Konzentration auf die Kernkompetenz möglich, d.h. der Steuerungshersteller bzw. Softwareanbieter könnte sich auf die Entwicklung der Module aus seinem Kompetenzgebiet konzentrieren und für die weiteren Module auf andere Anbieter verweisen. Des Weiteren könnten alle Beteiligten die Abhängigkeit von ihren Zulieferern verringern. Maschinenhersteller und Endanwender könnten z.B. aus einer Produktpalette von verschiedenen Steuerungsherstellern und Softwareanbietern wählen und die Produkte miteinander kombinieren. Für Maschinenhersteller und Endanwender wäre es außerdem möglich, das maschinen- bzw. prozessspezifische Know-how in Form eines Erweiterungsmoduls in die Steuerung zu integrieren. Auf diese Art könnten sie ihr firmenspezifisches Know-how schützen. Diese Systeme haben sich allerdings aus verschiedenen Gründen nicht am Markt durchgesetzt. Sie waren aber Vorreiter für die Öffnung des NC-Kerns, werden bis heute in einigen Forschungsprototypen verwendet und bilden teilweise auch die Grundlage kommerzieller Steuerungen [WECK06]. Die wichtigsten Bestrebungen im Bereich der herstellerübergreifend offenen Steuerungen sollen hier im Hinblick auf die folgenden Punkte zusammenfassend dargestellt werden:

▷ ***Steuerungsarchitektur***: Die Steuerungsarchitektur definiert die Struktur und Organisation der logischen und funktionalen Aspekte der Steuerung. Dabei kann weiter zwischen System- und Softwarearchitektur unterschieden werden. Die Softwarearchitektur konzentriert sich auf die Organisation und Struktur der Software sowie auf die Interaktion der

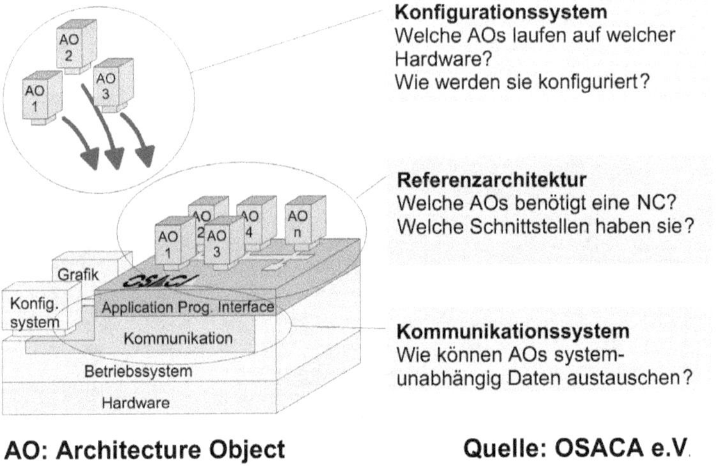

Abbildung 2.3: OSACA Systemarchitektur [OSAC01]

OSACA system architecture

Softwareteile untereinander bzw. mit anderen Systemen. Die Systemarchitektur bezieht die Hardware-Komponenten in die Betrachtung mit ein, legt auf Software-Ebene allerdings keine Strukturen fest.

▷ ***Systemplattform***: Unter dem Begriff Systemplattform ist die Kombination aus Betriebssystem, Treibern und Middleware zu verstehen, auf der die funktionale Software der Steuerung (Steuerungsapplikation) ausgeführt wird. Die Middleware, eine abstrakte Kommunikationsschicht für Softwareapplikationen, ist eine optionale Systemkomponente, die nicht zwangsläufig für die Realisierung einer Steuerung notwendig ist.

▷ ***Methoden und Werkzeuge***: Für die unterschiedlichen herstellerübergreifenden Steuerungsansätze wurden zum Teil Methoden und Werkzeuge definiert und implementiert, um deren Verwendung zu ermöglichen oder zu erleichtern.

OSACA und HÜMNOS

In der europäischen Initiative OSACA *(Open System Architecture for Controls within Automation Systems)* wurde ab 1992 eine herstellerübergreifend offene Steuerungsarchitektur entwickelt, welche die oben genannten Anforderungen an ein offenes Steuerungssystem erfüllt. Das Konsortium des Projektes bestand sowohl aus Steuerungs- und Maschinenherstellern, als auch aus Endanwendern aus der Automobilindustrie. Ebenfalls beteiligt waren Forschungsinstitute. Im OSACA-Projekt wurden bis 1995 als europäisches Forschungsprojekt die Grundlagen für eine offene Systemarchitektur für Steuerungen für Werkzeugmaschinen entwickelt. Von 1995-1997 wurden dann im Rahmen des BMBF-Projektes HÜMNOS konkrete Prototypen von OSACA-basierten Steuerungen sowie spezielle Hilfsmittel zur Konfiguration und Überwachung eines OSACA-basierten Steuerungssystems entwickelt [OSAC09].

Die Systemarchitektur besteht bei OSACA aus drei Bausteinen (siehe auch Abbildung 2.3): Dem Kommunikationssystem, der Referenzarchitektur und dem Konfigurationssystem [OSAC01]. Aufgrund mangelnder Alternativen wurde im OSACA-Projekt ein eigenes Kommunikationssystem entwickelt. Es ermöglicht den so genannten Architecture Objects (AO), welche jeweils einen Funktionsbereich des NC-Kerns kapseln, miteinander zu kommunizieren und so auf unterschiedliche Art und Weise Daten untereinander auszutauschen. Dies wird durch die einheitlichen Kommunikationsschnittstellen der Kommunikationsplattform ermöglicht. Die Referenzarchitektur von OSACA bestimmt, in welche funktionalen Module der NC-Kern aufgeteilt wird. Des Weiteren bestimmt sie die Schnittstellen der einzelnen Module (AOs). Dabei handelt es sich um herstellerunabhängige Schnittstellen, auf die sich mehrere namhafte Steuerungshersteller geeinigt haben. Mit dem Konfigurationssystem lässt sich festlegen, welche AOs für das jeweilige Steuerungssystem gestartet werden und auf welcher Hardwareplattform sie ausgeführt werden sollen. Weiterhin sorgt das Konfigurationssystem für einen koordinierten und synchronisierten Hochlauf aller für das jeweilige Steuerungssystem bestimmter Module [OSAC01].

Die im Rahmen des HÜMNOS-Projektes *(Entwicklung herstellerübergreifender Module für den nutzerorientierten Einsatz der offenen Steuerungsarchitektur)* entwickelten Prototypen wurden teilweise auch in marktreife Produkte umgesetzt. So besitzt die NC-Steuerung Bosch Typ3osa ein OSACA-Gateway. Des Weiteren wurde ein ähnliches Gateway für die Siemens 840D entwickelt, welches aufgrund mangelnder Nachfrage jedoch nie in den Verkauf kam [BRÜH99]. `Brühl` entwickelte in [BRÜH03] Methoden zur Definition einheitlicher Schnittstellen für Steuerungssysteme. Die Realisierung der genannten Produkterweiterungen ist teilweise das Resultat dieser Arbeit. Die OSACA-Systemarchitektur bildet außerdem die Grundlage des Steuerungskerns der Firma ISG Steuerungstechnik Stuttgart sowie der PowerControl der Firma HOMAG Holzverarbeitungssysteme. Im Bereich der Forschung wurden auf Basis von OSACA ebenfalls mehrere Steuerungsprototypen entwickelt.

Viele Dissertationen beschäftigen sich mit Methoden und Werkzeugen zur Realisierung offener Steuerungssysteme auf Basis von OSACA. `Müller` entwickelt in [MÜLL97] den objektorientierten Ansatz der Softwarearchitektur von OSACA. `Sperling` entwickelt in [SPER99] ein Kommunikations- und Konfigurationssystem für offene Steuerungen. Diese bilden die Grundlage für die Systemplattform von OSACA. `Hardebusch` beschreibt in [HARD02] Vorgehensweisen und Entwicklungsprozesse zur Entwicklung von offenen Steuerungssystemen auf Basis von OSACA. Des Weiteren wird auch ein prototypisches Werkzeug entwickelt, welches den Entwicklungsprozess unterstützen soll. Dabei handelt es sich um einen Datenmonitor, der in der Lage ist, die steuerungsinternen Daten anzuzeigen und zu manipulieren. `Daniel` und `Neuhaus` entwickelten Methoden und Werkzeuge zur Konfiguration von offenen Steuerungssystemen auf Basis von OSACA [DANI96, NEUH03].

OMAC

Ausgangspunkt für die Gründung der amerikanischen Nutzervereinigung OMAC *(Open Modular Architecture Controller)* war ein im Jahr 1994 durch 3 große, amerikanische Automobilhersteller verfasstes Anforderungspapier mit dem Titel „Requirements of Open Modular Architecture Controllers for Applications in the Automotive Industry“ [GENE94]. In der Nutzervereinigung OMAC wurden die Ergebnisse zahlreicher amerikanischer Projekte aus dem Bereich der offenen Steuerungssysteme zusammengeführt und vereinheitlicht. Innerhalb der Vereinigung befassen sich verschiedene Arbeitsgruppen mit der Definition von Schnittstellen einer Steuerung. In diesem Rahmen wurde auch die OMAC-Spezifikation entwickelt [OMAC99], welche auf der in dem Forschungsprogramm TEAM (Technologies Enabling Agile Manufacturing) erarbeiteten API (Application Programming Interface) basiert. In dieser Spezifikation wird die modulare Struktur einer Steuerung inklusive der API definiert. Dazu sind die unterschiedlichen Bereiche der Steuerung in Objekte unterteilt. Ein definiertes Framework legt die Beziehungen zwischen den Objekten fest. Ein Objekt beinhaltet dabei alle Methoden und Parameter, die für den Datenaustausch zwischen den Objekten der Steuerung zur Verfügung stehen. Dabei werden drei verschiedene Methodentypen unterschieden:

- ▷ *Parametrische Methoden* für den Zugriff auf Daten eines Objekts
- ▷ *Befehlsmethoden* kapseln algorithmische Funktionalität
- ▷ *Administrative Methoden* für die Zustandskontrolle

Objekte werden durch Klassen realisiert. Für einen Andwender ist es möglich, eigene Funktionalität in eigenen Klassen zu implementieren und durch Nutzung der Schnittstellen der Objekte des NC-Kerns in die Steuerung zu integrieren. Die Klassen der verschiedenen Objekte sind in sogenannten Komponentenbibliotheken organisiert, sodass der grundsätzliche Gedanke des Baukastenprinzips von dieser Steuerungsarchitektur unterstützt wird [MICH00]. Über den eigentlichen Kommunikationsmechanismus hingegen sagt die Spezifikation nichts aus. Es ist vorgesehen, dafür existierende Lösungen wie CORBA oder DCOM zu nutzen [OMAC99].

Bisher ist allerdings kein kommerzielles Produkt auf Basis von OMAC-Spezifikationen entstanden. Dies könnte u.a. daran liegen, dass in der OMAC-Nutzervereinigung hauptsächlich Steuerungsanwender, aber kaum Steuerungshersteller vertreten sind. Allerdings ist in einer Zusammenarbeit zwischen NIST (*National Institute for Standardization,* (USA)) und der OMAC-Initiative die Steuerungsimplementierung EMC *(Enhanced Machine Controller)* entstanden, welche zur Steuerung von NC-Fräsmaschinen mit 3-6 Achsen, sowie auch Robotern verwendet werden kann. Die Steuerung beherrscht sowohl die 2D- als auch die 3D-Bearbeitung. EMC diente der Erprobung der OMAC-Architektur. Die Softwareumgebung von EMC besteht aus einem G-Code-Interpreter und diversen Motorsteuerungsmodulen, die sowohl Schrittmotoren als auch Servomotoren ansteuern können. Die Ausgabe der Motorsteuerung kann über ein oder mehrere Parallelports oder über spezielle Karten geschehen. EMC ist als freie Software im Quellcode verfügbar und auf einem Standard-PC mit Echtzeit-Linux lauffähig [WILL01]. Es existieren diverse HMI-Implementierungen für die EMC, sowie Treiber für verschiedene Hardwarekomponenten zur Ansteuerung von Maschinenachsen. Die realisierten Anwendungen bewegen sich im semiprofessionellen Bereich. Eine Entwicklungsumgebung, Werkzeuge zur Unterstützung der Entwicklung oder definierte Methoden und Vorgehensweisen zur systematischen Anpassung oder Erweiterung der Steuerung existiert nicht [LINU08].

OSEC (JOP)

Die japanische Initiative OSEC *(Open System Environment for Controller)* wurde im Jahr 1994 gestartet und 1999 offiziell abgeschlossen. Seither wurde die Koordination der erarbeiteten Spezifikation von JOP *(Japan Open Systems Promotion Group)* übernommen [PRIT01, HARD02]. Die Spezifikation umfasst drei Modellebenen [FUJI98]:

▷ *Referenzmodell* für die Fertigung: Einteilung der IT-Systeme der Fertigung abhängig von der Aufgabenstellung

▷ *Architekturmodell* für modulare Struktur der Steuerung bestehend aus Subsystemen

▷ *Implementierungsmodell* für die Abhängigkeiten und den Informationsfluss zwischen den Subsystemen

Die Schnittstelle für modulare offene Steuerungssysteme, PAPI *(Principle Application Programmers Interface)*, wurde in der Programmiersprache C spezifiziert. Ähnlich wie bei OMAC wurde auch hier der konkrete Kommunikationsmechanismus nicht definiert, sondern die Nutzung bestehender Lösungen wie CORBA oder DCOM vorgesehen.

Global HMI

Zur Vereinheitlichung der weltweiten Bestrebungen zu den herstellerübergreifend offenen Steuerungssystemen, hauptsächlich der Ergebnisse aus OSACA, OMAC und OSEC/JOP, wurde im Jahr 1999 die internationale Initiative *Global HMI* gegründet. Ziel ist die Definition einer einheitlichen Schnittstelle zwischen NC-Kern und Benutzerschnittstelle [NASC01, PRIT01]. Bisher ist diese Initiative allerdings ergebnislos geblieben [BRÜH03].

OCEAN

Das Projekt OCEAN *(Open Controller Enabled by an Advanced real-time Network)* griff 2003 die Idee eines modularen Steuerungssystems wieder auf. Ähnlich wie im OSACA-Projekt wurde der Kern einer numerischen Steuerung in funktionale Module unterteilt. Des Weiteren wurde in OCEAN eine Kommunikationsplattform entwickelt, die den effizienten und einfachen Datenaustausch zwischen den Modulen erlaubt [PRIT03]. Ziel des OCEAN-Projektes war es, die Nachteile bisheriger Steuerungsarchitekturen (beispielsweise das schwierig zu benutzende und aufwendig wartbare Kommunikationssystem von OSACA) zu überwinden und so für den Anwender eine möglichst einfach zu nutzende, offene Steuerungsarchitektur zu schaffen, die den Anforderungen an moderne numerische Steuerungen gerecht wird. Anwender sind dabei Steuerungshersteller und Drittanbieter von Erweiterungssoftware für Steuerungssysteme [BREC05].

Ein wesentlicher Aspekt der OCEAN-Projektidee zur Sicherstellung der Wartbarkeit und Pflege der Kommunikationsplattform ist die Verwendung von bestehenden Technologien in Form von Open-Source-Software. So wird für die echtzeitfähige Kommunikationsplattform auf die Open-Source-Implementierung von RT-CORBA (Real-Time CORBA) TAO ([SCHM97, GOKH99]), und auf das Open-Source-Betriebssystem Linux mit Echtzeiterweiterung RTAI zurückgegriffen [OCEA02]. Abbildung 2.4 zeigt die Systemarchitektur der echtzeitfähigen Kommunikationsplattform für verteilte Steuerungssysteme von OCEAN [PRIT03].

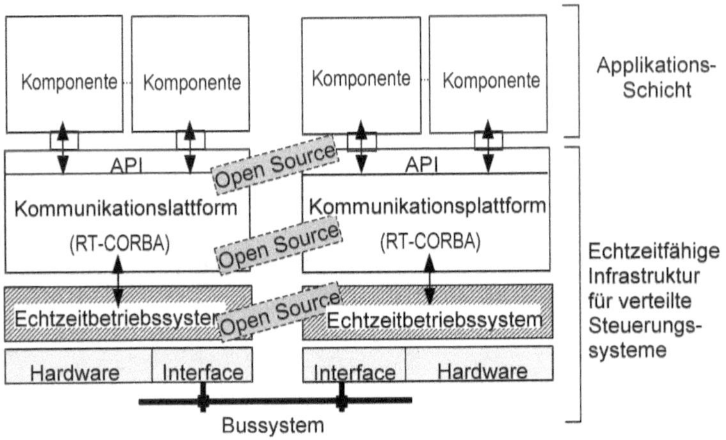

Abbildung 2.4: Architektur der OCEAN-Systemplattform [PRIT03]

Architecture of the OCEAN system platform

Am Markt existiert kein konkretes Produkt, welches auf der OCEAN-Systemplattform basiert. Allerdings sind einige Ansätze aus dem OCEAN-Projekt in kommerzielle Produkte übernommen worden. Beispiele dafür sind die CORBA-Schnittstelle der C-Klasse-Steuerungen von Fidia sowie die neueste Generation der PowerControl der Firma Homag. Methodische Vorgehensweisen oder Entwicklungsprozesse sowie unterstützende Werkzeuge wurden für die Entwicklung von Steuerungssystemen auf Basis von OCEAN bisher nicht entwickelt.

Im Anschluss an das OCEAN-Projekt wurde auf Initiative der Firma Homag die OSADL-Genossenschaft gegründet. OSADL *(Open Source Automation Development Lab)* hat sich das Ziel gesetzt, die Verwendung von Open Source Software in Steuerungssystemen der Automatisierungstechnik zu fördern [OSAD09a]. Die Entwicklung und Pflege einer für die Steuerungstechnik geeigneten Echtzeiterweiterung für Standard-Linux-Systeme ist ein Teil dieser Bemühungen [SCHW09]. Weiterhin bietet OSADL die Zertifizierung und damit die Absicherung der Basisplattform, bestehend aus Betriebssystem, Treibern und Rechnerhardware, als Dienstleistung an.

OROCOS

OROCOS *(Open RObot COntrol Software)* startete als ein EU-Forschungsprojekt mit dem Ziel eine fortschrittliche Roboter-Steuerungsarchitektur zu entwickeln. Ursprünglich war die Steuerungsarchitektur für Roboter und Handlingsysteme gedacht. Jedoch erlaubt die modulare Struktur die Entwicklung von Steuerungen für jegliche Art von Maschinen [BRUY01]. Das Projekt wird aktuell von der KU Leuven und dem Spin-Off der KU Leuven, FMTC, weitergeführt. Es gibt sowohl das Steuerungsframework als auch verschiedene Demo-Applikationen zum freien Download. Die Hauptbibliotheken (OCL und KDL) der Software sind unter der LGPL veröffentlicht. Die RTT- und BFL-Bibliotheken sind unter vergleichbaren Bedingungen veröffentlicht. Die OCL beinhaltet generelle Komponentendefinitionen mit administrativen Schnittstellen über die z.B. Events und Methoden sowie Statusmaschinen für die Komponenten bereitgestellt werden können. Mit der KDL lassen sich echtzeitfähige, kinematische Geometrieketten implementieren. Die RTT-Bibliothek unterstützt bei der Implementierung von Echtzeitapplikationen. Mit Hilfe der BFL lassen sich u.a. Algorithmen wie z.B. Kalman-Filter und dynamische Baysche Netzwerke einfach projektieren [KATH09].

Eine Referenzarchitektur für Steuerungssysteme wird vom OROCOS-Projekt nicht definiert [HERM03]. Für die Entwicklung von Steuerungen auf Basis von OROCOS existieren auch keine definierte Vorgehensweise und keine unterstützenden Software-Werkzeuge [KATH09]. Auf Basis von OROCOS sind keine marktreifen Produkte entstanden. Allerdings sind einige Prototypen von Steuerungen im Bereich der Forschung unter Verwendung des OROCOS-Framework entwickelt worden. Beispiele dafür sind die Steuerung des autonomen KFZ des *Berlin Racing Teams* bei der *Urban Challenge 2007* [BERL09] sowie ein komplexes Steuerungssystem für zwei kooperierende Roboter [SMIT08, KATH09].

AUTOSAR

AUTOSAR *(AUTomotive Open System ARchitecture)* ist eine Initiative zur Definition eines Komponentenstandards für Steuergerätesoftware in KFZ. Die AUTOSAR-Initiative setzt die Bemühungen des OSEK/VDX-Standards fort, welcher versuchte, einen internationalen, offenen Standard für die Steuergeräte-Software in Kraftfahrzeugen zu etablieren [HEIN04]. Dabei wird ein Komponentenstandard mit administrativen Schnittstellen definiert. Diese sollen eine Portierbarkeit von Funktionen im Fahrzeugnetzwerk und eine möglichst späte Projektierung auf die tatsächliche Zielhardware ermöglichen [AUTO09]. An der Initiative sind alle großen Automobilhersteller, sowie Elektronik-OEMs und Softwaredienstleister der Automobilindustrie beteiligt. In AUTOSAR werden ein Komponentenmodell, ein Kommunikationsstandard für Komponenten sowie Werkzeuge, Methoden und Vorgehensweisen spezifiziert und standardisiert. Zur Zeit werden erste Prototypen sowie die für die effektive Nutzung der Architektur notwendigen Werkzeuge entwickelt und evaluiert [SCHA05, HEIN06].

Mit dem OSEK/VDX-Standard gibt es bereits einen europäisch etablierten Standard zur Entwicklung von Steuergerätesoftware. Er definiert ein ereignisgesteuertes Echtzeitbetriebssystem mit einfachen Möglichkeiten zur Task-Synchronisation und Ressourcenverwaltung. Im Hinblick auf eine effiziente Implementierung wird jedoch das gesamte System in der Entwicklungsphase statisch konfiguriert [LEMI01]. Eine spätere Neuverteilung auf andere Hardware ist somit nicht ohne großen Aufwand zu erledigen. Hier soll die AUTOSAR-Architektur durch größere Unabhängigkeit von der Hardwareplattform eine größere Flexibilität für eine spätere Konfiguration und Projektierung bringen [ZIMM07].

2.1.4 Fazit zur Entwicklung von Steuerungssystemen

Conclusion on the Development of Control Systems

Die Analyse hat gezeigt, dass bisher hauptsächlich die NC-Steuerungen großer Konzerne eine innere Offenheit bis in den Kern erlauben. Software-Werkzeuge zur Unterstützung bei der Entwicklung von Erweiterungen existieren allerdings gar nicht oder nur in rudimentärer Form. Die

Siemens Sinumerik 840D bietet ein modulares Konzept, welches es erlaubt, in der objektorientierten Programmiersprache C++ implementierte Algorithmen in den Steuerungskern zu integrieren. Die bestehende algorithmische Funktionalität kann dabei aber nicht komplett ausgetauscht werden und die Reihenfolge der Berechnungsalgorithmen der Geometriekette ist ebenfalls festgelegt. Für die Entwicklung wird eine spezielle Hardware-Plattform benötigt. Für die Erstellung und Integration der selbstentwickelten Funktionalität stehen allerdings nur einige einzelne, unabhängige Werkzeuge zur Verfügung. Eine integrierte Entwicklungsumgebung existiert nicht. Die Bosch Typ3osa bzw. ihr Nachfolgermodell MTX hingegen erlaubt den vollständigen Austausch der Steuerungsfunktionalität sowie die Manipulation der internen Berechnungsabläufe. Dazu sind allerdings tiefgreifende Systemkenntnisse erforderlich. Für die Entwicklung von eigenen Applikationen zur Integration in die Steuerung steht ebenfalls keine komfortable Entwicklungsumgebung zur Verfügung, sondern es muss auf einzelne Werkzeuge wie Editoren und Compiler zurückgegriffen werden. Ein weiterer Nachteil ist die fehlende Unterstützung für objektorientierte Entwicklung, da zusätzliche Funktionalität nur prozedural in der Programmiersprache C entwickelt werden kann. Kleine und mittelständische NC-Steuerungshersteller bieten meist nur eine einfache Schnittstelle für die äußere Offenheit zum Zugriff auf Daten, welche für die Benutzerschnittstelle relevant sind. Der Zugriff auf die internen Abläufe des NC-Kerns bleibt verwehrt. Somit sind auch keine Erweiterungen möglich, welche einen Eingriff in die Sollwerterstellung in Echtzeit benötigen.

Für die komfortable Entwicklung von NC-Steuerungsfunktionalität sind bis heute auf dem Markt keine Produkte erhältlich. Für die Entwicklung von eigener Steuerungsfunktionalität ist tiefgreifendes Wissen über die Steuerungsarchitektur der jeweiligen Steuerung notwendig. Teilweise wird sogar spezielle Hardware zur Entwicklung benötigt. Dadurch wird die Entwicklung von Erweiterungen z.B. für Anpassungen an einen speziellen Bearbeitungsprozess zeitaufwendig und damit kostenintensiv. Eine komfortable Engineering- oder Entwicklungsumgebung mit integriertem Editor, Compiler und Testumgebung sowie einer Anbindung an eine Versionsverwaltung existiert nicht.

Seit Anfang der 90'er Jahre beschäftigten sich viele Initiativen mit der Entwicklung offener NC-Steuerungssysteme. In Abbildung 2.5 sind diese zusammenfassend in Abhängigkeit ihrer Projektlaufzeit und der regionalen Verteilung dargestellt. Im Rahmen dieser Initiativen wurden auch teilweise System- und Softwarearchitekturen sowie Entwicklungsmethodiken für offene Steuerungssysteme erarbeitet. So wurde z.B. im Rahmen der OSACA-Initiative der objektorientierte Entwicklungsansatz für offene Steuerungssysteme realisiert und validiert. Das Projekt OCEAN schlägt erstmals einen komponentenbasierten Ansatz für NC-Steuerungssysteme vor, jedoch wurde im Rahmen des Projektes kein definiertes Entwicklungsvorgehen und auch keine Unterstützung durch Software-Werkzeuge entwickelt. Zwar konnte die prinzipielle Eignung der Kommunikationsmiddleware CORBA sowie des Komponentenmodells CCM gezeigt werden, jedoch wurden keine Regeln oder Vorgehensweisen zur Nutzung dieser Technologien für die Entwicklung von NC-Steuerungssystemen definiert. In der Automobilindustrie gibt es ebenfalls die Bestrebung, einen komponentenbasierten Entwicklungsansatz für die Erstellung der Software für KFZ-Steuergeräte einzuführen. Im Rahmen der AUTOSAR-Initiative werden dazu allerdings nicht nur die Kommunikationsmiddleware und offene Schnittstellen spezifiziert und validiert, sondern es werden auch Methoden für ein systematisches Entwicklungsvorgehen sowie Schnittstellen für und Anforderungen an Werkzeuge zur Unterstützung der Entwicklung festgelegt. Abbildung 2.6 vergleicht

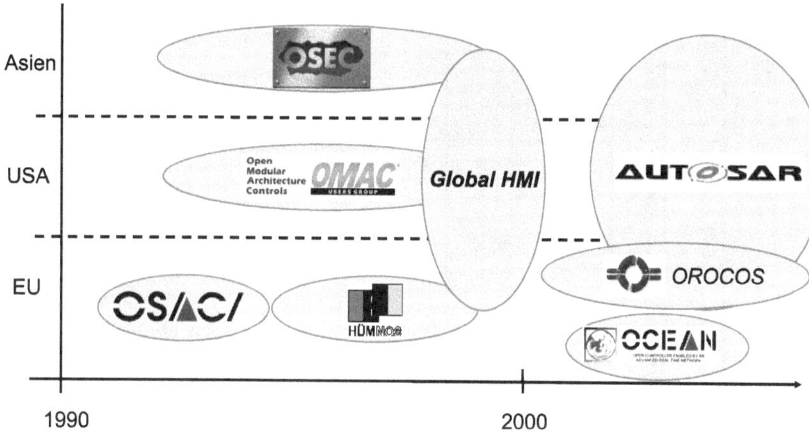

Abbildung 2.5: Projektlaufzeit und regionale Verteilung von Initiativen zu offenen Steuerungssystemen

Project duration and regional distribution of initiatives on open control systems

die verschiedenen Initiativen zur Entwicklung offener Steuerungssysteme mit dem Fokus auf den Aspekt der offenen Kommunikationsmechanismen.

2.2 Technologien der Softwareentwicklung

Software Development Techniques

In diesem Kapitel wird der Stand der Technik in Bezug auf die systematische Entwicklung von Software beleuchtet. Dabei wird auf allgemeine Vorgehensweisen und spezielle Techniken eingegangen, die für die Entwicklungen in dieser Arbeit relevant sind.

2.2.1 Entwicklungsprozesse und Vorgehensmodelle

Software Development Processes and Models

Für die erfolgreiche Entwicklung, Konfiguration, Erweiterung und Wartung komplexer Softwaresysteme ist ein definiertes Vorgehen mit klar strukturierten Prozessen notwendig. Entwicklungsprozesse und Vorgehensmodelle im Bereich der Softwareentwicklung haben das Ziel, die Softwareentwicklung übersichtlicher zu gestalten. Durch die Strukturierung der Entwicklungsaufgabe soll die Komplexität beherrschbar und somit auch die Vorgehensweise planbar gestaltet werden [LEHM07]. Ein definierter Entwicklungsprozess schafft Klarheit über das zu erreichende Ziel sowie eine gemeinsame Sicht aller an der Entwicklung beteiligten Parteien auf das zu entwickelnde System. Außerdem ist für jeden Schritt des Vorgehens eine definierte Herangehensweise

	OSACA HÜMNOS	*OMAC*	*OSEC*	*OCEAN*	*OROCOS*	*AUTOSAR*
Gründung und aktive Laufzeit	1992-1997	1994 - heute	1994-1999	2002-2005	2001 - heute	2003 - heute
Konsortium	Forschung, Steuerungs- und Maschinenherstellerso wie Endanwender (haupts. Automob.)	Initiiert durch 3 große Automobilisten aus den USA; kaum Steuerungshersteller beteiligt	Initiative großer Automobilisten aus Japan	Forschung, kleinere Steuerungs- und Maschinen-hersteller	3 Forschungs-institute aus dem Bereich Robotik	Fast alle namhaften Automobilisten und deren Zulieferer
Anwendungsbereich	Werkzeugmaschinen	Werkzeug- und Verpackungs-maschinen	Werkzeug-maschinen	Werkzeug-maschinen	Robotik und Automatisierung	KFZ-Elektronik
Schnittstellendefinition für administrative Aufgaben	ja (C++-Header)	ja (IDL)	ja (C-Header)	Nur für Hochlauf und Lifecycle-Management (IDL)	ja	ja
Schnittstellendefinition für funktionale Aufgaben	ja (C++-Header)	ja (IDL)	ja (C-Header)	ja (IDL)	nein	ja
Kommunikationssystem	eigenes	nein	nein	CORBA/CCM	ja	eigenes
Konfigurationssystem	eigenes	nein	nein	Eigenes (XML); ursprünglich geplant CCM	ja	eigenes
Einsatz in Produkten	Bosch Typ3/osa, Homag PowerControl	nein	nein	Nur teilweise: Fidia-C-Klasse, Next-Gen. Homag PowerControl	nicht bekannt	ja

Abbildung 2.6: Vergleichende Übersicht über Initiativen zu offenen Steuerungssystemen

Comparison of initiatives on open control systems

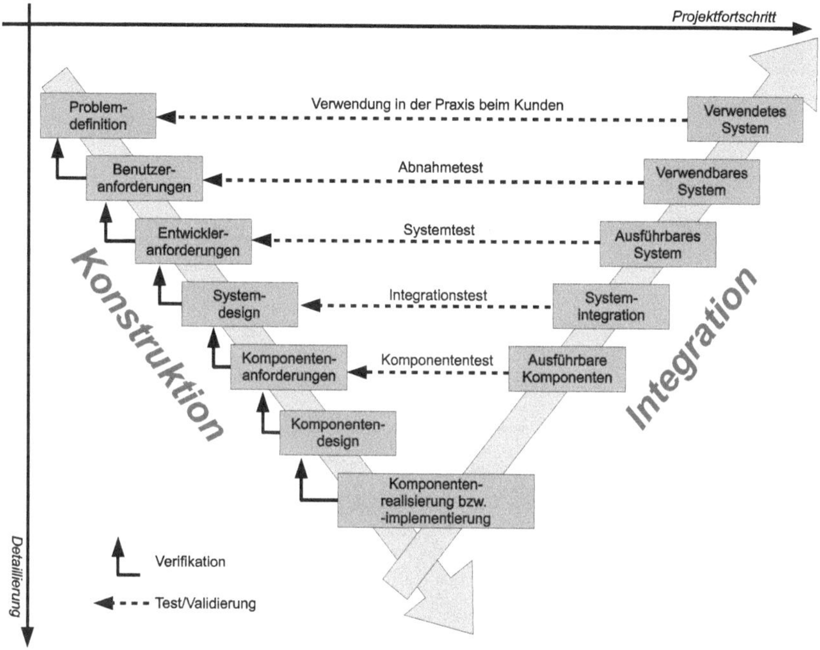

Abbildung 2.7: Komponentenbasierte Systemerstellung entsprechend dem V-Modell '97

Component-based system development according to the V-Modell '97

zur Umsetzung notwendig. Als Ergebnis dieser Umsetzung muss am Ende jedes Schrittes ein definiertes Arbeitsergebnis mit vorher festgelegtem Inhalt vorliegen. Kann ein derart definiertes Vorgehen bei der Bearbeitung eines Projektes nicht durchgängig angewandt werden, so kann dies zu höheren Kosten, unerwarteten Verzögerungen und im schlimmsten Fall auch zum Scheitern des Projektes führen [BUNS02, MANG08].

Vorgehensmodelle der Softwareentwicklung

Zur Gestaltung eines definierten Vorgehens bei der Softwareentwicklung und um den Softwareentwicklungsprozess planbar, nachvollziehbar und kontrollierbar zu gestalten, sind definierte Vorgehensmodelle spezifiziert worden, welche Tätigkeiten, Dokumente und Rollen der Entwicklungsteilnehmer festlegen. Im Laufe der Zeit haben sich u.a. das so genannte *V-Modell* [RAUS08] sowie der *Rational Unified Process (RUP)* [VERS00] etabliert.

Das V-Modell ist ein allgemeines Vorgehensmodell für technische Entwicklungsprojekte. Im Laufe der 1980'er Jahre haben die deutschen Bundesbehörden die Entwicklung eines Entwicklungsstan-

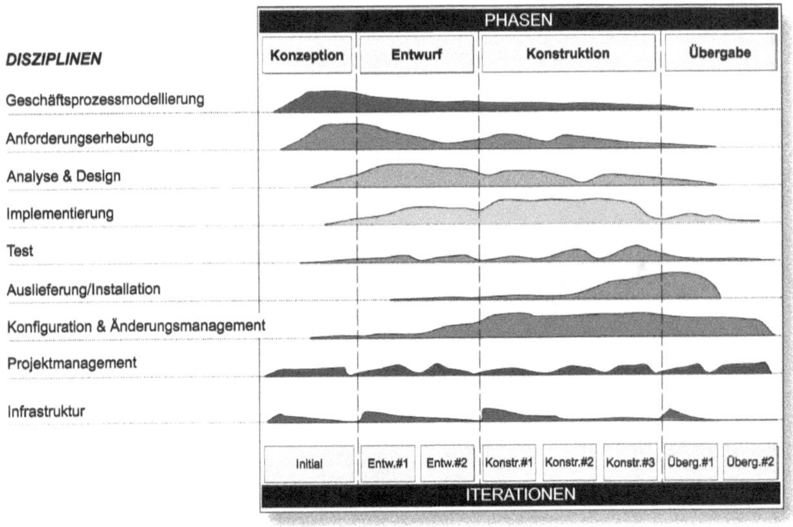

Abbildung 2.8: Iteratives Entwicklungsvorgehen im *Rational Unified Process* [SUNI08]
Iterative development with the Rational Unified Process

dards für IT-Systeme beauftragt. Das daraus entstandene Vorgehensmodell orientiert sich an dem ursprünglich von B. Boehm erdachten Entwicklungsvorgehen, welches heute als allgemeines V-Modell bezeichnet wird. Die V-Modelle der Bundesbehörden tragen die Namen V-Modell '97 und V-Modell XT. Das V-Modell '97 wurde im Zuge von neuen Erkenntnissen in der Softwareentwicklung im Februar 2005 durch das V-Modell XT (*XT = Extreme Tailoring*) ersetzt. Das allgemeine V-Modell ist ein logisches Modell, das die während der Softwareentwicklung anfallenden Produkte miteinander in Beziehung setzt. Das V-Modell verdeutlicht durch explizite Hervorhebung der konstruktiven und integrativen sowie der prüfenden, d.h. verifizierenden und validierenden Tätigkeiten, dass das Testen eine zur Entwicklung gleichwertige Tätigkeit darstellt. In Abbildung 2.7 ist die Systemerstellung für komponentenbasierte Systeme basierend auf dem V-Modell '97 dargestellt. Auf dem absteigenden Pfeil sind die konstruktiven und verifizierenden Arbeitsschritte während der Systementwicklung mit zunehmendem Detailierungsgrad dargestellt. Der aufsteigende Ast zeigt parallel dazu die integrierenden und validierenden Tätigkeiten und verdeutlicht dabei die zunehmende Größe des entstehenden Systems mit steigendem Fortschritt in der Integration. Die Ergebnisse der Arbeitsschritte auf der rechten Seite werden gegen die entsprechenden Anforderungen auf der linken Seite durch Tests validiert [HÖHN08, RAUS08, LEHM07]. Die Arbeitsschritte des V-Modells können im Laufe der Entwicklung eines Produktes oder Systems mehrfach durchlaufen werden. In diesen sogenannten Iterationen kann jeweils ein bestimmter Teil der Gesamtsystemfunktionalität entwickelt werden.

Der *Rational Unified Process (RUP)* ist ein objektorientiertes Vorgehensmodell zur Softwareentwicklung und wird als kommerzielles Produkt der Firma Rational Software, die seit 2002 zu IBM gehört, vertrieben. Seither entwickelt IBM den RUP und die zugehörige Software weiter. Im RUP wird die *Unified Modeling Language (UML)* als Notationssprache verwendet. Für die Entwicklung eines (Software-)Systems legt der RUP folgende Arbeitsschritte fest (vgl. Abbildung 2.8):

Kernprozesse:

- ▷ Geschäftsprozessmodellierung *(engl. Business Modeling)*
- ▷ Anforderungserhebung *(engl. Requirements)*
- ▷ Analyse & Design *(engl. Analysis & Design)*
- ▷ Implementierung *(engl. Implementation)*
- ▷ Test *(engl. Test)*
- ▷ Auslieferung/Installation *(engl. Deployment)*

Unterstützende Prozesse:

- ▷ Konfigurations- und Änderungsmanagement *(engl. Configuration & Change Management)*
- ▷ Projektmanagement *(engl. Project Management)*
- ▷ Infrastruktur *(engl. Environment)*

Orthogonal zu den Arbeitsschritten sind im RUP vier Phasen definiert (vgl. Abbildung 2.8):

1. Konzeptionsphase *(engl. Inception)*
2. Entwurfsphase *(engl. Elaboration)*
3. Konstruktionsphase *(engl. Construction)*
4. Übergabephase *(engl. Transition)*

In diesen Phasen kommen die oben genannten Arbeitsschritte in unterschiedlich starker Ausprägung zum Einsatz. Weiterhin sind die Phasen in Iterationen unterteilt. Dadurch wird der Arbeitsinhalt einer Iteration überschaubarer und der gesamte Entwicklungsprozess bleibt flexibel gegenüber Änderungen. Diese Flexibilität gegenüber Änderungen wird in der Fachliteratur als *agil* bezeichnet [Larm05, Vers00, Lehm07]. Abbildung 2.8 zeigt einen Projektplan für ein iteratives Vorgehen nach dem RUP.

Kernprozesse der Softwareentwicklung

Die im Folgenden aufgeführten Kern- und Unterstützungsprozesse sind so oder in abgewandelter Form Teil der gängigen Vorgehensmodelle und Entwicklungsprozesse. Die Prozessschritte werden an dieser Stelle jeweils nur kurz beschrieben. Für eine detailliertere Beschreibung sei hier auf die referenzierte Literatur verwiesen. Kernprozesse leisten direkte Beiträge zur Wertschöpfung bei der Erzeugung des Produktes.

- ▷ ***Planung***: Die Anforderungen des Auftraggebers werden aufgenommen und in Form eines Lastenheftes festgehalten. Das Pflichtenheft enthält aus Auftragnehmersicht bereits grobe Lösungen für die Erfüllung der Anforderungen des Lastenheftes. Es beschreibt also konkrete Anforderungen an die Lösungsentwicklung und macht bereits grobe Einschränkungen in der Art und Weise, in der die Lösung gestaltet werden soll. Des Weiteren wird in dieser Phase häufig eine Aufwandsabschätzung vorgenommen, um die Entwicklungskosten für die Angebotserstellung grob zu bestimmen [RUPP07].

- ▷ ***Analyse***: In der Analysephase werden die Anforderungen des Pflichtenheftes analysiert und bewertet. *Use Cases* stellen die für das System vorgesehenen Anwendungsfälle dar und werden systematisch erfasst. Die am Gesamtsystem beteiligten Elemente werden identifiziert und bewertet [BENN05]. Zur detaillierteren Verhandlung und Festlegung von Anforderungen werden in dieser Phase auch rudimentäre Prototypen entwickelt, die grundlegende Prinzipien des zu entwickelnden Systems veranschaulichen, ohne bereits Funktionalität zu realisieren. Insbesondere für graphische Benutzeroberflächen im Bereich der Software werden dafür sogenannte *Mock-Ups* entwickelt [ARNO07].

- ▷ ***Entwurf***: Im Entwurfs- oder auch Designschritt wird die Software-Architektur erarbeitet. Dazu werden die einzelnen zu entwickelnden Artefakte definiert sowie ihre Schnittstellen und Interaktionsprinzipien erarbeitet. Die zu entwickelnden Artefakte werden nach Bedarf in unterschiedlichen Hierarchien organisiert. Dabei werden neben den funktionalen Anforderungen auch die übergreifenden Ziele wie Wartbarkeit und Wiederverwendbarkeit berücksichtigt. Auch die einfache Testbarkeit ist häufig eine nicht-funktionale Anforderung, die in der Entwurfsphase berücksichtigt werden muss *(Design-to-Test)*. Als Hilfsmittel für die Diskussion und Notation des Software-Designs eignet sich insbesondere die graphische Modellierungssprache *UML (Unified Modelling Language)* sowie für das System-Design *SysML (Systems Modelling Language)*. Beide Modellierungssprachen sind von der *OMG (Object Management Group)* standardisiert [LARM05, WEIL08].

- ▷ ***Implementierung***: Die tatsächliche Realisierung von Softwareartefakten erfolgt in der Implementierungsphase. Wenn noch nicht durch die Software-Architektur festgelegt, muss spätestens in diesem Schritt die konkrete Programmiersprache zur Implementierung festgelegt werden. Um die Lesbarkeit und Wiederverwendbarkeit des entstehenden Source-Codes zu gewährleisten, existieren heute in allen Software-Entwicklungsteams Programmierrichtlinien *(Coding Rules)*, die u.a. die Art der Dokumentation und die Formatierung des Source-Codes vorschreiben, sowie teilweise auch bestimmte Elemente und Konstrukte von Programmiersprachen verbieten oder den Einsatz an Bedingungen knüpfen [SUTT04, MEYE05].

- ▷ ***Validierung und Verifikation***: In der Validierungs- und Verifikationsphase werden die entwickelten Softwareartefakte auf die Erfüllung der an sie gestellten Anforderungen getestet. Modul- und Komponententests testen dabei die spezifizierte, abgeschlossene Funktionalität der einzelnen Artefakte wie Module oder Komponenten. In Integrationstests wird das erfolgreiche Zusammenspiel der Module und Komponenten getestet. Der vollständige Systemtest überprüft dann systematisch die Systemfunktionalität auf Erfüllung der Anforderungen. Abschließend wird durch Akzeptanztests die Zufriedenheit des Kundens mit der entwickelten Lösung überprüft [LIGG02, RÄTZ04].

Unterstützende Prozesse der Softwareentwicklung

Im Gegensatz zu den Kernprozessen leisten die unterstützenden Prozesse keinen direkten Beitrag zur Wertschöpfung während der Produktentstehung, sondern sind für die effiziente Durchführung und den reibungslosen Ablauf verantwortlich und leisten dadurch einen indirekten Beitrag zur Wertschöpfung.

- ▷ ***Anforderungsmanagement***: Aufgabe des Anforderungsmanagements ist die Dokumentation, Verwaltung und Verhandlung der Anforderungen über den gesamten Lebenszyklus der Produktentwicklung. Typischerweise ändern sich in Softwareentwicklungsprojekten ca. 30% der Anforderungen noch während des Entwicklungsprozesses [SHOR07, RUPP07].

- ▷ ***Projektmanagement***: Das Projektmanagement ist für die erfolgreiche Durchführung des Projektes verantwortlich. Es steuert die Teilaspekte der Entwicklung, verfolgt die Erreichung der Ziele und verwaltet den Zeitplan und das Budget des Projektes. Bei Abweichungen vom Projektplan wird eine Neuplanung und bei kritischen Entscheidungen eine Risikobewertung durchgeführt. Ebenfalls in die Aufgabe des Projektmanagements fällt das Lieferantenmanagement, bei dem die Zulieferung von Teilen des Systems geplant wird [MANG08, VERS00, RAUS08, HARR06, KERZ06].

- ▷ ***Qualitätsmanagement***: Aufgabe des Qualitätsmanagements ist die kontinuierliche Verbeserung von Produkten, Dienstleistungen und Prozessen. Im Bereich der Software-Entwicklung wurde dafür das *Capability Maturity Model Integration (CMMI)* entwickelt, welches die Bewertung der Reife eines angewandten Entwicklungsprozesses erlaubt. Zur Steigerung der Entwicklungsqualität lassen sich aus den definierten Referenzmodellen des CMMI auch angepasste Entwicklungsprozesse ableiten [PFEI01, FOEG07]. Die praktische Bewertung und Verfolgung der Software-Qualität wird oft anhand von Metriken festgemacht, die auf Basis des Source-Codes erstellt werden. Solche Metriken spiegeln aber nicht zwangsläufig ein vollständiges Bild über die tatsächliche Qualität der Software wider [LIGG02].

- ▷ ***Konfigurationsmanagement***: Das Konfigurationsmanagement ist eng mit den anderen Kern- und Unterstützungsprozessen verwoben. Inhaltlich beschäftigt es sich mit Versionsverwaltung der projektrelevanten Dokumente und Software-Artefakte sowie mit dem Änderungs- und Releasemanagement. Beim Releasemanagement wird zusammen mit dem Kunden abgestimmt, zu welchem Zeitpunkt bereits welcher Teil an Funktionalität umgesetzt ist [WEIS02, POPP07].

- ▷ ***Dokumentation***: Die Dokumentation ist ebenfalls Teil der bisher genannten Unterstützungs- und Kernprozesse. Sowohl Anforderungen als auch daraus abgeleitete Analysen und Designs müssen als Projektdokumentation und für eine mögliche Wiederverwendung entsprechend dokumentiert werden. In der Softwareentwicklung sollten sowohl Design-Dokumente, als auch der Source-Code und die Tests so dokumentiert werden, dass neue Entwickler die Software leicht verstehen und erweitern können. Auch die Entwicklungsprozesse müssen verständlich dokumentiert sein, sodass für jeden am Projekt beteiligten Entwickler die Vorgehensweisen klar ersichtlich sind. Das Erstellen einer Bedienungsanleitung für den Anwender des entwickelten Produktes sowie einer Service-Dokumentation für die Wartung und Pflege durch den Betreiber sind ebenfalls Teil des Unterstützungsprozesses Dokumentation.

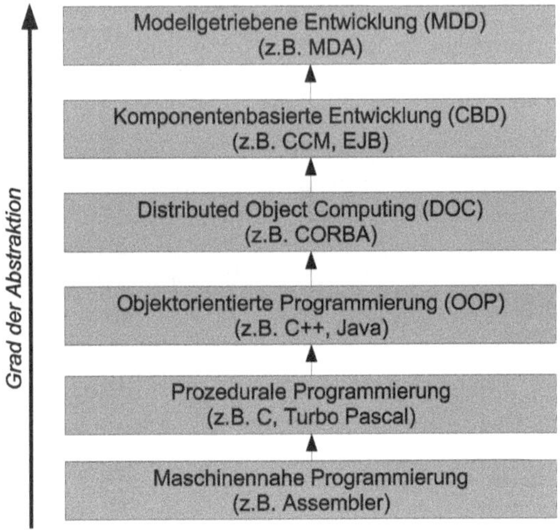

Abbildung 2.9: Abstraktionsebenen verschiedener Programmierparadigmen
Abstraction levels of different programming paradigms

2.2.2 Software-Entwicklungsparadigmen

Software Development Paradigms

Mit der steigenden Komplexität und Größe von Software haben sich auch die Programmier- und Entwicklungstechniken zur Erstellung der Software weiterentwickelt. So müssen abstraktere Sichtweisen verwendet werden, um weiterhin den Überblick über die Programme zu wahren, sodass Wartung, Pflege und Weiterentwicklung der Software weiterhin gewährleistet sind. Abbildung 2.9 zeigt die Weiterentwicklung der Programmierparadigmen von der maschinennahen Programmierung bis zur modellgetriebenen Entwicklung. Im folgenden wird auf die Programmiertechniken eingegangen, welche aus Sicht der Entwicklung von NC-Steuerungen aktuell relevant sind.

Objektorientierte Programmierung

Das Konzept der *objektorientierten Programmierung (OOP)* soll gegenüber der prozeduralen Programmierung die Wiederverwendbarkeit und Flexibilität des Quellcodes weiter steigern. Dazu werden Daten und Methoden, die auf diese Daten angewendet werden, in einem sogenannten Objekt zusammengefasst. Ein Objekt bietet nach außen eine klar definierte Schnittstelle zum Zugriff auf die Daten des Objektes. Durch zusätzliche Konzepte wie z.B. Vererbung und Polymorphie wird die Wiederverwendbarkeit weiter gesteigert [LAHR09].

Bei der objektorientierten Programmierung werden die Objekte durch Klassen beschrieben. Eine Klasse definiert somit eine Art von Objekten. Klassen können Attribute besitzen, mit Hilfe derer sich das Objekt genauer definieren lässt. Des Weiteren können Klassen Methoden besitzen, welche den Zugriff auf interne Daten der Klasse erlauben oder Algorithmen auf den Daten der Klasse ausführen. Klassen können außerdem von anderen Klassen abgeleitet werden (Vererbung). Dabei übernimmt eine Klasse implizit alle Methoden und Attribute der Klasse, von der sie abgeleitet ist [LAHR09].

Typische Vertreter der objektorientierten Programmiersprachen sind C++ und Java. Im Bereich der Entwicklung von NC-Steuerungen hat sich seit Anfang der 90er C++ etabliert, da C++ auf die Programmiersprache C aufsetzt und diese u.a. um die Objektorientierung erweitert. Die Möglichkeiten zum direkten Speicherzugriff sind weiterhin gegeben, sodass sich C++ ebenfalls gut für die hardwarenahe Programmierung eignet [JOSU02].

Distributed Object Computing (DOC) und CORBA

Eine weitere Steigerung der Astraktion zur Erhöhung der Wiederverwendbarkeit bietet das sogenannte *Distributed Object Computing (DOC)*. Dabei wird die Verteilung von Objekten über mehrere Hardwareplattformen ermöglicht. Die Kommunikation erfolgt über ein Netzwerk und wird von einer sogenannten Kommunikationsmiddleware in einer standardisierten Art und Weise realisiert.

Die *Common Object Request Broker Architecture (CORBA)* ist eine solche Kommunikationsmiddleware, welche Softwarekomponenten die wechselseitige Kommunikation untereinander ermöglicht. Dabei können die Softwarekomponenten als unterschiedliche Prozesse bzw. auf unterschiedlichen Betriebssystemen oder Plattformen laufen. Die Entwicklung und Pflege von CORBA geschieht durch die *Object Management Group (OMG)*. Die CORBA-Technologie stellt abstrakte Schnittstellen zur Verfügung, welche es ermöglichen, Methoden eines Objektes von einer anderen Applikation aus aufzurufen. Dieser Aufruf einer Methode eines entfernten Objektes wird Remote Procedure Call (RPC) genannt. Des Weiteren ermöglicht CORBA auch den Zugriff auf Variablen eines entfernten Objektes. Bei der Entwicklung von CORBA standen die Aspekte Objektorientierung, Verteilungstransparenz, Unabhängigkeit von der Programmiersprache und Netzwerkunabhängigkeit im Vordergrund [BOLT01].

Bei der Nutzung von CORBA stellt sich ein Programm als eine Sammlung von Objekten dar, welche implementierte Methoden über definierte Schnittstellen bereitstellen. Diese Objekte können sich gegenseitig aufrufen und geben in den Methodenaufrufen andere Objekte als Parameter an oder bekommen Objekte als Ergebnis zurück. Dabei sind das Objekt, welches eine Methode aufruft, und das gerufene Objekt unabhängig von dem Rechner, auf dem sie sich befinden und unabhängig von der Sprache, in der sie programmiert sind. Objekte werden dabei aber nie als Werte übergeben, sondern als Referenzen. Eine Aufgabe von Objektreferenzen ist, dass an ihnen Methodenaufrufe erfolgen. Es ist auch möglich, die Referenz per Methodenaufruf an andere Objekte weiterzugeben. Das Referenzkonzept ergibt sich aus der gewünschten Unabhängigkeit von der Programmiersprache. So kann z.B. ein C++-Prozess die Wertrepräsentation eines Objektes, welches in der Programmiersprache Python implementiert wurde, nicht richtig interpretieren, da in C++ viele der Konzepte der Programmiersprache Python nicht vorhanden bzw. bekannt sind. CORBA-Implementierungen sind u.a. für C, C++, Java, COBOL, Ada, Smalltalk, Lisp

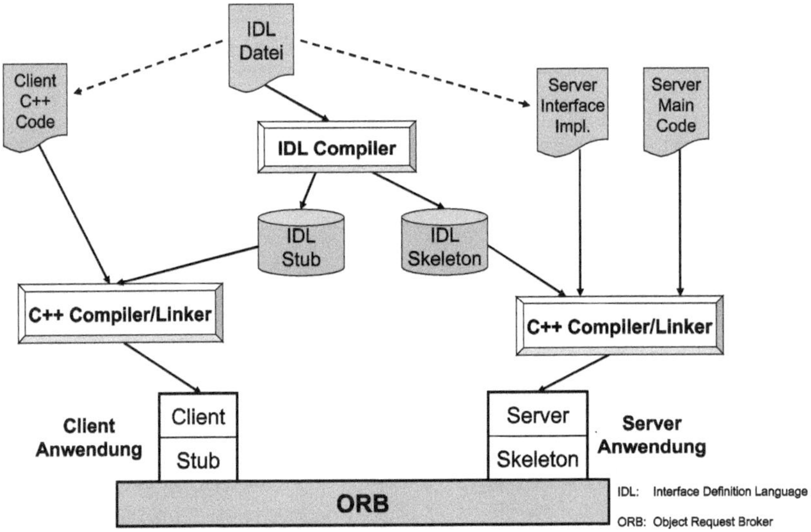

Abbildung 2.10: Entwicklung einer Client/Server-Anwendung mit CORBA [BREC05]

Development of a client/server application using CORBA

und Python vorhanden [HENN99]. Die Unabhängigkeit von der Programmiersprache ist durch die Verwendung eines dreistufigen Implementierungsmodells realisiert. Mit Hilfe der *Interface Definition Language (IDL)* lassen sich die Schnittstellen der CORBA-Objekte beschreiben. IDL ist eine rein deklarative Sprache, die speziell für CORBA entwickelt wurde. Sie ist dafür optimiert, mit verschiedenen Zielsprachen zusammenzuarbeiten. Der IDL-Compiler bildet mit Hilfe der so genannten Language Mappings die IDL-Beschreibung eines CORBA-Objektes auf eine deklarative Beschreibung in der Zielsprache ab. Die Implementierung dieser Deklaration erfolgt dann in der Zielsprache [HENN99].

Der Kern von CORBA ist der Object Request Broker (ORB). Der ORB ist keine kompakte, lokalisierbare Komponente, sondern ein verteiltes Gebilde. Ein Teil befindet sich im Client, welcher eine Methode an einem Serverobjekt aufrufen möchte, ein anderer Teil im Server, der Objektimplementierung. Wie Abbildung 2.10 veranschaulicht, werden für den Aufruf von Methoden eines Objektes Stubs und Skeletons verwendet. Der Stub ermöglicht es dem Client, Methoden an einem Server-Objekt so aufzurufen, als wäre die Funktionalität des Server-Objekts lokal vorhanden. Statt aber eine gewünschte Methode tatsächlich zu implementieren, übersetzt der Stub die Anfragen in Netzwerkaufrufe, kommuniziert mit dem entfernten Server-Objekt und delegiert die Aktion an dieses. Für die Implementierung des Clients bleibt dieser Kommunikationsvorgang verborgen. Das Skeleton ist das Gegenstück zum Stub auf Seite des Servers. Das Skeleton sorgt dafür, dass die in der IDL-Schnittstelle spezifizierten Methoden für CORBA-Client-Objekte verfügbar sind und bildet die Methoden der Schnittstelle auf die konkrete Methodenimplementierung des Servers ab. Stub und Skeleton werden vom IDL-Compiler erzeugt und auf Funktionen der Zielsprache abgebildet [OBJE04, HENN99]. Um die Netzwerkunabhängigkeit zu gewährleisten, beinhaltet die CORBA-Spezifikation das General Inter-ORB Protocol (GIOP), welches die Kommunikation zwischen den ORBs unabhängig von der Implementierung des Betriebssystems definiert. Eine Ausprägung des GIOP ist das Internet Inter-ORB Protocol (IIOP), welches die CORBA-Kommunikation über ein IP-basiertes Netz spezifiziert. Zusätzlich zu den Protokollen definiert CORBA Dienste, die *CORBA Object Services (COS)*, die eine definierte IDL-Schnittstelle besitzen. Der wichtigste CORBA-Dienst ist der *Naming Service*, der es Serverobjekten ermöglicht, mittels eines spezifizierten Namens angesprochen zu werden. Der Namensdienst liefert die entsprechende Objektreferenz zu einem registrierten Objektnamen. Für den ereignisgetriebenen Austausch von Daten werden von CORBA verschiedene Services angeboten, wie z.B. *Event Service* und *Notification Service* [HENN99].

In der Entwicklung von Steuerungssystemen wird das Distributed Object Computing bereits eingesetzt, sowohl in Forschungsprojekten (OCEAN, siehe Kapitel 2.1.3) als auch in kommerziellen Produkten (Fidia C-Klasse, siehe Kapitel 2.1.2). In [OCEA02] wurde die prinzipielle Eignung von CORBA für die Verwendung in Steuerungs- und Regelungssystemen untersucht, wobei sich zeigte, dass heutige Implementierungen von CORBA grundsätzlich geeignet sind. Im Verlauf des OCEAN-Projektes wurde anhand von prototypischen Entwicklungen die Eignung der CORBA Implementierung TAO auch in der Praxis validiert [OCEA05a, OCEA05c].

Komponentenbasierte Entwicklung

Der komponentenbasierte Ansatz zur Entwicklung *(engl. Component-Based Development (CBD))* großer Softwaresysteme setzt sich seit dem Ende der 90'er Jahre immer stärker durch. Dabei haben sich unterschiedliche Komponentenarchitekturen gebildet, wie z.B. .NET, Enterprise JavaBeans (EJB) und das CORBA Component Model (CCM). Insbesondere für Anwendungen, die unter Echtzeitbedingungen auf kleinen Steuergeräten mit stark begrenzten Ressourcen ausgeführt werden sollen, wurde die Spezifikation des Lightweight-CCM definiert. Diese ist mittlerweile in der Spezifikation des CCM enthalten. Ein aktueller Entwicklungsansatz der OMG, welcher Komponten auf abstrakterer Ebene als bisher definiert, die Model Driven Architecture (MDA), baut auf diese bestehenden Komponenten-Prinzipien auf und setzt diese als gegeben voraus. Der Grund für den Einsatz des komponentenbasierten Entwicklungsprinzips ist die immer größer werdende Komplexität der zu entwickelnden Systeme. Um zu vermeiden, dass bestimmte Funktionalitäten immer wieder neu implementiert werden, wird die zu entwickelnde Software in funktionale Komponenten aufgeteilt, welche sich auch in anderen Softwarearchitekturen wiederverwenden lassen [ANDR04]. Dies wird durch die Konfigurierbarkeit der Komponenten über Attribute unterstützt. Die Kommunikation zwischen den Komponenten wird durch die zugrundeliegende Middleware geregelt (z.B. .NET oder CORBA). Da die Verwendung eines solchen Komponentenmodells die Benutzung der entsprechenden Kommunikationsmiddleware stark vereinfacht, ist es auch möglich, sich bei der Entwicklung der Komponenten auf die Lösung des eigentlichen Problems zu konzentrieren, da der Code für die Verwaltung des Datenaustausches zwischen den Komponenten nicht explizit implementiert werden muss.

Der komponentenbasierte Entwicklungsansatz wird bisher im Bereich der Entwicklung von echtzeitfähigen Steuerungssystemen für die Automatisierungstechnik nicht eingesetzt, weder kommerziell noch in Forschungsprojekten. Ein erster Schritt in diese Richtung war das OCEAN-Projekt, welches unter Verwendung von CORBA als Kommunikations-Middleware einen eigenen, minimalen Komponentenmechanismus für NC-Steuerungssysteme entwickelt hat. Allerdings wurden keine Werkzeuge oder Vorgehensweisen für die Entwicklung eines auf OCEAN-basierenden Systems definiert. Ein erster Ansatz das CCM für den industriellen Einsatz in echtzeitfähigen, eingebetteten Systemen zu nutzen, wurde in dem von der EU geförderten Forschungsprojekt COMPARE verfolgt [SEIG06]. Zielplattformen für dieses Forschungsprojekt waren allerdings kleinere Steuergeräte und Controller, wie sie z.B. in KFZ und elektronischen Kleingeräten (z.B. Radios) zum Einsatz kommen. Eine Unabhängigkeit von der Hardware-Plattform stand nicht im Fokus und wurde auch nicht erreicht. Die AUTOSAR-Initiative im Bereich der Automobilindustrie dagegen strebt eine solche Unabhängigkeit von der Hardware-Plattform an. Sie versucht, den komponentenbasierten Entwicklungsansatz durch die Spezifikation von Vorgehensmodellen und Werkzeugen zur Unterstützung der Entwicklung zu unterbauen. Zielplattformen sind kleine Steuergeräte, wie sie in Automobilen verbaut werden.

Verschiedene Werkzeuge wurden zur Unterstützung der komponentenbasierten Entwicklung realisiert. *Cadena* ist ein universelles Modellierungs- und Entwicklungswerkzeug für komponentenbasierte Systeme, das von der Kansas State University entwickelt und als freie Software zur Verfügung gestellt wird [HATC03, RANG03, KANS09]. Sowohl das CORBA Component Model (CCM) als auch Enterprise Java Beans (EJB) werden als Komponentenplattformen unterstützt. Bisher lag der Fokus der Anwendungen allerdings auf Demonstrationsapplikationen von technischen Systemen, die in Java implementiert wurden. Für die Anwendung von Cadena ist tiefgehendes Wissen über das verwendete Komponentenmodell notwendig. Die Firma iCMG bietet unter dem Kürzel K2 diverse kommerzielle Produkte zum Erstellen komponentenbasierter Systeme auf Basis von CORBA an [ICMG09]. Dazu wurde eigens ein Komponentenmodell in Anlehnung an das CCM implementiert. Die Werkzeuge und die Implementierung des Komponentenmodells unterstützen dabei aber nicht den gesamten Standard des CCM. Bisher bieten die K2-Produkte keine Unterstützung für die Erstellung echtzeitfähiger Systeme. Der Fokus liegt auf der Erstellung von Unternehmensanwendungen.

Modellgetriebene Entwicklung

Unter modellgetriebener Entwicklung *(engl. Model-Driven Development (MDD))* werden Techniken verstanden, bei denen Software auf Basis von Modellen entwickelt wird. Mit Hilfe von Code-Generatoren wird aus den Modellen eine lauffähige Software generiert. Das Konzept der *Model Driven Architecture (MDA)* ist von der OMG standardisiert und beschreibt einen modellgetriebenen Entwicklungsprozess. Dabei werden allgemeingültige Modelle entwickelt, die unabhängig von konkreten Komponentenmodellen die Geschäftslogik beschreiben sollen. Die Instanzen der allgemeingültigen Modelle, auch *PIM (Platform Independent Model)* genannt, werden dann von Software-Werkzeugen automatisch in Instanzen von konkreten Komponentenmodellen, den sogenannten *Platform Specific Models (PSM)*, transformiert. Aus diesen wird dann mit den Werkzeugen des jeweiligen konkreten Komponentenmodells automatisch der finale Source-Code generiert. Für die Beschreibung der PIMs sind unabhängige Beschreibungssprachen wie UML und XML (*Extensible Markup Language*; ein universelles Sprachformat zur Darstellung hierarchisch strukturierter Daten in textbasierten Dateien) vorgesehen [STAH07].

MDA ist ein allgemeines Entwicklungsprinzip und nicht für einen spezifischen Produktsektor entwickelt worden. Die Verwendung der MDA findet gerade Einzug in einige Bereiche der industriellen Technik. Im Bereich der Steuerungstechnik, mit starken Anforderungen an Echtzeitverhalten und eingebetteten Systemen als Zielplattform, hat sich dieses Entwicklungsprinzip allerdings noch nicht durchgesetzt. Das von der EU geförderte Projekt MODELWARE fokussiert seine Arbeiten auf Modellentwurf, Modelltransformation und Modelgenerierung, aber befasst sich nicht mit den plattformspezifischen Schritten der Systemerstellung [IMBU09]. Als Basis für einen integrierten Entwicklungsprozess ist der sogenannte MODELBUS gedacht [SRIP06]. Dabei handelt es sich um eine Kommunikations-Middleware, die für einen Austausch von Modellen zwischen unterschiedlichen Applikationen optimiert sein soll. Über zu implementierende Adaptoren sollen beliebige Applikationen untereinander Modelle austauschen können und auch existierende Applikationen für Modelltransformationen instrumentieren können. In dem vom BMBF (Bundesministerium für Bildung und Forschung) geförderten Projekt FOEDERAL wurde das MDA-Konzept für die Modellierung von mechatronischen Komponenten von Werkzeugmaschinen eingesetzt, mit dem Ziel, die SPS-Programme für die unterschiedlich aufgebauten Werkzeugmaschinen automatisch zu generieren [LITT04]. Die Bestrebungen des Projektes führten schließlich zur Entwicklung des EPLAN Engineering Centers, einer Entwicklungsumgebung für das modellbasierte Engineering von mechatronischen Systemen, welches auf der Eclipse-Plattform basiert.

Der Mathworks Real Time Workshop in Kombination mit MATLAB und SIMULINK erlaubt ebenfalls das Generieren von Source-Code in der Programmiersprache C aus einem Model heraus [THE 09]. Der Fokus der Modellbildung liegt allerdings auf der Abbildung von Signalflüssen in Reglerstrukturen. Des Weiteren sind als Zielplattform hauptsächlich kleinere Steuergeräte und Controller vorgesehen. Eine Middleware zur Kommunikation über Steuergerätegrenzen hinaus ist nicht verfügbar. Verwandte Produkte wie z.B. Labview der Firma National Instruments haben einen ähnlichen Fokus [GEOR09].

2.2.3 Komponententechnologien

Component Technologies

Die Zunahme an Komplexität von großen Softwaresystemen erfordert die Einführung neuer Abstraktionsebenen, um weiterhin die Entwicklung und Wartung der zu entwickelnden Softwaresysteme gewährleisten zu können. Einen Ansatz für eine solche weitere Abtraktionsebene stellen die sogenannten Komponentenarchitekturen dar. Die Grundidee hinter der Entwicklung mit Komponenten besteht darin, dass Komponenten wiederverwendbare, bausteinartige Softwaremodule darstellen. Eine Softwarekomponente kapselt also eine Geschäftslogik in einem in sich geschlossenen Softwaremodul, bietet aber definierte Schnittstellen zum Zugriff bzw. zur Nutzung der Geschäftslogik an [ANDR04]. Des Weiteren bietet ein Komponentenmodell Mechanismen zur dynamischen Konfiguration der Komponenten an. Mittels der Schnittstellen besteht die Möglichkeit, eine Komponente mit anderen Komponenten zu verbinden und so eine große Softwareapplikation durch Zusammensetzen und Konfiguration von einzelnen Komponenten zu erstellen.

In den folgenden Unterkapiteln werden die meistverbreiteten Komponentenarchitekturen vorgestellt und im Anschluss im Hinblick auf ihre mögliche Verwendbarkeit im Bereich der Steuerungsentwicklung untersucht und bewertet.

CORBA Component Model (CCM)

Um die Idee von wiederverwendbaren Komponenten auf einer abstrakten Designebene zu unterstützen, hat die OMG die CORBA Object Services definiert, welche über standardisierte Schnittstellen verfügen [SIEG00]. Durch die Verwendung von CORBA und die entsprechenden Object Services können Systementwickler einfach neue Anwendungen in bestehende verteilte Applikationen integrieren. Somit ist auch die Einbindung von Fremdsoftware möglich, sofern diese auf die standardisierten Schnittstellen der CORBA Object Services aufsetzt [BOLT01].

Das traditionelle CORBA-Objektmodell besitzt allerdings einige Nachteile und Einschränkungen, welche die OMG dazu motiviert haben, eine weitere Abstraktionsebene einzuführen. Zu diesem Zweck wurde das CORBA Component Model entwickelt, welches die folgenden Nachteile des traditionellen CORBA-Objektmodells beheben soll [WANG04, GOKH04]:

- ▷ Das traditionelle CORBA-Objektmodell besitzt keinen Standard für das Deployment von Objektimplementierungen. Das Deployment beschreibt die Verteilung der Objektimplementierungen, die Installation eben dieser im entsprechenden Ausführungskontext und die Ausführung der Implementierung in einem ORB. Aus diesem Grund haben Systementwickler oft eigene Strategien und Mechanismen entwickelt, um alle Objekte des Systems zu instanziieren. Da auch Abhängigkeiten zwischen den Objekten eines größeren verteilten Systems bestehen können, sind Deployment und Instanziierung der Objekte schwierig und nicht portabel.

- ▷ Die CORBA-Spezifikation stellt viele verschiedene Möglichkeiten und konfigurierbare Eigenschaften für die Implementierung eines Servers bereit. Für viele Anwendungsgebiete ist allerdings nur ein geringer Teil dieser Möglichkeiten notwendig.

- ▷ Die CORBA-Spezifikation bestimmt nicht, welche Objekt-Services zur Laufzeit verfügbar sind. Aus diesem Grund haben Entwickler auch hierfür individuelle Strategien entwickelt, um die entsprechenden Services auf den Zielplattformen zu aktivieren und zu konfigurieren.

- ▷ Obwohl unter den COS auch ein Life Cycle Service angeboten wird, ist die Nutzung dieses Services für CORBA-Objekte nicht zwingend. Oft wird der Lebenszyklus eines Objektes von den Clients verwaltet. Dazu werden häufig maßgeschneiderte individuelle Hilfsfunktionen implementiert.

Um die oben genannten Einschränkungen zu überwinden, wurde das traditionelle CORBA-Objektmodell von der OMG so erweitert, dass dem Entwickler Eigenschaften und Services zur Vereinfachung von Implementierung, Management des Laufzeitverhalten (Initialisierung, Start, Stop, Reset), Konfiguration und Verteilung von Komponenten zur Verfügung stehen. Dazu integriert das Komponentenmodell existierende CORBA-Services, wie z.B. den Notification-Service in einer standardisierten Umgebung. Unter anderem dadurch ermöglicht der CCM-Standard bessere Softwarewiederverwendbarkeit und größere Flexibilität für die dynamische Konfiguration von CORBA-Anwendungen [OBJE06]. Des Weiteren ergeben sich durch ein solches Komponentensystem kürzere Entwicklungszeiten für die Erstellung eines verteilten, komponentenbasierten Systems, da bei der Entwicklung die Lösung des eigentlichen Problems fokussiert werden kann und kein Overhead durch die Erstellung von Zustandskontrollen, Aktivierungs- und Initialisierungssequenzen bzgl. der Kommunikation entsteht.

Zentrales Element des CCM ist eine CCM-Komponente. Während ein CORBA-Objekt durch die IDL-Schnittstelle beschreibt, welche Methoden und Variablen es anderen Objekten zum Aufruf bzw. zur Abfrage anbietet, so wird bei einer CCM-Komponente zusätzlich spezifiziert, was diese Komponente von anderen Komponenten benötigt [NEUB04].

Das CCM wurde bereits im Bereich Steuerungstechnik für Werkzeugmaschinen durch das Forschungsprojekt OCEAN prototypisch verwendet [OCEA05c]. Allerdings war die damals verwendete Version der CCM-Implementierung CIAO noch stark unausgereift. Weiterhin erwies sich die fehlende Unterstützung durch geeignete Software-Werkzeuge als großes Problem für die Entwicklung der prototypischen Steuerungsanwendung.

Enterprise JavaBeans (EJB)

Mit der Spezifikation der Java Platform Enterprise Edition (JavaEE, früher J2EE) hat Sun Microsystems ein Rahmenwerk für Design, Entwicklung, Zusammensetzung und Verteilung von Anwendungen auf Basis von Komponenten entwickelt. Die sogenannten Enterprise JavaBeans (EJB) bilden dabei die Standardarchitektur zur Entwicklung komponentenbasierter Anwendungen auf Basis von Java [BURK06]. Diese Enterprise JavaBeans sind nicht zu verwechseln mit den JavaBeans zur Unterstützung bei der Entwicklung graphischer Oberflächen. Enterprise JavaBeans bieten dafür keine Funktionalität an [ANDR04].

Analog zu den CORBA Komponenten des CCM dienen Enterprise JavaBeans ebenfalls der Vereinfachung von typischen Verwaltungsaufgaben in einer modularen Applikationsarchitektur. So nehmen die sogenannten EJB-Container und -Server dem Entwickler Aufgaben wie Verteilung, Transaktionsverwaltung und die Implementierung von Sicherheitsmechanismen ab [ANDR04].

Für verschiedene Implementierungsaufgaben sind unterschiedliche Ausprägungen von Enterprise JavaBeans vorgesehen [IHNS07]:

- Eine *Session Bean* dient der Kapselung von Arbeitsabläufen und Algorithmen. Dabei kann zwischen *Stateful Session Beans* und *Stateless Session Beans* unterschieden werden. Die Stateful Session Beans bieten im Gegensatz zu den Stateless Session Beans die Möglichkeit, einen Zustand innerhalb der implementierten Methoden bzw. Algorithmen mitzuführen, der über mehrere Methodenaufrufe hinweg persistent bleibt. Bei den Stateless Session Beans hingegen ist jeder Methodenaufruf unabhängig von den vorherigen.

- *Message Driven Beans* sind insbesondere für die asynchrone Kommunikation geeignet. Sie verwenden den Java Messaging Service (JMS).

- Ein sogenanntes *Entity Bean* kann zur Modellierung und Implementierung von persistenten Daten, wie z.B. Benutzerdaten oder Adresssätzen verwendet werden. Entity Beans repräsentieren somit einen Datensatz aus einer Datenbank.

Die Konfiguration eines auf Basis von Enterprise JavaBeans entwickelten Systems erfolgt mit Hilfe des sogenannten *Deployment Descriptors*. In Form einer XML-Datei können Paramter zur Zusammensetzung, Verteilung, Konnektivität und Parametrierung des Systems sowie einzelner Komponenten vorgenommen werden [ANDR04].

Das Komponentenmodell von EJB ist nicht programmiersprachenunabhängig wie das CCM. Die Verwendung der Programmiersprache Java im Bereich der Steuerungstechnik ist vorerst nur für die Implementierung von Mensch-Maschine-Schnittstellen nutzbar, da die Sprache nicht für Anwendungen mit harten Echtzeitanforderungen geeignet ist. Es wird allerdings zur Zeit an einer echtzeitfähigen Variante von Java gearbeitet [WELL04, ROBE07]. Inwieweit diese dann aber in Kombination mit EJB genutzt werden kann, ist fraglich.

Microsoft COM/DCOM/.NET

Auf den Microsoft Betriebssystemen werden unterschiedliche Prozesse auch in unterschiedlichen virtuellen Adressräumen ausgeführt. Um trotzdem Interprozesskommunikation zu ermöglichen, wurde die COM-Funktionalität entwickelt (COM = Component Object Model). Dieser Mechanismus wurde erweitert, sodass auch Prozesse, welche auf unterschiedliche mit einem Netzwerk verbundene Rechnerplattformen verteilt sind, miteinander kommunizieren können. Dazu wurde die unterste Schicht des Kommunikationsprotolls von COM durch ein Netzwerkprotokoll ersetzt. Dieser Kommunikationsmechanismus nennt sich DCOM (Distributed COM). Wie bei anderen Komponentenarchitekturen ist es dabei für die Prozesse, die diesen Mechanismus nutzen, irrelevant, ob sich die Kommunikationspartner auf der gleichen Rechnerplattform oder auf einer über ein Netzwerk verbundenen Plattform befinden. COM und somit auch DCOM sind selber objektorientiert ausgelegt, nutzen aber den Kommunikationsdienst DCE (Distributed Computing Environment), dessen Schnittstellen nicht-objektorientiert sind. In der Praxis resultiert das oft in komplexen proprietären Schnittstellen für COM/DCOM-Objekte [ANDR04].

COM und DCOM sind stark betriebssystemabhängig. Mit MONO existiert allerdings auch eine freie .NET-kompatible Variante, die auf verschiedene Linux- und Unix-Systeme portiert wurde. Eine Verwendung im Bereich der Steuerungstechnik ist denkbar, sofern eine Echtzeiterweiterung für das Betriebssystem eingesetzt wird. Die Werkzeuge für die Erstellung von .NET-Komponenten erlauben zwar die Entwicklung solcher Komponenten mit umfangreichen Entwicklungsumgebungen, stellen aber kein definiertes Vorgehen und keine komponentenspezifischen Werkzeuge bereit, sondern fokussieren auf die Anwendung der Programmiersprache.

2.3 Fazit zum Stand der Technik

Conclusion on State of the Art

Die Analyse des Stands der Technik hat gezeigt, dass bei der Softwareentwicklung im Bereich der NC-Steuerungen für Werkzeugmaschinen noch nicht die effizienten Mechanismen der komponentenbasierten Entwicklung Einzug gefunden haben. Kommerzielle Steuerungssysteme erlauben zwar die Erweiterung durch Integration eigener Funktionalität, setzen dabei aber auf prozedurale oder objektorientierte Ansätze. Im Bereich der herstellerübergreifend offenen Steuerungssysteme wurde der komponentenbasierte Entwicklungsansatz zwar im Forschungsprojekt OCEAN angedacht, allerdings fehlen die für einen erfolgreichen Einsatz notwendigen Werkzeuge und Methoden. Weiterhin wurde nicht definiert, welche der vielen Mechanismen eines Komponentenmodells für die Entwicklung eines NC-Steuerungssystems relevant sind. Bei den vorhergehenden Ansätzen zur Modularisierung der Steuerungssoftware (wie z.B. OSACA) werden nicht sämtliche Abhängigkeiten eines Software-Moduls zur restlichen Software über einen definierten Mechanismus abgebildet. Die Zugriffe eines Moduls auf Funktionen und Daten eines anderen Moduls wurden bei der Beschreibung der Module nicht berücksichtigt, sondern nur, welche Daten und Funktionen ein Modul anbietet. Erst der komponentenbasierte Ansatz kann die Verringerung des Integrations- und Konfigurationsaufwands im Vergleich zu rein objektorientierten Ansätzen sowie dem modularen Ansatz der OSACA-Architektur durch eine vollständige Beschreibung der Abhängigkeiten mit Hilfe des Komponentenmodells ermöglichen. Mit dem Einsatz eines Komponentenmodells als Basis für die Entwicklung eines Steuerungssystems wird also ein weiterer Abstraktionsschritt vollzogen, der eine effizientere Entwicklung ermöglicht.

Vorgehensmodelle zur Entwicklung von Software, wie zum Beispiel das V-Modell und der *Rational Unified Process* (RUP), definieren einen systematischen Entwicklungsprozess. Sie sollen helfen, insbesondere die Entwicklung von Software großer und komplexer Systeme beherrschbar und planbar zu gestalten. In der Praxis muss ein solches Vorgehensmodell an die konkrete Aufgabenstellung und die Entwicklungsziele angepasst werden. Bisher existiert allerdings kein definierter und spezialisierter Prozess für die komponentenbasierte Entwicklung von NC-Steuerungssystemen.

Auf dem Markt gibt es bisher auch keine Software-Werkzeuge, welche die komponentenbasierte Entwicklung von großen, echtzeitfähigen Steuerungssystemen, wie NC-Steuerungen, unterstützen. Die am Markt verfügbaren Werkzeuge sind nicht spezialisiert, sondern unterstützen die gesamte Funktionalität der Komponentenmodelle, ohne eine Möglichkeit zur anwendungsfallspezifischen Anpassung zu bieten. Deshalb ist für eine Nutzung dieser Werkzeuge die tiefgehende Kenntnis über das jeweilige Komponentenmodell eine Voraussetzung.

Unter den verschiedenen Realisierungen eines Komponentenmodells erscheint besonders das CORBA Component Model für die Entwicklung von NC-Steuerungen geeignet, da es einen betriebssystem- und programmiersprachenunabhängigen Ansatz verfolgt, der von einer unabhängigen Gesellschaft, der OMG, standardisiert ist. Des Weiteren wurde es bereits im OCEAN-Projekt untersucht und als geeigneter Kandidat eines Komponentenmodells für den Einsatz als Basis von NC-Steuerungen identifiziert. Im Vergleich zum Java-basierenden Komponentenmodell EJB ist insbesondere die Programmiersprachenunabhängigkeit ein Vorteil. So unterstützt das CCM auch die Programmiersprachen C und C++, welche für die Entwicklung von echtzeitfähigen Anwendungen mit hoher Leistungsfähigkeit am besten geeignet sind. Dadurch ist es auch möglich, eine komponentenbasierte Applikation auf Basis des CCM im Hinblick auf die Einhaltung von harten Echtzeitanforderungen zu entwickeln. Das EJB-Komponentenmodell bietet dafür keine Möglichkeiten. Im Vergleich zum Ansatz von OSACA, bei dem ein eigenes Kommunikations- und Konfigurationssystem entwickelt wurde, bietet die Verwendung eines international standardisierten Komponentenmodells außerdem den Vorteil, dass der Steuerungshersteller eine proprietäre Entwicklungsarbeit in einem Bereich, der nicht seiner Kernkompetenz entspricht, vermeidet.

3 Zielsetzung und Vorgehensweise

Objectives and Scientific Approach

Die Analyse des Stands der Technik offenbart für die Steuerungshersteller Potenzial für eine effizientere Entwicklung der Steuerungssoftware, um so den wachsenden Anforderungen weiterhin gerecht zu werden. Rein objekt-orientierte Ansätze und auch die bisherigen modularen Ansätze werden nicht der verteilten Entwicklung von großen und komplexen System und der Beherrschung der Variantevielfalt gerecht. Für große Softwarelösungen, wie es die NC-Steuerungssoftware mit den Anforderungen an das Echtzeitverhalten sowie an die Flexibilität und Konfigurierbarkeit für unterschiedlichste Maschinentypen und Bearbeitungsprozess sind, skalieren der rein objekt-orientierte Ansatz und die bisherigen modularen Ansätze nicht in Bezug auf die flexible Integration- und Konfiguration von Steuerungsprodukten. Aus dieser Beobachtung leitet sich die folgende Zielsetzung ab.

3.1 Zielsetzung

Objectives

Zielsetzung dieser Arbeit ist die Erarbeitung von Konzepten und Methoden zur effizienten Entwicklung von NC-Steuerungssystemen unter Berücksichtigung der aktuellen Anforderungen an die Steuerungstechnik. Aktuelle Anforderungen an die Steuerungstechnik betreffen insbesondere den Aufwand für die Erstellung einer integrierten und leicht zu wartenden sowie flexibel konfigurierbaren Steuerungslösung. Insbesondere für die KMU unter den Steuerungsherstellern ist eine Konzentration auf die Entwicklung der eigentlichen Steuerungslösung und der Alleinstellungsmerkmale wichtig. Die Entwicklung einer eigenen Betriebssystem- und Kommunikationsinfrastruktur für die Steuerungslösung ist für KMU zunehmend problematisch. Ein Beleg dafür ist die Aufgabenstellung, die sich die OSADL-Genossenschaft gesetzt hat [OSAD09b], nämlich die gemeinschaftliche Entwicklung und Pflege von grundlegenden Softwarebausteinen für die Steuerungs- und Automatisierungstechnik (wie z.B. Betriebssystem und Kommunikationsmiddleware und Treiber für elektronische Hardwarekomponenten) als Open-Source-Software. Im Gegensatz zur OSACA-Initiative, die einen eigenen Standard für das Kommunikationssystem entwickelte und implementierte, versucht OSADL auf bereits bestehende Standards und Open-Source-Produkte aufzusetzen bzw. die Weiterentwicklung dieser aktiv unter Berücksichtigung der Interessen der Steuerungs- und Automatisierungstechnik mit zu gestalten.

Um das Ziel dieser Arbeit zu erreichen, wird der komponentenbasierte Entwicklungsansatz für die Entwicklung von NC-Steuerungssystemen erschlossen. Dadurch ist es möglich, baukastenartige System- und Softwarearchitekturen für den Aufbau skalierbarer und konfigurierbarer NC-Steuerungssysteme zu nutzen. Dabei wird die Steuerungsfunktionalität in Komponenten unterteilt, welche in einer Art Baukasten abgelegt werden können. Je nach Auswahl und Kombination der einzelnen Komponenten können unterschiedlich leistungsstarke Steuerungssysteme erzeugt werden. Das Gesamtsystem (die NC-Steuerung) lässt sich durch Auswahl von Komponenten aus dem Baukasten und Konfiguration erstellen. Im Gegensatz zu bisherigen Ansätzen zur Modularisierung der Steuerungssoftware werden sämtliche Abhängigkeiten eines Software-Moduls zur restlichen Software über einen definierten Mechanismus des Komponentenmodells abgebildet. Das ermöglicht die Verringerung des Integrations- und Konfigurationsaufwands im Vergleich zu rein objektorientierten Ansätzen sowie dem modularen Ansatz der OSACA-Architektur. Die Verwendung eines Komponentenmodells soll jedoch nicht dazu führen, dass die Steuerungsentwickler bei der Implementierung einer Steuerungskomponente tiefgehendes Know-How über das Komponentenmodell besitzen müssen. Vielmehr wird es ermöglicht, sich bei der Entwicklung von Komponenten auf die Implementierung der Steuerungsfunktionalität zu konzentrieren. Bisherige Ansätze in der Forschung, wie z.B. das OCEAN-Projekt, haben allerdings gezeigt, dass ohne eine definierte Vorgehensweise und ohne Software-Werkzeuge zur Unterstützung der Implementierung Kenntnisse über das Komponentenmodell notwendig sind und die komplett manuelle Erstellung und Konfiguration der Komponenten fehleranfällig und zeitaufwendig ist, sodass der Vorteil des Komponentenmodells durch die Nachteile aufgewogen wird (siehe Kapitel 2.1.4). Für die Steuerungstechnik im Bereich der Werkzeugmaschinen existiert bisher keine solche Unterstützung. Die allgemein für die komponentenbasierte Entwicklung verfügbaren Werkzeuge sind teilweise noch unausgereift und erfordern immer ein detailliertes Wissen über das Komponentenmodell und die zugrundeliegende Kommunikationstechnologie.

Eine wesentliche Aufgabe zur Erreichung dieses Ziels ist deshalb die Konzeption von Methoden und Werkzeugen zur Unterstützung der komponentenbasierten Entwicklung von NC-Steuerungssystemen. Dabei steht nicht die Entwicklung der Steuerungsfunktionalität im Fokus dieser Arbeit, sondern der Entwicklungsprozess sowie die Methoden und Werkzeuge, welche es ermöglichen sollen, die Technologie und damit die Vorteile eines Komponentenmodells für die Entwicklung von NC-Steuerungen zu nutzen. Dadurch werden Entwicklungszeiten für Steuerungssysteme bei steigender Variantenvielfalt deutlich reduziert. Dies wird zum einen durch die Wiederverwendbarkeit von einmal entwickelten Komponenten ermöglicht. Eine Komponente kann durch konfigurierbare Attribute flexibel einsetzbar entwickelt werden. Zum anderen wird dem Entwickler durch die automatische Generierung von Source-Code für die Nutzung der Komponentenmechanismen die Arbeit abgenommen, die nichts mit der eigentlichen Funktionalität der Komponente zu tun hat. Die Wiederverwendung von Komponenten in verschiedenen Steuerungssystemen sowie die Möglichkeit zum Test abgeschlossener, gekapselter Funktionalität steigert außerdem die Softwarequalität beträchtlich.

3.2 Vorgehensweise

Scientific Approach

Die Vorgehensweise zum Erreichen der beschriebenen Zielsetzung orientiert sich am allgemeinen Entwicklungsprozess (vgl. Kapitel 2.2.1) und ist in Abbildung 3.1 zusammenfassend dargestellt. Nach einer Analyse der Anforderungen wird in der Planungsphase ein grundlegendes Konzept zur Lösung der Aufgabenstellung erarbeitet und in konkrete Arbeitspakete aufgeteilt. In der Entwurfsphase werden konkrete Konzepte und Designs zu den Arbeitspaketen erstellt, die dann

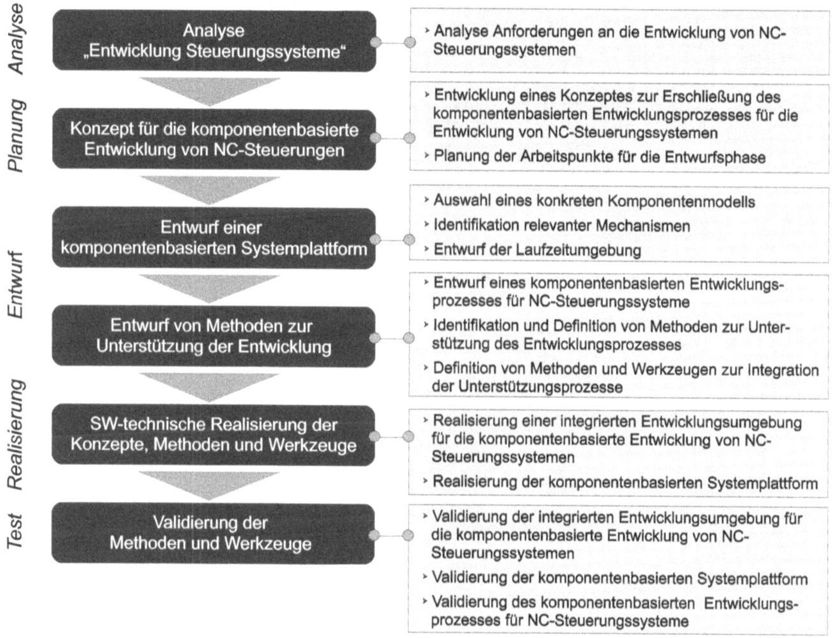

Abbildung 3.1: Vorgehensweise der Arbeit
Scientific approach of the thesis

anschließend in der Realisierungsphase umgesetzt und in der Testphase auf Eignung im Hinblick auf die Aufgabenstellung validiert werden. In den folgenden Abschnitten sind die Arbeiten in den einzelnen Entwicklungsphasen detaillierter erläutert:

Analyse

In Kapitel 2 wird der Stand der Technik im Hinblick auf die Entwicklung numerischer Steuerungssysteme sowie im Hinblick auf aktuelle Vorgehensweisen und Trends im Bereich der allgemeinen Softwareentwicklung analysiert. Abschließend werden existierende Komponentenmodelle untersucht und im Hinblick auf deren Eignung für den Einsatz in Steuerungssystemen verglichen. Kapitel 4 analysiert die Anforderungen an die Entwicklung von NC-Steuerungssystemen.

Planung

Die Planung auf Basis der Analyse unter Berücksichtigung der Anforderungen erfolgt in Kapitel 5. Hier wird das grobe Konzept zur Erschließung der komponentenbasierten Entwicklung für NC-Steuerungen erstellt. Darauf aufbauend werden die Arbeitspunkte für die Entwurfsphase detaillierter geplant.

Entwurf

In Kapitel 6 wird eine komponentenbasierte Systemplattform für Steuerungssysteme entworfen. Diese dient als Infrastruktur für die Komponenten des Steuerungssystems. Sie stellt definierte Kommunikationsmechanismen sowie Methoden für einen synchronisierten Hochlauf und die Ausführung der Komponenten zur Verfügung. Die Konzeption der Methoden und Werkzeuge zur Unterstützung der Entwicklung von Steuerungskomponenten für die in Kapitel 6 definierte Systemplattform erfolgt in Kapitel 7. Neben den Methoden und Werkzeugen wird auch ein Vorgehensmodell, der komponentenbasierte Entwicklungsprozess für NC-Steuerungssysteme, definiert.

Realisierung

Die Realisierung einer integrierten Entwicklungsumgebung für die komponentenbasierte Entwicklung von NC-Steuerungssystemen wird in Kapitel 8 beschrieben. Die Entwicklungsumgebung integriert die Konzepte und Methoden der Entwurfsphase als durchgängige Software-Werkzeuge. Dabei wird auch der komponentenbasierte Entwicklungsprozess unterstützt. Damit ermöglicht die Entwicklungsumgebung die effiziente und geführte Entwicklung von Steuerungskomponenten für die komponentenbasierte Systemplattform. Weiterhin wird die komponentenbasierte Systemplattform für eine konkrete Zielplattform erstellt.

Test

In Kapitel 8 erfolgt auch die Validierung der realisierten Entwicklungsumgebung, des komponentenbasierten Entwicklungsprozesses anhand eines praxisnahen Anwendungsbeispiels aus dem Bereich der NC-Steuerungsentwicklung. Weiterhin werden die Kommunikations- und Hochlaufmechanismen der komponentenbasierten Systemplattform getestet. Abschließend erfolgt in Kapitel 9 eine kritische Diskussion und Bewertung der erzielten Ergebnisse.

4 Anforderungen an die Entwicklung von NC-Steuerungssystemen

Requirements to the Development of Numerical Control Systems

Neben der bekannten Funktionalität, die der Kunde aktuell von einer NC-Steuerung erwartet, müssen bei der Entwicklung von NC-Steuerungen noch weitere Anforderungen berücksichtigt werden. In diesem Kapitel werden diese Anforderungen an die systematische Entwicklung von Steuerungssoftware für Werkzeugmaschinen analysiert und zusammengefasst. Dabei werden besonders die Anforderungen von kleinen und mittelständischen Unternehmen berücksichtigt, da die in dieser Arbeit entwickelte Lösung insbesondere für diese Unternehmen Potenzial zur Verbesserung des Entwicklungsprozesses bietet.

4.1 Ebenen der Steuerungsentwicklung

Levels of Control System Development

Die Entwicklung von NC-Steuerungssystemen für Werkzeugmaschinen findet mitunter nicht nur direkt beim Steuerungshersteller statt, sondern lässt sich generell in drei Ebenen aufteilen, in denen verschiedene Aufgaben wahrgenommen und unterschiedliche Schwerpunkte gesetzt werden (vgl. Abbildung 4.1). Auf der ersten Ebene entwickelt der *Steuerungshersteller* ein voll funktionsfähiges Steuerungssystem, welches für unterschiedliche Bearbeitungsprozesse sowie auch für unterschiedliche Maschinenkonfigurationen eingesetzt werden kann. Die Steuerung beinhaltet alle grundlegenden und auch weiterführenden Funktionen für die Steuerung einer Werkzeugmaschine im produktiven Werkstattbetrieb. Teilweise wird erweiterte NC-Funktionalität als Option für das Steuerungsprodukt angeboten, welche in der Standardausführung nicht verfügbar ist. Diese zusätzliche Funktionalität wird über eine nur dem Steuerungshersteller zugängliche Konfigurationsdatei freigeschaltet oder gesperrt, oder auch als zusätzliches Softwarepaket nachträglich installiert. Prinzipiell besteht eine Steuerung für Werkzeugmaschinen aus drei Rechnersystemen: dem numerischen Steuerungskern, der Logiksteuerung (SPS) und dem HMI (*Human Machine Interface*; Benutzerschnittstelle). Auf dem Rechnersystem des numerischen Steuerungskerns, welcher für die Abarbeitung des NC-Programms und die parallele Erzeugung der Führungsgrößen zur Achsansteuerung zuständig ist, wird meist ein Echtzeitbetriebssystem verwendet. Das Rechnersystem des HMI basiert heute in der Regel auf dem Windows-Betriebssystem von Microsoft. Die Benutzerschnittstelle, welche auf diesem Rechner als eigenständige Softwareapplikation ausgeführt wird, ermöglicht die NC-Programmierung und Kontrolle des Steuerungskerns [WECK06]. Die am Markt verfügbaren Steuerungen bieten einen sehr unterschiedlichen Grad an Offenheit (vgl. Kapitel 2.1.2). Eine Anpassung der Steuerung an die konkrete Elektrik/Elektronik-Architektur der Maschine durch den Maschinenhersteller über ein eigenes bzw. angepasstes SPS-Programm ist immer möglich. Um auch bei nur geringfügig offenen Steuerungssystemen den

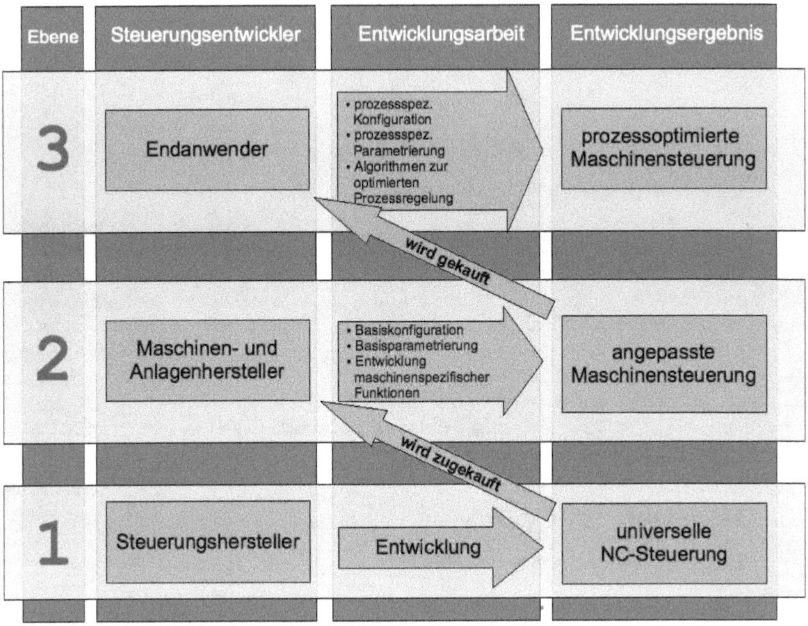

Abbildung 4.1: Ebenen der Steuerungsentwicklung
Levels of Control System Development

Maschinenherstellern die Anpassung an spezielle Erfordernisse, die einen Eingriff in den Steuerungskern erfordern, zu ermöglichen, bieten einige Steuerungshersteller Funktionsentwicklung bzw. Funktionserweiterung als Servicedienstleitung an.

Die Parametrierung und Konfiguration einer Steuerung für einen konkreten Maschinentyp geschieht im Normalfall auf Seiten des *Maschinenherstellers* (Ebene 2). Die Steuerung wird dabei konkret für die verwendeten Antriebe und den damit verbundenen Bussystemen verkabelt und konfiguriert. Die Konfiguration wird zum Teil über kleine Schalter oder auch so genannte *Jumper* (Steckbrücken/Kurzschlussstecker zur Überbrückung von leitenden Pins auf einer Leiterplatine) auf der elektrischen Hardware, zu einem immer größer werdenden Teil aber auch über Einstellungen in der Softwarekonfiguration vorgenommen. Das spezielle Know-How des Maschinenherstellers über die Konstruktion seiner Maschine kann er für eine Verbesserung des Steuerungs- und somit auch des Bearbeitungsprozesses nutzen (z.B. durch spezielle Kompensationsalgorithmen). Um dieses Wissen in den Steuerungsprozess integrieren zu können, muss die Steuerung der Maschine offene Schnittstellen besitzen, die es dem Maschinenhersteller ermöglichen, seine eigenen Algorithmen in die Geometriekette der Steuerung zu integrieren. Dafür sind

Schnittstellen zur Geometriedatenverarbeitung der Steuerung notwendig, welche eine Manipulation der Führungsgrößen in Echtzeit erlauben. Auch die Kombination von Werkzeugmaschinen mit zusätzlichen Handhabungssystemen (automatische Beschickung, Handlingsysteme, Robotersysteme) zu einer Fertigungszelle erfordert die Synchronisation der verschiedenen Steuerungen und somit eine individuelle Anpassung. Für den Fall, dass der Maschinenhersteller für eine neue Maschine eine neue kinematische Struktur entwickelt hat, ist ebenfalls eine angepasste kinematische Transformation zur Berechung der Achssollwerte aus den kartesisch programmierten Koordinatenwerten notwendig [KRÜG04]. Darüber hinaus kann die Integration von maschinenspezifischen Instandhaltungs- und Verschleissüberwachungsmethoden eine Integration von Algorithmen in die Steuerung notwendig machen [BREC07]. Solche komplexe Anpassungen, die einen Eingriff in die Geometriekette des numerischen Steuerungskerns erfordern, finden hauptsächlich bei spezialisierten Maschinen mit außergewöhnlichen Prozessanforderungen statt. Die typischen, einfachen Anpassungen der Steuerung an die Maschine werden hauptsächlich durch Konfiguration und angepasste SPS-Programme erreicht. Viele Maschinenhersteller statten ihre Maschinen auch mit eigens entwickelten HMI aus, um die Bedienung der Maschine zu vereinfachen. Dazu muss die eingesetzte Steuerung entweder eine offene HMI-Schnittstelle besitzen, oder der Steuerungshersteller bietet für die Steuerung eine Entwicklungsungs- oder Konfigurationsumgebung zur Erstellung eigener HMI an.

Auf der dritten Ebene erfolgt schließlich durch den *Endanwender* die Anpassung der Steuerung an den konkreten Bearbeitungsprozess. Das Know-How des Endanwenders über den Bearbeitungsprozess kann für Kompensationsalgorithmen genutzt werden. Dieses Know-How möchte der Endanwender in der Regel schützen, um sich vom Wettbewerber zu differenzieren, und es aus diesem Grund selbst in die Steuerung integrieren. Für die großen Unternehmen unter den Endanwendern kann sich auch die Entwicklung eigener HMI für alle Steuerungen in der Fabrik lohnen. So können Schulungen und Einarbeitungen für die Werker an der Maschine in der Firma einfach und günstig gestaltet werden und ein flexibler Einsatz der Werker an unterschiedlichen Maschinen, die auch unterschiedliche Steuerungen besitzen können, ist möglich. Dieser Ansatz ist allerdings bisher nur bei wenigen größeren Maschinenherstellern und Endanwendern zu beobachten. Weiterhin entwickelt der Endanwender eigene CNC-Zyklen, um die NC-Programmierung für typische Bearbeitungsaufgaben zu vereinfachen. Eine Anbindung der Maschine und damit der NC-Steuerung an übergeordnete Leit-, Überwachungs-, Qualitätssicherungs- und Planungssysteme (ERP, MDE/BDE) kann ebenfalls erfolgen, sofern die entsprechenden Schnittstellen von der NC-Steuerung angeboten werden.

4.2 Echtzeitfähigkeit

Real-time Capability

Bei der Entwicklung von NC-Steuerungssystemen müssen spezielle Anforderungen im Hinblick auf das Echtzeitverhalten erfüllt werden. Allgemein wird zwischen „harten" und „weichen" Echtzeitanforderungen unterschieden. Eine Anwendung, welche harte Echtzeitanforderungen erfüllen muss, muss in jedem Fall garantieren, dass die geforderten Berechnungen in einer vorher fest definierten Zeit abgeschlossen sind. Dabei darf die Auslastung des Systems in Abhängigkeit von der Zeit keinen Einfluss auf die rechtzeitige Beendigung der Berechnung haben. Bei weichen Echtzeitanforderungen ist die gelegentliche Überschreitung der maximal für eine Berechnung erlaubten Zeit in gewissem Maße tolerierbar [KIEN08], [WÖRN09].

Steuerungssysteme im Bereich der Automatisierungstechnik müssen sowohl weiche als auch harte Echtzeitanforderungen erfüllen. Eine SPS arbeitet typischerweise mit Zykluszeiten zwischen 3 und 20 ms. Die Zykluszeit ist abhängig von der Länge des SPS-Programms und wird offline berechnet. Zur Ausführungszeit des SPS-Programms ist die Zykluszeit fix. Innerhalb eines Zyklus werden dann die Eingangsdaten der SPS-Hardware ausgelesen, danach wird das SPS-Programm unter Berücksichtigung der aktuellen Eingangswerte abgearbeitet, und im Anschluss werden die Ausgänge der SPS-Hardware entsprechend den im SPS-Programm berechneten Werten gesetzt. Wird die fest definierte Zykluszeitschwelle überschritten, so kann nicht mehr für das korrekte Zusammenspiel zwischen mechanischer und elektrischer Hardware sowie der Software garantiert werden [WECK06], [WÖRN09].

Bei den numerischen Steuerungen sind die Zykluszeiten wesentlich kleiner. Die numerische Steuerung muss konkrete Positionssollwerte für alle anzusteuernden Achsen im sogenannten Interpolationstakt berechnen. Hier muss ebenfalls harte Echzeit gefordert werden. Die Positionssollwerte bilden die Stellgröße für die Antriebsregler der einzelnen Achsen. Für eine korrekte Funktionsweise der Antriebsregler müssen die Sollwerte im fest definierten Interpolationstakt geliefert werden. Die Genauigkeit des Bearbeitungsergebnisses kann bei komplexen Geometrien durch eine Verringerung des Interpolationstaktes gesteigert werden. Aus diesem Grund ist mit steigender Leistungsfähigkeit der PC-basierten Hardware der Interpolationstakt von Werten um 4 ms vor ca. 10 Jahren auf teilweise bis zu 80 μs gesunken. Die Steuerungssoftware muss garantieren, dass innerhalb dieses Interpolationstaktes die neu berechneten Positionssollwerte an die Antriebsregler weitergegeben werden [WECK06, PRIT06, BACH06].

Ein Beispiel für weiche Echtzeitanforderungen sind die graphischen Benutzerschnittstellen zur Bedienung von Werkzeugmaschinen. Die aktuellen Positionswerte der Maschine werden vom Steuerungskern berechnet und ebenfalls zyklisch an die Benutzerschnittstelle gesendet. Hier führt eine geringfügige Überschreitung der Zykluszeit allerdings zu keinem Problem und kann toleriert werden [WÖRN09].

Um die Echtzeitfähigkeit von Software auf einem Computersystem zu ermöglichen, existieren spezielle Betriebssysteme. Diese sogenannten Echtzeitbetriebssysteme stellen Funktionen bereit, welche für die Einhaltung von Echtzeitkriterien notwendig sind. Typische Beispiele für solche Funktionen sind hochpräzise Zeitmessfunktionen sowie ein Schedulingmechanismus, welcher Echtzeitprozesse besonders berücksichtigt und dessen Priorität die Einhaltung der Echtzeitkriterien ist. Neben diesen Funktionen bieten einige Echtzeitbetriebssysteme auch als weitere Unterstützung für die Echtzeitprogrammierung interruptgesteuerte Timer-Funktionen an. Diese ermöglichen die einfache Programmierung von zyklischen Funktionen [KIEN08, WÖRN09].

4.3 Modellierung

Modelling

Für die modulare Entwicklung von Steuerungssystemen ist die Modellierung der Schnittstellen der Steuerungsmodule elementar. Die Schnittstellen definieren dabei, welche Funktionen und Methoden ein Steuerungsmodul zum Aufruf anbietet [BRÜH03]. Im Bereich der objektorientierten Modellierung hat sich für die Beschreibung der Schnittstellen und Objekte die Beschreibungssprache UML *(Unified Modelling Language)* etabliert [RUMB04]. Zur Erstellung von UML-

Beschreibungen existieren zahlreiche kommerzielle und auch freie Softwarewerkzeuge, wie z.B. ArgoUML und RationalRose [QUAT02]. Einige dieser Werkzeuge erlauben auch die Generierung von Java-, C++- und IDL-Code-Skeletten aus einer UML-Beschreibung.

Ein beachtenswerter Aspekt bei der Verwendung von UML ist allerdings, dass damit lediglich die Syntax der Schnittstellen definiert werden kann, nicht jedoch die Semantik. Eine UML-Beschreibung bestimmt genau die Funktions- bzw. Methodennamen sowie die Übergabeparameter inklusive ihrer Datentypen. Es wird jedoch keine Aussage über die tatsächliche Bedeutung der Methode sowie ihrer Paramter getroffen. Zwar kann in vielen Fällen aufgrund der Namensgebung von Methoden und Parametern auf die Semantik geschlossen werden, jedoch ist sie damit nicht eindeutig definiert, sondern erlaubt meist einen gewissen Freiraum bei der Interpretation [LARM05].

Aus diesem Grund ist die Dokumentation der modellierten Schnittstellen besonders wichtig. In der Dokumentation muss die Semantik der Schnittstelle eindeutig beschrieben und dabei klar definiert werden, welche Funktionalität sich hinter einem Methodennamen verbirgt und welche Bedeutung die Parameter für die Verarbeitung innerhalb der Methode besitzen.

4.4 Parallelität und Threads

Concurrency and Threads

Moderne Betriebssysteme erlauben heute die parallele Ausführung von verschiedenen Prozessen und Threads. Ein Thread ist ein Prozess, der sich jedoch mit anderen Threads den gleichen Adressraum, die gleiche Code-Sektion sowie andere Betriebsmittelressourcen teilen kann. Threads werden ebenso wie Prozesse von dem Betriebssystem-Scheduler verwaltet. Ähnlich wie bei einem Prozess kann bei einem prioritätenbasierten Scheduler auch einem Thread eine Priorität zugewiesen werden. Threads werden vorzugsweise für nebenläufige Programmzweige verwendet, die jedoch für ihre Ausführung auf eine gemeinsame Datenbasis zugreifen müssen [KIEN08].

Der Zugriff von parallel ausgeführten Programmsektionen auf gemeinsam genutzte Daten kann jedoch zu Inkonsistenzen führen. Diese Problematik ist bekannt, und um derartige Inkonstinzen zu vermeiden sind verschiedene Programmiertechniken und -werkzeuge in der Informatik entwickelt worden. Ein bekannter Mechanismus zur Synchronisation von Aktionen auf gemeinsam genutzten Daten ist die Verwendung von so genannten Semaphoren. Ein Semaphor entspricht einer Integer-Variablen, deren Wert nur durch die Verwendung von zwei atomaren Operationen verändert werden kann. Atomare Operationen können während ihrer Ausführung nicht durch Interrupts oder Threads unterbrochen werden.

Im Bereich der Steuerungsentwicklung ist die Verwendung von Threads eine elementare Programmiertechnik. So gibt es z.B. Threads, welche die Aktionen des Werkers an der Bedieneinheit abfragen, während gleichzeitig ein anderer Thread die aktuelle Position der Maschinenachsen abfragt und sie vom Maschinenkoordinatensystem auch in das kartesische Koordinatensystem umwandelt. Nebenbei können noch weitere Threads ablaufen, welche z.B. aktuell ein NC-Programm einlesen und dekodieren, die Geschwindigkeitsführung berechnen und gleichzeitig auf bereits berechneten Teilstücken die Interpolation durchführen.

Bei vielen gleichzeitig ausgeführten Threads, die alle kooperativ arbeiten, um zusammen eine bestimmte Funktionalität (wie z.B. eine NC-Steuerung) bereitzustellen, ist es notwendig, dass die verschiedenen Threads Daten untereinander austauschen können und diese Daten teilweise auch gemeinsam nutzen können. Ein gleichzeitiger Zugriff kann zu Problemen in Form von inkonsistenten Datenzuständen führen. Aus diesem Grund ist der Zugriff auf gemeinsame Daten so zu schützen, dass Lese- und Schreiboperationen auf den elementaren Daten atomar sind, d.h. dass jeweils nur ein Thread gleichzeitig die Daten lesen oder schreiben kann. Als Lösung für dieses Problem sind Semaphoren und Mutex-Verfahren bekannt.

Benutzen in einem Echtzeitbetriebssystem mit Prioritätenscheduling mehrere Threads mit unterschiedlichen Prioritäten dieselbe Ressource, so kann es zum bekannten Problem der Prioritätenumkehr (engl. *Priority Inversion*) kommen [KIEN08].

4.5 Verteilte Steuerungssysteme

Distributed Control Systems

Bei einem verteilten System arbeiten mehrere Prozesse auf mehreren Rechnern und stellen sich dem Benutzer zusammen als ein Softwaresystem dar. Die verschiedenen Prozesse kommunizieren dazu typischerweise über eine Netzwerkverbindung. Im Bereich der Steuerungstechnik für Werkzeugmaschinen sind verteilte Systeme bereits seit den 80er Jahren Stand der Technik. Typischerweise wird der Teil der Software, welcher Echtzeitanforderungen erfüllen muss, auf einem separaten Rechner mit Echtzeitbetriebssystem ausgeführt. Beispiele für echtzeitkritische Prozesse sind hier die Interpolation der Sollwerte für die einzelnen Achsen sowie das Senden der interpolierten Werte an den Antriebsbus. Normalerweise werden aber auch die Interpetation des NC-Programms, die kinematische Transformation und auch die Berechnung des Geschwindigkeitsprofils als Echtzeitprozesse ausgeführt, um eine Abarbeitung des NC-Programms direkt parallel zur Ausführung der bereits eingelesenen und ausgewerteten NC-Programmzeilen auch bei kleinen Wegsegmenten zu erlauben. Mit dem Wunsch nach skalierbaren Lösungen und dezentralen Steuerungsarchitekturen wachsen auch die Anforderungen an die Verteilbarkeit des Steuerungssystems.

Die Benutzerschnittstelle besitzt im Allgemeinen nur weiche Echtzeitanforderungen, weshalb diese bei Werkzeugmaschinen meist auf einem separaten Rechner ausgeführt wird. Außerdem ist es dem Benutzer auf diesem System meistens auch erlaubt, eigene Software zusätzlich zur Steuerungsbenutzerschnittstelle zu installieren. Eine Installation eigener Software auf dem selben Rechner könnte unter Umständen dazu führen, dass die echtzeitkritischen Prozesse ihren Anforderungen nicht mehr gerecht werden können.

Für die Kommunikation zwischen den unterschiedlichen Prozessen eines verteilten Systems kann auf verschiedene Lösungen zurückgegriffen werden. So kann zum einen eine eigene Kommunikationsschnittstelle auf Basis von TCP/IP entwickelt werden, zum anderen können bereits existente Middleware-Lösungen eingesetzt werden [WÖRN09]. Im Bereich der Steuerungstechnik für Werkzeugmaschinen wurde im OSACA-Projekt ein Kommunikationsmechanismus unter Berücksichtigung der Anforderungen der Steuerungstechnik entwickelt. Das OCEAN-Projekt verifizierte die universelle Kommunikationsplattform CORBA für die Verwendung im Bereich der Steuerungstechnik positiv (vgl. Kapitel 2.1.3).

4.6 Skalierbarkeit, Konfiguration und Erweiterbarkeit

Scalability, Configurability and Extensibility

Um eine Steuerung möglichst flexibel an unterschiedliche Maschinen und Bearbeitungsprozesse anpassen zu können, muss die Steuerungssoftware skalierbar und konfigurierbar gestaltet werden. Belegt werden diese Anforderungen an die Steuerungstechnik u.a. durch die folgende Aussage aus dem *Kompass Steuerungstechnik 2009* des VDMA [FUCH08]:

„Der Hersteller von Maschinen und Anlagen kann die Leistungsfähigkeit von Steuerungs- und Automatisierungstechnik dann optimal nutzen, wenn Hard- und Software flexibel sind und viele Freiheitsgrade bieten. Nur so erhält er eine Steuerungsplattform, die sich individuell an seine Bedürfnisse anpassen lässt und die ständige Weiterentwicklung erlaubt.“

Eine weitere Anforderung an die Steuerungstechnik detailliert diese Aussage. Für den Endanwender von Steuerungssystemen, den Maschinen- und Anlagenherstellern sowie den tatsächlichen produzierenden Endkunden, ist es wichtig, neue Funktionalität selber zu entwickeln und in die Steuerung zu integrieren, ohne Mithilfe des Steuerungsherstellers. Dadurch wird sichergestellt, dass spezielles Know-How über den Bearbeitungsprozess, welches einen entscheidenden Wettbewerbsvorteil bedeuten kann, geschützt bleibt. Diese Anforderung wird ebenfalls durch den *Kompass Steuerungstechnik 2009* belegt, indem es heisst:

„Eine wesentliche Anforderung an den Steuerungspartner besteht darin, dem Maschinenhersteller auch im Fall proprietärer Systeme ein hohes Maß an Unabhängigkeit zu sichern und ihm die Möglichkeit zu bieten, eigene Ergänzungen der Anwendungsprogramme vorzunehmen. Eine wichtige Voraussetzung dazu ist allerdings der flexible und skalierbare Aufbau der Automatisierungssoftware.“ [FUCH08]

Unter Skalierbarkeit ist in diesem Zusammenhang eine Anpassbarkeit der Steuerungslösung zu verstehen, die ein Zusammenstellen der Steuerung so ermöglicht, dass nur die tatsächlich benötigten Funktionen, Algorithmen und Treiber (zur Ansteuerung von externer Hardware) in der Steuerung enthalten sind. Dadurch kann die Hardware der Steuerung (Rechner, Bedientafeln, Kommunikationsmodule) genau auf die Anforderungen des Anwendungsfalls zugeschnitten werden. Eine skalierbare Steuerungslösung kann auch nachträglich erweitert werden, indem dem System zusätzliche Komponenten hinzugefügt werden. Notwendige Voraussetzung dafür ist aber, das die Steuerungslösung als ein verteiltes System arbeiten kann (vgl. Kapitel 4.5). Eine skalierbare Steuerungslösung kann also genau auf die Bedürfnisse des Anwendungsfalls angepasst und so mit minimalen Hardwareressourcen aufgebaut werden. Dadurch ist der Steuerungshersteller in der Lage, ein kostenoptimales Produkt für unterschiedliche Anwendungsfälle anzubieten.

Dies ist jedoch nicht die einzige Motivation für eine skalierbare Steuerungslösung. Eine modular aufgebaute Steuerungssoftware erlaubt dem Steuerungshersteller auch die entkoppelte und bedarfsorientierte (Weiter-) Entwicklung definierter Sätze von Funktionen und Algorithmen. Skalierbarkeit kann somit durch die modulare Gestaltung der Software erreicht werden. So lässt sich zum Beispiel die Benutzerschnittstelle als eigenes Modul entwickeln, welches mittels Parametern wie z.B. der Anzahl der zu steuernden Maschinenachsen oder der zu verwendenden Sprache konfiguriert werden kann. Ein weiteres Beispiel für einen modularen Softwarebaustein ist die kinematische Transformation. Maschinen mit unterschiedlicher kinematischer Struktur benötigen auch unterschiedliche Algortihmen zur Berechnung der Transformation von den programmierten kartesischen Koordinaten in das Koordinatensystem der Maschinenachsen. Werden diese Algorithmen modular gekapselt, so kann die Steuerung durch Autausch dieser Komponente an eine neue Maschinenkinematik angepasst werden. Auch evtl. zu verwendende Kompensationsalgorithmen lassen sich bei einer Realisierung als Modul einfach integrieren und durch Austausch an die konkrete Bearbeitungsaufgabe anpassen. Je nach Anzahl der notwendigen Module für den Anwendungsfall kann so auch die minimal notwendige Hardware ausgewählt werden, sodass die Kosten für die Hardware nicht durch den komplexesten Anwendungsfall bestimmt werden. Eine solche modulare Struktur für Steuerungen von Werkzeugmaschinen wurde u.a. in den Forschungsprojekten OSACA und OCEAN erarbeitet. Wie bereits im vorigen Unterkapitel erwähnt, ist bei Steuerungen für Werkzeugmaschinen auch eine Verteilung der Steuerungsmodule auf unterschiedliche Rechnersysteme bereits Stand der Technik.

4.7 Hardwareplattform und Ressourcen

System Platform and Resources

Für Steuerungen von Werkzeugmaschinen werden als Hardwarebasis für das HMI meist industrietaugliche PC-Systeme verwendet. Diese sind mit Standardbetriebssystemen wie Microsoft Windows oder Linux ausgestattet. Für den echtzeitfähigen Teil der Steuerung werden ebenfalls Industrie-PCs oder auch PowerPCs verwendet, welche aber meistens direkt im Schaltschrank der Maschine verbaut werden. Auf diesen Hardwareplattformen werden Echtzeitbetriebssysteme, wie in den Kapiteln 4.2, 4.5 und 4.6 beschrieben, eingesetzt. Vom Steuerungshersteller eigens entwickelte Rechnerhardware und Betriebssysteme sind heute die Ausnahme.

Die notwendigen Ressourcen an Hauptspeicher und Prozessorleistung sind stark abhängig vom verwendeten Betriebssystem sowie der Steuerungssoftware. Insbesondere auf dem echtzeitfähigen Rechner muss sichergestellt sein, dass die Echtzeitanforderungen jederzeit erfüllt werden können. Bei der Ansteuerung einer Werkzeugmaschine mit drei Achsen müssen diese drei Achsen während des Verfahrbetriebs permanent im Bereich von einigen Millisekunden (heutzutage im Bereich von 80-1000 μs) angesteuert werden. Eine erfolgreiche Ansteuerung erfordert die Berechnung neuer Sollwerte für alle drei Achsen. Stößt die Rechnerhardware dabei in Bezug auf die Prozessorauslastung oder die Bereitstellung von Arbeitsspeicher bereits an ihre Grenzen, so ist es nicht möglich, eine höhere Anzahl von Maschinenachsen mit derselben Hardware bei Einhaltung des gleichen Interpolationstaktes anzusteuern. Eine Möglichkeit, um dennoch mit derselben Hardware mehr als drei Achsen anzusteuerun, wäre in dem Fall die Vergößerung des Interpolationstaktes.

4.8 Wiederverwendbarkeit

Reusability

Wiederverwendbarkeit spielt für viele Unternehmen eine wichtige Rolle, da einmal geleistete Arbeit und somit erarbeitetes und in der Regel auch getestetes Unternehmens-Know-How nicht mehrmals entwickelt werden muss, sondern als Basis weiter genutzt werden kann. Eine Wiederverwendung von einmal erbrachter Arbeit im Bereich der Softwareentwicklung kann auf die folgenden Arbeitsergebnisse angewendet werden:

Softwarearchitektur: Systematisch entwickelte Entwurfsmuster und Konstruktionsprinzipien für eine Softwarearchitektur eines Produktes lassen sich wieder verwenden. Im Bereich der Steuerungsentwicklung kann dies beispielsweise die Klassen- und Funktionsarchitektur für eine konkrete NC-Steuerung aber auch für eine Steuerungsfamilie sein. Insbesondere Entwurfsmuster für die Kommunikation und die Synchronisation von nebenläufigen Zweigen eignen sich gut für die Wiederverwendung innerhalb einer konkreten Softwarearchitektur. Auch die Software-Infrastruktur, wie z.B. Betriebssystem und Kommunikations-Middleware inklusive der für die Steuerungstechnik notwendigen Konfiguration, kann für unterschiedliche Produkte im Portfolio des Steuerungsherstellers wieder verwendet werden. Da die Infrastruktur für Steuerungshersteller kein Alleinstellungsmerkmal ist, können gerade kleine und mittelständische Unternehmen davon profitieren, diese Infrastruktur gemeinsam zu entwickeln und zu verwenden. Im Rahmen der OSADL-Genossenschaft wird dieser Ansatz von verschiedenen Unternehmen und Forschungseinrichtungen verfolgt [OSAD09b, OSAD09a].

Klassen: Durch die Kapselung von Algorithmen in Klassen können beispielsweise Algorithmen wie kinematische Transformation, Geschwindigkeitsführung, Interpolation und Achssteuerung wieder verwendbar gestaltet werden. Die Klassen können sich dabei konfigurierbar und somit allgemeingültig gestalten lassen, sodass beispielsweise die Geschwindigkeitsführung und Interpolation so entwickelt wird, dass sie für eine konfigurierbare Anzahl von Achsen funktioniert. Eine einmal entwickelte Klassenstruktur für eine NC-Steuerung kann u.U. auch für die nachfolgende Steuerungsgeneration als Basis für eine Neu- oder Weiterentwicklung genutzt werden.

Schnittstellen: Schnittstellen von Klassen und auch Kommunikationsobjekten können ebenfalls wieder verwendbar gestalten werden. Zum Beispiel Methoden zum Setzen von Parametern an einer Klasse, welche einen speziellen Algorithmus kapselt, lassen sich so gestalten, dass sie unabhängig von konkreten Implementierungsdetails des Algorithmus sind. Das ermöglicht die Wiederverwendung einer solchen Schnittstelle für eine Neuimplementierung des Algorithmus, sodass auch Implementierungen, welche diese Schnittstelle nutzen, nicht geändert werden müssen.

Lösungsstrategien und Algorithmen: Einmal implementierte Algorithmen oder Funktionen können in Softwarebibliotheken organisiert und so in neue Softwareprojekte eingebunden und genutzt werden. Gut dokumentierte Algorithmen sind auch einfach in Source-Code einer anderen Programmiersprachen überführbar.

Source-Code: Der Source-Code zu Algorithmen und Treibern kann ebenfalls wieder verwendbar gestaltet werden, beispielsweise wenn die Software auf ein neues Betriebssystem portiert werden soll. Um in diesem Fall eine Wiederverwendung mögichst einfach zu gestalten, sollten möglichst wenig betriebssystemspezifische Funktionen und statt dessen standardisierte und betriebssystemübergreifende Schnittstellen wie z.B. POSIX zum Zugriff auf Betriebssystemfunktionen benutzt werden.

Bei der Kapselung von Steuerungsfunktionalität und Algorithmen stellt sich immer die Frage nach dem richtigen Modularisierungsgrad bzgl. der Konfigurierbarkeit und Universalität. Dabei soll die Funktionalität möglichst durch Konfiguration von Parametern an unterschiedlichste Anforderungen angepasst werden können. Im Bereich der Steuerungstechnik für Werkzeugmaschinen müssen die gekapselten Algorithmen möglichst flexibel für eine frei definierbare Anzahl von Maschinenachsen konfigurierbar sein. Andererseits soll ein Algorithmus auch universell einsetzbar sein, d.h. er sollte soweit möglich unabhängig von Parametern funktionieren. Ein Beispiel für einen universellen Algorithmus ist hier die Interpolation. Diese kann nicht nur für die Erzeugung der Sollwerte für die Maschinenachsen genutzt werden, sondern auch für die Berechnung von Zwischenwerten für eine Online-Simulation auf dem HMI. In diesem Fall benötigt die Interpolation für beide Anwendungsfälle die Anzahl der Achsen als Parameter. Um die Universalität zu gewährleisten ist aber auf Parameter zu verzichten, die nur in einem der beiden Anwendungsfälle benötigt werden.

4.9 Dokumentation

Documentation

Eine sorgfältige Dokumentation ist von großer Bedeutung für eine mögliche Wiederverwendung von einmal erstellter Software. Ein gut dokumentierter Source-Code erlaubt bspw. einem neuen Mitarbeiter die Weiterentwicklung oder Optimierung bereits erstellter Algorithmen. Größere Softwarepakete werden durch eine Dokumentation für beteiligte Entwickler erst verständlich und nachvollziehbar. Des Weiteren wird so einmal entwickeltes Know-How gesichert, da Source-Code ohne Dokumentation oftmals schwer verständlich ist. Um die Lesbarkeit des Source-Codes weiter zu steigern, sollten auch firmeninterne Programmierrichtlinien verwendet werden, die u.a. Konventionen für die Bennenung von Klassen und Variablen festlegen.

In der Praxis wird die Dokumentation häufig vernachlässigt und vom Programmierer als lästig empfunden. Ein Grund für die Vernachlässigung der Dokumentation durch den Programmierer ist die geringe Unterstützung, die ihm durch die Programmier- bzw. Entwicklungsumgebung gegeben wird. Oftmals werden noch Compiler und andere Entwicklungswerkzeuge aus der Kommandozeile heraus manuell gestartet. Eine Unterstützung bei der Dokumentation entfällt in solchen Fällen komplett. Moderne Entwicklungsumgebungen wie das *Microsoft Developer Studio*, *JBuilder* oder *Netbeans* bieten zum Teil schon eine Unterstützung für die Dokumentation, indem sie bestehende Dokumentationswerkzeuge wie *JavaDoc* oder *doxygen* aufrufen können. Auch werden z.T. für neue Funktionsrümpfe bereits automatisch Code-Rümpfe für die Dokumentation unter Berücksichtigung des richtigen Dokumentationswerkzeuges erstellt. Die Dokumentationswerkzeuge erstellen dann aus dem entsprechend dokumentierten Source-Code eine Dokumentation in Form einer interaktiven Website oder eines einfachen Textdokuments [VAN 09]. Eine stärkere Einbindung des Dokumentationsprozesses in den gesamten Softwareentwicklungsprozess könnte die Aufwände an dieser Stelle noch verringern und den Programmierer stärker zu einer angemessenen Dokumentation seines Source-Codes anhalten.

4.10 Versionsverwaltung

Version Control

Wird eine größere Software von mehreren Entwicklern gleichzeitig und kontinuierlich weiterentwickelt, so ist der Einsatz einer Versionsverwaltungssoftware, auch für kleine Entwicklungsteams, unabdingbar. Sie synchronisiert die Softwarestände der verschiedenen Entwickler miteinander und markiert unvereinbare Teile von aktuell neu entwickelten Source-Code-Zeilen. Des Weiteren wird der Software-Code in einer Datenbank abgelegt und ermöglicht auch das einfache Abrufen und Wiederherstellen von älteren Softwareständen. Gerade bei einer umfangreicheren Software, an der viele Entwickler beteiligt sind, ist die Verwaltung durch eine Versionsverwaltung hilfreich, um so allen Beteiligten jederzeit den aktuellen Stand der Software zur Verfügung zu stellen. Es bedarf jedoch weiterhin einer genauen Aufteilung der Zuständigkeiten und Aufgaben innerhalb des Entwicklungsprozesses sowie eindeutiger Regeln zur Verwendung der Versionsverwaltung, damit die verschiedenen Entwickler problemlos nebeneinander arbeiten können.

4.11 Unternehmensanforderungen

Enterprise Requirements

Im Vergleich zu den großen Firmen unter den Steuerungsherstellern wie Siemens oder Bosch, denen große Entwicklungsteams mit bis zu 100 Mitarbeitern für die Steuerungsentwicklung zur Verfügung stehen, müssen kleine und mittelständische Unternehmen (KMU) aus dem Bereich der Steuerungsentwicklung die Herausforderung annehmen, eine vollwertige Steuerung bei wesentlich kleineren Entwicklungsteams (10-30 Personen) zu entwickeln. Um dieser Aufgabe gerecht zu werden, ist ein effizienter Entwicklungsprozess notwendig. Dabei muss das Know-How des Steuerungsherstellers gesichert werden. Sicherung des Know-Hows heisst dabei, dass einmal aufgebautes Wissen, beispielweise über die Implementierung der Geschwindigkeitsführung oder der Look-Ahead-Funktion, langfristig gesichert bleibt, auch wenn die entsprechenden Entwickler und Programmierer die Firma verlassen. Um das zu gewährleisten muss der Programmcode der Steuerungssoftware so umgesetzt werden, dass er verständlich und wartbar ist. Eine gute Dokumentation der Schnittstellen, des Source-Codes und die Einhaltung von einheitlichen Programmierrichtlinien bzgl. Variablenbenennung und Programmierstil erhöhen die Lesbarkeit und ermöglichen somit auch die Wartbarkeit des Source-Codes. Da der Dokumentationsprozess oftmals aufwändig ist und keinen Beitrag zu neuer Funktionalität liefert, sollte dieser insbesondere für kleine und mittelständische Steuerungshersteller mit kleinen Entwicklungsteams möglichst zeitsparend und effizient gestaltet sein. Deshalb bedarf es zur Erleichterung der Dokumentation und zur einfacheren Pflege derselben im laufenden Entwicklungsprozess einer Unterstützung durch Softwarewerkzeuge, welche sich nahtlos in die Programmierumgebung integrieren.

Die Entwicklung und Absicherung einer Systemplattform bestehend aus Betriebssystem und Kommunikationsmiddleware kann von den großen Unternehmen unter den Steuerungsherstellern allein geleistet werden. Eine speziell auf die eigenen Bedürfnisse und die eigene Steuerungsarchitektur angepasstes Systemplattform bietet die Möglichkeit bei gegebener Steuerungshardware das Maximum an Leistungsfähigkeit aus der Steuerungslösung zu gewinnen. Für KMU rechnet sich diese Art der Leistungsoptimierung immer weniger. Aus diesem Grund ist für die KMU unter den Steuerungsherstellern eine Konzentration auf die Kernkompetenz im Bereich der Steuerungstechnik wichtig.

5 Konzept für die komponentenbasierte Entwicklung von NC-Steuerungen

Concept for the component-based Development of Numerical Controls

In diesem Kapitel wird das Konzept, welches das Erschließen der komponentenbasierten Entwicklung für den Bereich der NC-Steuerungen ermöglicht, entwickelt und vorgestellt. Das Konzept berücksichtigt dabei die Ergebnisse der Analyse des Stands der Technik aus Kapitel 2 sowie die Anforderungen an die Entwicklung von NC-Steuerungen aus Kapitel 4.

Die Analyse des Stands der Technik hat gezeigt, dass bereits im OCEAN-Projekt ein funktional stark eingeschränkter Steuerungsprototyp auf Basis des CORBA Component Model (CCM) positiv validiert wurde [OCEA05c]. Dabei hat sich allerdings auch gezeigt, dass die Entwicklung auf Basis des Komponentenmodells nicht wie erwartet kostengünstiger und effizienter wurde, sondern wesentlich aufwändiger war als die bisher eingesetzten Entwicklungsmethoden. Grund dafür war die mangelnde Unterstützung durch Methoden und Werkzeuge, da die ausschließlich manuelle Implementierung und Konfiguration eines komponentenbasierten Steuerungssystems fehleranfällig und aufwändig war. Des Weiteren waren große Vorkenntnisse über das Vorgehen bei der Implementierung auf Basis des Komponentenmodells notwendig. Bisher wurde auch weder im Rahmen der Forschungsarbeiten des OCEAN-Projektes noch in anderen Forschungs- oder Entwicklungsarbeiten eine komponentenbasierte Systemplattform für NC-Steuerungssysteme auf Basis des CCM definiert. Eine solche Systemplattform beschreibt genau, welche Mechanismen des Komponentenmodells für die Entwicklung einer Steuerung genutzt werden können und wie diese bei der Implementierung zu verwenden sind.

Zur Erschließung der komponentenbasierten Entwicklung für den Bereich der NC-Steuerungen werden deshalb in dieser Arbeit drei Aspekte ausgearbeitet (siehe auch Abbildung 5.1): eine *Systemplattform* als Basis für die Steuerungsapplikation sowie *Methoden* und *Werkzeuge* zur Entwicklung von Komponenten für die Systemplattform. In den folgenden Unterkapiteln werden die Maßnahmen detaillierter ausgeplant.

5.1 Systemplattform

System Platform

Die Systemplattform, auf welcher die Steuerungskomponenten aufsetzen, soll den Steuerungshersteller bei der Umsetzung der Anforderungen bzgl. einer effizienteren Entwicklung unterstützen. Zur Realisierung einer flexiblen, konfigurierbaren und skalierbaren Steuerungslösung soll die Systemplattform die komponentenbasierte Entwicklung unterstützen. Weiterhin soll für das Kom-

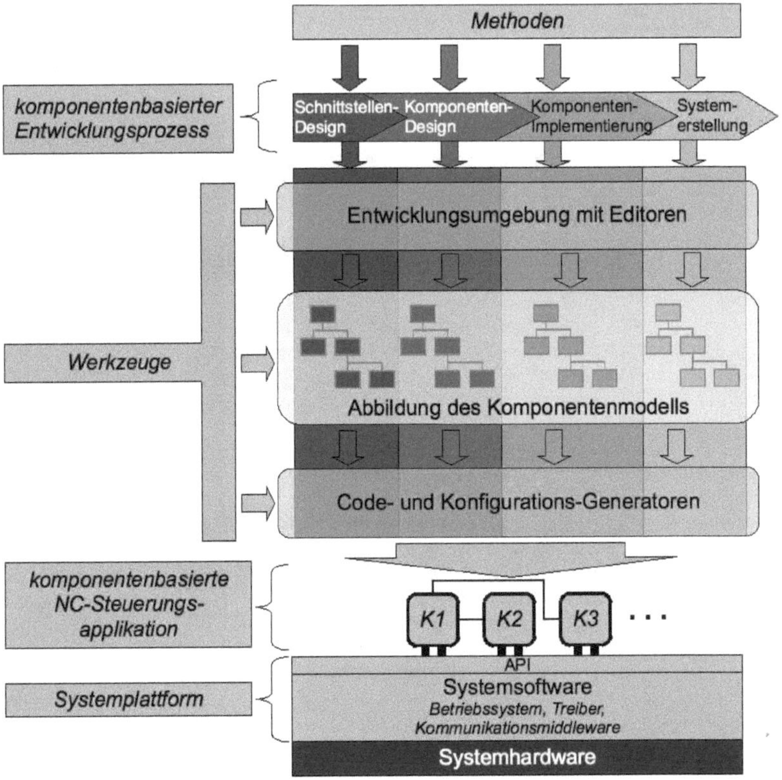

Abbildung 5.1: Konzept zur Erschließung der komponentenbasierten Entwicklung für NC-Steuerungen

Concept for opening up the component-based development of numerical controls

ponentenmodell ein internationaler Software-Standard verwendet werden, um eine proprietäre Entwicklung in einem Bereich, der nicht der Kernkompetenz der Steuerungshersteller entspricht, zu vermeiden. Aus diesen Gründen wird das CORBA Component Model (CCM) als Middleware für die Systemplattform eingesetzt. Das Komponentenmodell erlaubt die flexible, konfigurierbare und skalierbare Erstellung von Systemen auf Basis von vorher implementierten Komponenten. Weiterhin stellt es ein Rahmenwerk für die Entwicklung von Komponenten zur Verfügung. Damit dient das CCM auch als Basis für die Kommunikation zwischen den Steuerungskomponenten, welche dann im Zusammenspiel die NC-Steuerung darstellen. Für den Einsatz im Bereich der Steuerungstechnik sind jedoch nicht alle Mechanismen und parametrierbaren Eigenschaften des CCM nutzbringend einsetzbar. Deshalb werden die notwendigen Mechanismen des CCM identifiziert und in ihrer Verwendung für komponentenbasierte NC-Steuerungssysteme definiert. Die

Einschränkung der Verwendung der vielfältigen Mechanismen des CCM bildet die Grundlage für eine automatische Generierung von Source-Code und Konfigurationsskripten. Beispielhaft wird in Kapitel 6.1 auch eine komponentenbasierte Steuerungsarchitektur vorgestellt. Diese teilt die Funktionalität einer NC-Steuerung in Komponenten auf einen möglichen Rahmen für den Baukasten vor, welcher durch den Steuerungshersteller entwickelt werden kann.

Des Weiteren wird erarbeitet, wie der Source-Code einer existierenden NC-Steuerung auf die neue, komponentenbasierte Systemplattform portiert werden kann und was dabei zu berücksichtigen ist. Als Basis für die Systemplattform wird ein Betriebssystem ausgewählt, welches zum einen den Anforderungen bzgl. der Echtzeitfähigkeit gerecht wird und zum anderen kompatibel mit dem konkreten Komponentenmodell ist. Der detaillierte Entwurf der komponentenbasierten Systemplattform erfolgt in Kapitel 6.

5.2 Methoden

Methods

Damit die Steuerungsentwickler möglichst effizient eine komponentenbasierte NC-Steuerung auf Basis der Systemplattform entwickeln können, müssen Methoden zur Unterstützung entworfen werden. Als eine dieser Methoden wird ein Entwicklungsprozess definiert, welcher sowohl durch die Entwicklung einer einzelnen Steuerungskomponente als auch durch die Erstellung und Konfiguration eines gesamten NC-Steuerungssystems auf Basis eines vorhandenen Komponentenbaukastens führt. Für jeden Entwicklungsschritt dieses komponentenbasierten Entwicklungsprozesses werden dann ebenfalls Konzepte und Methoden zur Unterstützung definiert. Eine zentrale Idee dabei ist die automatische Generierung von Source-Code und Konfigurationsdateien. Insbesondere die Mechanismen zur Kommunikation zwischen den Steuerungskomponenten werden durch automatische Code-Generierung abgedeckt, sodass der Steuerungsentwickler keine tiefgehenden Kenntnisse über die Nutzung der Kommunikationsmechanismen des Komponentenmodells benötigt. Die Implementierung der funktionalen Logik der Steuerungskomponenten geschieht durch den Entwickler selbst. Für typische Programmieraufgaben wird ebenfalls eine Form der Unterstützung entwickelt. Neben den Kernprozessen der Entwicklung sollen zusätzlich die Unterstützungsprozesse wie Dokumentation und Konfigurationsmanagement mit in die Konzeption der Methoden einbezogen werden, sodass eine ganzheitliche Unterstützung des Steuerungsentwicklers über alle Bereiche der Softwareentwicklung entsteht. Die detaillierte Erarbeitung der beschriebenen Methoden erfolgt in Kapitel 7.

5.3 Werkzeuge

Tools

Orthogonal zu den Methoden werden konkrete Software-Werkzeuge entwickelt (vgl. Abbildung 5.1), welche die komponentenbasierte Entwicklung in jedem Prozessschritt optimal unterstützen und die Methoden und Konzepte zur Unterstützung realisieren. Dazu werden Editoren realisiert, welche den Entwickler bei Modellierung, Implementierung und Konfiguration von Steuerungskomponenten unterstützen. Ein weiterer Editor ermöglicht das Erstellen und die Konfiguration eines Gesamtsystems bestehend aus vorher entwickelten Steuerungskomponenten. Als Basis für die Code- und Konfigurations-Generatoren dient eine Abbildung des Komponentenmodells auf eine Klassenstruktur, welche die Software-Werkzeuge bzw. Editoren für die Modellierung und Implementierung der Steuerungskomponenten verwenden. Die so entwickelten Steuerungssysteme können dann auf der komponentenbasierten Systemplattform ausgeführt werden. Zur Ermöglichung einer nahtlosen und durchgängigen Entwicklung und Konfiguration sowohl von Steuerungskomponenten als auch von zusammengesetzten Steuerungssystemen werden die Werkzeuge schließlich in einer integrierten Entwicklungsumgebung zusammengefasst. Diese integriert auch die Unterstützungsprozesse wie Dokumentation und Konfigurationsmanagement. Die prototypische Realisierung der integrierten Entwicklungsumgebung für komponentenbasierte NC-Steuerungssysteme wird in Kapitel 8 beschrieben.

6 Systemplattform für komponentenbasierte NC-Steuerungssysteme

System Platform for component-based Numerical Control Systems

In diesem Kapitel wird die Systemplattform für komponentenbasierte NC-Steuerungen konzeptioniert, welche den Anforderungen aus Kapitel 4 in Bezug auf Modularisierung, Wiederverwendbarkeit, Verteilbarkeit, Skalierbarkeit und Konfigurierbarkeit gerecht wird. Die Analyse des Stands der Technik hat gezeigt, dass als Komponentenmodell für die Steuerungstechnik das CORBA Component Model (CCM) besonders geeignet ist. Deshalb werden die Ansätze des europäischen Forschungsprojektes OCEAN aufgegriffen, bei dem eine auf CORBA basierende Systemarchitektur entworfen wurde. Die Middleware dient dabei nicht nur als Kommunikationsplattform, sondern es wird mit dem CCM nun ein Komponentenmodell eingesetzt. Dieses kapselt die Kommunikationsmechanismen, vereinfacht deren Verwendung und ermöglicht somit den effizienten Einsatz des komponentenbasierten Entwicklungsansatzes. Das Modell einer Komponente beschreibt sowohl welche Möglichkeiten zur Konfiguration und Kommunikation es bietet, als auch welche Kommunikationspartner es benötigt. Durch die Kenntnis der Komponentenschnittstellen ist es möglich, die Komponenten miteinander zu verbinden und ein Gesamtsystem aufzubauen. Um einen möglichst effizienten Einsatz des CCM als Middleware für die Steuerungstechnik zu gewährleisten, wird eine Auswahl seiner Mechanismen vorgenommen, die für die Entwicklung von Steuerungssystemen für Werkzeugmaschinen tatsächlich notwendig sind. Dadurch kann später der Entwicklungs- und Konfigurationsaufwand optimiert und eine automatische Generierung von Source-Code- und Konfigurationsdateien ermöglicht werden.

Zunächst soll der Begriff *Systemplattform* definiert werden. Unter der *Systemplattform* wird die Software verstanden, welche der Steuerungsapplikation (Anwendungssoftware; entspricht dem Softwareteil des NC-Steuerungssystems) die notwendigen Dienste zum Betrieb zur Verfügung stellt [BRÜH03]. Prinzipiell besteht dieser Teil aus dem Betriebssystem, dedizierten Treibern zur Ansteuerung oder Kommunikation mit externer Hardware (z.B. digitale Antriebsverstärker) sowie einer Software-Kommunikationsplattform (sogenannte *Middleware*). Die Kommunikationsmiddleware ermöglicht Softwareapplikationen die wechselseitige Kommunikation. Die Kommunikation ist dabei nicht auf ein Rechnersystem beschränkt, sondern wird auch über Rechnergrenzen hinaus ermöglicht. Die Möglichkeit zur Kommunikation wird von der Systemplattform als Dienst zur Verfügung gestellt. Ähnlich kann auch die Ansteuerung externer Hardware über Treiber als Dienst zur Verfügung gestellt werden. Zum Zugriff auf diese Dienste definiert die Systemplattform eine Programmierschnittstelle (API; *Application Programming Interface*). Die Software der NC-Steuerung setzt dann als Applikation auf diese Systemplattform auf und nutzt deren Dienste um ihre Funktion zu realisieren. Unter der *Steuerungssoftware* wird die gesamte Software verstanden, welche auf der Rechnerplattform zur Bereitstellung der NC-Steuerungsfunktionalität

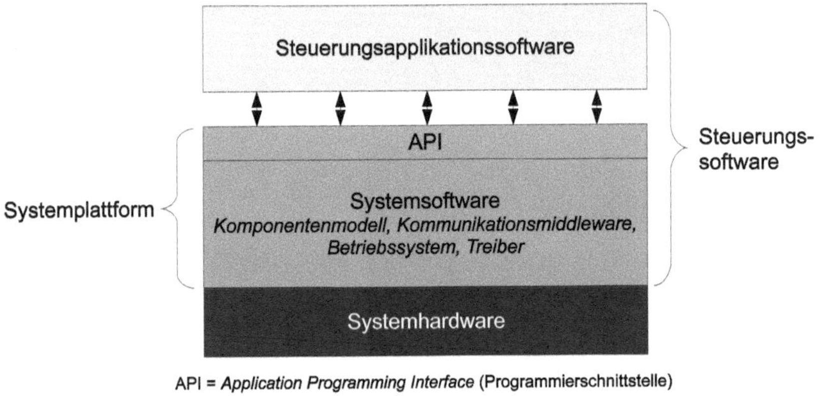

Abbildung 6.1: Definition des Begriffs Systemplattform

Definition of the term system platform

benötigt wird. Sie beinhaltet Betriebssystem, Treiber, Kommunikationsmiddleware und Steuerungsapplikation. Abbildung 6.1 veranschaulicht diese Begriffsdefinitionen.

Da für die Systemplattform in dieser Arbeit die Ergebnisse des OCEAN-Projektes weiterentwickelt werden, wird zunächst die Steuerungsarchitektur von OCEAN detaillierter beschrieben und kritisch diskutiert. Darauf aufbauend erfolgt schrittweise die Entwicklung der Systemplattform. Zunächst wird das Betriebssystem als deren Grundlage festgelegt. Als Kommunikationsmiddleware für die Systemplattform soll CIAO, eine Open Source Implementierung des CCM, eingesetzt werden. Die nächsten Unterkapitel stellen die für diese Arbeit relevanten Mechanismen von CIAO vor und legen fest, wie diese Mechanismen die Anforderungen für die Entwicklung von NC-Steuerungssystemen erfüllen.

6.1 Steuerungsarchitektur des OCEAN-Projektes

Control System Architecture of the OCEAN Project

Für das Konzept der komponentenbasierten Systemplattform wird auf die Ergebnisse des OCEAN-Projektes aufgesetzt (vgl. Kapitel 2.1.3). Deshalb wird im Folgenden auf die für diese Arbeit wichtigen Aspekte des Projektes detaillierter eingegangen.

In der OCEAN-Steuerungsarchitektur stellen sich die Steuerungskomponenten als eine Sammlung von CORBA-Objekten dar [BREC05]. Um die einzelnen Objekte voneinander in Kenntnis zu setzen, wurde der *CORBA Naming Service* sowie eine einheitliche Namensgebung für die Anmeldung beim Naming Service definiert. Der Naming Service ist eine zentrale und zur Laufzeit dynamische Objektinstanzverwaltung, die auch über Rechnergrenzen hinaus funktioniert, sofern die Rechner über ein Netzwerk miteinander verbunden sind. Der Hochlauf sowie die Konfiguration der Komponenten wurde über ein eigens entwickeltes prototypisches Konfigurationssystem realisiert. Dadurch wurde auch eine Verteilung der Steuerungsobjekte auf mehrere Rechnerplattformen ermöglicht.

Im OCEAN-Projekt wurden verschiedene frei verfügbare und kommerzielle Kommunikationsmiddleware-Produkte auf ihre mögliche Eignung für die Nutzung als Kommunikationsplattform für NC-Steuerungen hin untersucht und schließlich CORBA und deren frei verfügbare Implementierung TAO (The ACE ORB) als Ergebnis gefunden. TAO setzt auf das Abstraktionsframework ACE auf, welches eine neutrale Abstraktionsschicht für Betriebssystem- und Netzwerkfunktionen bietet. Dadurch ist TAO auf vielen unterschiedlichen und auf allen gängigen Betriebssystemen lauffähig. Des Weiteren handelt es sich bei TAO um eine sehr umfangreiche Implementierung des CORBA-Standards. So wird auch ein Teil der echtzeitfähigen Spezifikation RT-CORBA unterstützt. TAO wurde in unterschiedlichen Test-Szenarien auf die zu erwartenden Latenzzeiten untersucht. Dabei wurde ersichtlich, dass die vorhandenen Konfigurationsmöglichkeiten der Kommunikationsschicht eine gute Skalierung der Performance von TAO erlaubt.

Ein weiterer Vorteil von TAO ist die Tatsache, dass eine Implementierung des *CORBA Component Models (CCM)* auf Basis von TAO existiert, nämlich der *CIAO (Component Integrated ACE ORB)*. Er war zu der Zeit in einer ersten Alpha-Version verfügbar [SCHM09a]. Grundsätzlich wollte man im OCEAN-Projekt bereits das CCM einsetzen, um die Vorteile eines standardisierten Komponentenmodells zu nutzen, allerdings war die seinerzeit aktuelle Alpha-Version nicht zur sofortigen Nutzung geeignet [OCEA05d]. Zum Abschluss des Projektes wurde lediglich gezeigt, dass eine CIAO-Komponente mit anderen CORBA-Objekten zusammen eine rudimentäre Achssteuerung bilden konnte [OCEA05c]. Somit konnte die grundsätzliche Machbarkeit gezeigt werden. Die Portierung, Projektierung und Konfiguration dieser CIAO-Komponente stellte sich jedoch als sehr zeitaufwändig und fehleranfällig dar. Ein Grund dafür war u.a. die fehlende Unterstützung durch Tools zur Erstellung der XML-Konfigurationsdateien.

Steuerungskomponenten in OCEAN

In Abbildung 6.2 ist die OCEAN-Referenzarchitektur aufgezeigt [BREC05, OCEA05b]. Es wird zwischen den sogenannten *Kernkomponenten* und den *Erweiterungskomponenten* unterschieden. Die Kernkomponenten sind genau die Komponenten, die für eine funktionsfähige NC-Steuerung zwingend notwendig sind. Im Folgenden wird kurz der Funktionsbereich von jeder Kernkomponente beschrieben:

Motion Control (MC): Die *Motion-Control*-Komponente ist zuständig für die Führungsgrößen- und somit Bewegungserzeugung. Sie beinhaltet einen Parser, um das NC-Programm zu dekodieren, und führt danach eine Berechnung der Geschwindigkeitsprofile sowie im Anschluss daran eine Interpolation durch. Die Ausführung bzw. konkrete Implementierung dieser Komponente kann beliebig komplex sein. So können hier auch eine Werkzeugkorrektur sowie verschiedene Nullpunktkorrekturen implementiert werden.

HMI-Server: Die *HMI-Server*-Komponente dient als Verteiler für mögliche HMI. Diese Komponente bezieht für den Maschinenbediener relevante Daten von den anderen Steuerungskomponenten und bietet über ihre Server-Schnittstelle den Zugriff auf diese Informationen an. So ist es möglich, dass sich beliebig viele HMI für die Steuerung realisieren lassen, ohne

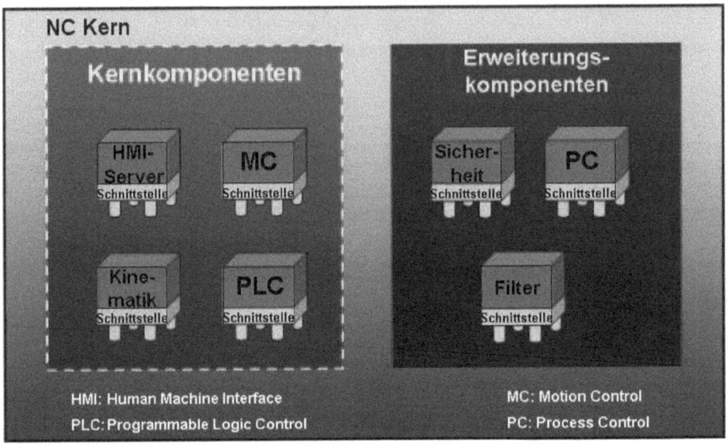

Abbildung 6.2: OCEAN-Referenzarchitektur [BREC05]
Reference architecture of OCEAN

die Performance der echtzeitfähigen Komponenten zu beeinträchtigen, da diese immer nur dem HMI-Server ihre bedienerrelevanten Informationen liefern müssen.

Kinematik: Für jede Maschine muss eine Umrechnung der kartesisch programmierten Koordinaten des NC-Programms in das Koordinatensystem entsprechend der Anordnung der Maschinenachsen erfolgen. Diese Transformation kann insbesondere bei Maschinen mit Parallelkinematik sehr komplex sein (z.B. Hexapod). Um eine Steuerung leicht an neue Maschinentypen mit neuer kinematischer Struktur anpassen zu können, sind die Algorithmen für die Transformation in der *Kinematik*-Komponente gekapselt.

PLC: Die PLC-Komponente bildet entweder die Brücke zu einer externen Hardware-PLC oder beinhaltet die Implementierung einer Software-PLC [WECK06].

Die Erweiterungskomponenten sind nicht zwingend für den Betrieb einer numerischen Steuerung notwendig, können die Funktionalität aber um hilfreiche Funktionen erweitern:

Process Control (PC): Die *Process Control*-Komponente soll Algorithmen zur Prozessregelung, wie z.B. thermische Kompensationen, kapseln. Es können parallel mehrere dieser Komponenten laufen, sodass unterschiedliche Prozessregelungen zur gleichen Zeit realisiert werden können.

Sicherheit: Die *Sicherheits*-Komponente soll den Betrieb der Steuerungskomponenten sowie den aktuellen Status der Maschine überwachen und jederzeit einen sicheren Betrieb für Werker, Maschine und Werkstück gewährleisten. Dazu verarbeitet sie den Zustand sowie ausgewählte Informationen von den an der Steuerung beteiligten Komponenten und überprüft, inwieweit ein sicherer Zustand bei den aktuellen Kennwerten gewährleistet ist.

```
module OCEAN
{
   interface ComponentBase
   {
      void initialize();

      void start();

      void stop();

      void emergency_stop();
   };
};
```

```
module OCEAN
{
   interface HMIServer : ComponentBase
   {
      ...

      void          setNCFilename(in string fn);

      string        getNCFilename();

      oneway void   NCstart();

      ...
   };
};
```

Abbildung 6.3: Vererbung der Basisschnittstelle für Komponenten
Inheritance of the basic interface for components

Filter: Die *Filter*-Komponente soll typische Algorithmen zur Filterung kapseln und für alle anderen Komponenten nutzbar machen. So können z.B. die Motion Control- oder die Process Control-Komponente diese Algorithmen für eine Berechnung der Sollwerte benutzen.

Hardware Access: Über die in Abbildung 6.2 gezeigten Komponenten hinaus wurde mit der *Hardware Access*-Komponente eine Komponente zur Vereinheitlichung der Schnittstelle für den Zugriff auf die elektrische Hardware, wie z.B. Bussysteme wie SERCOS oder auch digitale und analoge I/O-Karten, definiert.

Für die oben aufgezählten Komponenten der OCEAN-Referenzarchitektur wurden innerhalb des Projektes Schnittstellen in IDL definiert [OCEA05b]. Diese Schnittstellen spezifizieren für jede Komponente, was diese für Funktionalität über Methodenaufrufe zur Verfügung stellt. Es bleibt jedoch weiterhin unspezifiziert, auf welche Funktionalität von anderen Komponenten diese Komponente angewiesen ist, um gemäß Funktionsbeschreibung zu funktionieren. Des Weiteren sind die im Projekt definierten Schnittstellen wenig ausgereift, da nicht jede Schnittstelle durch eine vollständige Implementierung verifiziert wurde. Darüber hinaus haben die Diskussionen während der Spezifikationsphase deutlich gemacht, dass eine generelle Spezifikation, welche die Bedürfnisse aller Steuerungs- und Maschinenhersteller abdeckt, schwierig zu finden ist. Eine universelle Schnittstelle, die jeden möglichen Anwendungsfall abdeckt, wird umfangreich und damit unübersichtlich und schwer verständlich. Dadurch könnten potenzielle Interessenten von einer Implementierung einer umfangreichen Schnittstelle abgeschreckt werden.

Neben den IDL-Schnittstellen der Referenzarchitektur, die den Zugriff auf die komponentenspezifische Funktionalität erlauben, besitzt jede OCEAN-Komponente eine Basis-Schnittstelle, welche für den synchronen Hochlauf aller beteiligter Steuerungskomponenten und den Start der Steuerungsfunktionalität notwendig ist [OCEA05d]. Diese Methoden wurden in der *ComponentBase*-Schnittstelle definiert, von der jede OCEAN-Komponente erbt (vgl. Abbildung 6.3) Für den Hochlauf der Komponenten wurde im OCEAN-Konfigurationssystem eine weitere Komponente entwickelt: die *Conductor*-Komponente [OCEA05d]. Anhand von zwei XML-Konfigurationsdateien, welche die Steuerungskonfiguration beschreiben, führt sie alle beteiligten Kompontenen aus und ruft dann nacheinander an jeder Komponente zuerst die *initialize*- und danach die *start*-Methode auf.

Diskussion der OCEAN-Ergebnisse

Die Arbeiten im Rahmen des OCEAN-Projektes haben gezeigt, dass sich prinzipiell die Kommunikationsplattform CORBA für den Einsatz in numerischen Steuerungen eignet. Anhand von verschiedenen Demonstratoren konnte dies belegt werden. Ein weiteres Ergebnis der Arbeiten war allerdings, dass der Einsatz von CORBA ein tiefgehendes Wissen über diese Middleware voraussetzt. Des Weiteren ist der Aufwand an Implementierungs- und Konfigurationsarbeit zur Nutzung von CORBA so groß, dass zunächst eine effizientere Entwicklung der Steuerungssoftware fraglich erscheint. Außerdem fehlt CORBA ein Modell für das Hochlaufmanagement. Das CORBA Component Model (CCM) besitzt ein solches Modell und soll auch die Verwendung der CORBA Services vereinfachen, bringt dafür jedoch einen erheblichen Konfigurationsaufwand mit sich. Da bis dato keine geeigneten Softwarewerkzeuge zur Erstellung von CCM-Konfigurationen vorhanden waren, gestaltete sich die Nutzung des CCM noch zeitaufwändiger als die manuelle Implementierung auf Basis von CORBA. Aus diesem Grund wurde im Rahmen des OCEAN-Projektes ein eigenes komponentenähnliches Framework entwickelt, welches die Verwendung des Naming Services für die OCEAN-Komponenten standardisiert und einen synchronen Hochlauf des Systems ermöglicht.

Der Nachteil an der OCEAN-Lösung für den synchronen Hochlauf ist allerdings offensichtlich. Es handelt sich dabei um einen eigens entwickelten Mechanismus, der für zukündtige Versionen von Betriebssystemen und CORBA-Middleware gewartet und weiterentwickelt werden muss. So konnte zum Zeitpunkt des OCEAN-Projektes ein entscheidender Nachteil der OSACA-Architektur, eine Eigenentwicklung im Bereich der Systemplattform, nicht vermieden werden. Anhand eines eingeschränkten Demonstrators konnte jedoch die prinzipielle Nutzbarkeit des CCM für den synchronen Hochlauf sowie für die Nutzung von CORBA gezeigt werden. Jedoch war die Erstellung des Systems in keiner Weise einfacher als die manuelle Implementierung eines entsprechenden Systems, da die Konfiguration sehr fehleranfällig und nur schwer zu debuggen war.

Weitere Schwachpunkte der OCEAN-Systemarchitektur sind die standardisierten Schnittstellen der Referenzarchitektur. Wie bereits in Kapitel 6.1 erwähnt, sind diese wenig ausgereift und bisher nicht praxiserprobt. Insgesamt erscheint im Nachhinein die Entwicklung von standardisierten Schnittstellen für NC-Steuerungen im Rahmen eines kleinen Industriekonsortiums unmöglich. Es ist in Frage zu stellen, ob sich für diesen Bereich überhaupt einheitliche, offene Schnittstellen spezifizieren lassen. Denkbar ist eine kleine gemeinsame Schnittmenge von Schnittstellen mit Grundfunktionalität. Jedoch wird sich jeder Steuerungshersteller vorbehalten, für die eigenen Produkte spezifische Erweiterungen zu implementieren, die es ihm ermöglichen, sich vom Wettbewerb zu unterscheiden und ihm so in Teilbereichen einen Wettbewerbsvorteil sichern.

6.2 Definition der Basisplattform

Definition of the Base Platform

Als Basisplattform wird in dieser Arbeit die Rechnerarchitektur (z.B. Intel *x86* oder Motorola *PowerPC*) sowie das darauf laufende Betriebssystem und die Treiber für die Ansteuerung zusätzlicher Hardware bezeichnet (siehe Abbildung 6.4). Für die Anwendung als Basisplattform für NC-Steuerungslösungen wird ein Betriebssystem benötigt, welches auch harte Anforderungen an die Echtzeitfähigkeit erfüllen kann. Für KMU ist es interessant, für die Basissoftware der Steue-

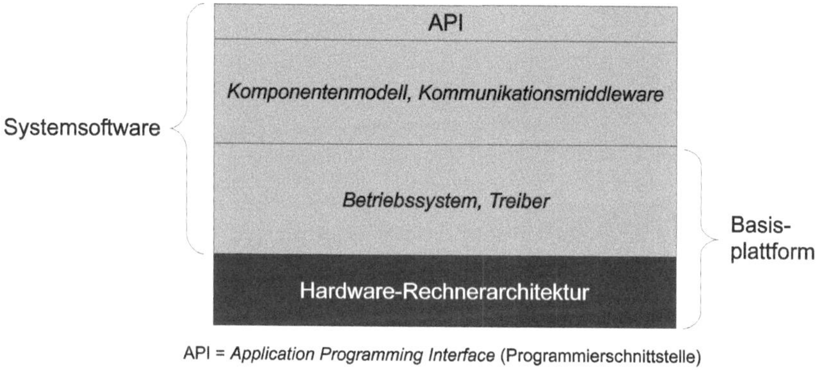

Abbildung 6.4: Definition des Begriffs Basisplattform
Definition of the term basic platform

rung auf Open Source Software zu setzen. Es werden oftmals schon für das Betriebssystem des HMI sowie auch für das Betriebssystem des echtzeitfähigen NC-Kern-Rechners Open Source Betriebssysteme wie z.B. Linux eingesetzt. In den Bereichen Treiber, Tools (wie z.B. XML-Parser) und Kommunikationsmiddleware wird ebenfalls immer stärker Open Source Software genutzt. Diese Arbeit setzt für die Basisplattform beispielhaft auf etablierte Rechnerarchitekturen (wie z.B. PowerPC oder IBM-kompatible Rechnersysteme) auf. Diese sind bereits im Bereich der Steuerungstechnik etabliert, wenngleich einige Steuerungshersteller noch propriertär entwickelte elektronische Hardware für den Steuerungskern verwenden. Insbesondere KMU können sich keine eigene Sonderentwicklung von Hardware für den NC-Kern leisten.

Als Betriebssystem für die Basisplattform wird ein Standard-Linux-System gewählt, da Linux ein quelloffenes Betriebssystem ist und der Steuerungshersteller so auf ein erprobtes Betriebssystem mit großem Funktionsumfang zugreifen kann, zu dem auch noch der Source-Code zugänglich ist. Des Weiteren kann das Standard-Linux mit seinem prioritätenbasierten Scheduling sogar weiche Echtzeitanforderungen erfüllen. Für den Steuerungskern mit harten Echtzeitanforderungen wird das Standard-Linux mit dem Echtzeit-Patch RT-PREEMPT erweitert [SCHW09]. RT-PREEMPT wird von der OSADL-Genossenschaft entwickelt und gepflegt (vgl. Kapitel 2.1.3). Der RT-PREEMPT-Patch wird deshalb insbesondere im Hinblick auf die Anforderungen der Steuerungstechnik entwickelt. Zusammen mit dem Betriebssystem Linux steht damit für das NC-Steuerungssystem eine einheitliche Basisplattform zur Verfügung, welche bei Bedarf auch harte Echtzeitanforderungen erfüllt.

6.3 Systemplattform auf Basis von CIAO

System Platform based on CIAO

Als Kommunikations-Middleware für die Systemplattform soll CIAO eingesetzt werden. CIAO *(Component Integrated ACE Orb)* ist eine Open Source Implementierung des CORBA Component Models und setzt auf die Open Source CORBA-Implementierung TAO auf, welche zur Realisierung der Kommunikationsplattform bereits im OCEAN-Projekt genutzt wurde. Es basiert genau wie TAO auf dem ACE-Framework (siehe Kapitel 6.1), sodass eine Portierung auf unterschiedliche Basisplattformen vergleichsweise einfach ist [SCHM09a]. Aus diesem Grund läuft CIAO auf einer Vielzahl von Betriebssystemen und Rechnerarchitekturen. Außerdem werden fast alle gängigen Betriebssysteme, die für diese Rechnersysteme existieren, unterstützt, sodass bei der Wahl des Betriebssystems seitens CIAO keine Einschränkungen bestehen. Allerdings muss berücksichtigt werden, dass für den Steuerungskern ein Echtzeitbetriebssystem notwendig ist. Bei einer verteilten Steuerungsarchitektur, bestehend aus HMI- und NC-Kern-Rechner, können die Betriebssysteme auch unterschiedlich sein. Die Kommunikation über CORBA ist betriebssystemunabhängig.

Die Spezifikation des CCM ist sehr umfassend. Es gibt bisher keine CCM-Implementierung, weder kommerziell noch Open Source, welche den gesamten Umfang der CCM-Spezifikation abdeckt. Unter den existierenden Implementierungen ist CIAO jedoch eine derer, welche die größte Abdeckung erreicht. Im Folgenden werden die Mechanismen und Aspekte von CIAO vorgestellt, die für die Verwendung als Basis von NC-Steuerungssystemen hilfreich und notwendig sind.

6.3.1 Aufbau einer Komponente

Setup of a Component

Zentrales Element des CCM ist eine CCM-Komponente. Während ein CORBA-Objekt durch die IDL-Schnittstelle beschreibt, welche Methoden und Variablen es anderen Objekten zum Aufruf bzw. zur Abfrage anbietet, so wird bei einer CCM-Komponente zusätzlich spezifiziert, was diese Komponente von anderen Komponenten benötigt. Eine CCM-Komponente kapselt somit ein Stück Software und beschreibt alle notwendigen Schnittstellen und mögliche Abhängigkeiten in der programmiersprachenunabhängigen Beschreibungssprache IDL (vgl. auch Kapitel 2.2.2). Des Weiteren ist nicht festgelegt, in welcher Programmiersprache eine Komponente implementiert sein muss. Es können auch Komponenten, die in unterschiedlichen Programmiersprachen implementiert wurden, miteinander verbunden und zusammen als ein Softwaresystem gestartet werden.

Für den Datenaustausch mit anderen Komponenten existiert für CCM-Komponenten das Konzept der *Ports*. Über diese Ports können Komponenten unter anderem logisch miteinander verknüpft und konfiguriert werden. Dabei stellen dann die logischen Verknüpfungen Kommunikationsverbindungen zwischen den jeweiligen Komponenten dar.

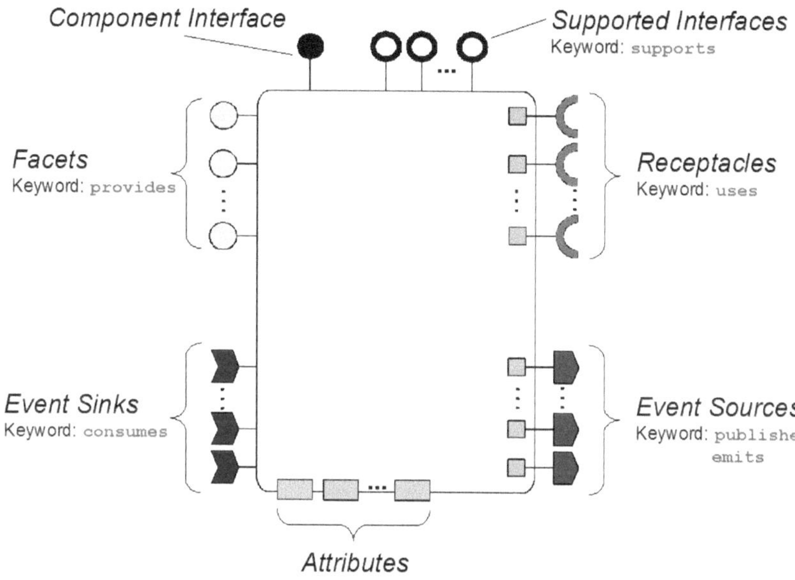

Abbildung 6.5: Komponente des CORBA Component Modells (CCM) (nach [SCHM09b])
Component of the CORBA Component Model (CCM)

Verschiedene Arten von Ports (vgl. Abbildung 6.5) definieren zusammen die Schnittstelle einer Komponente [OBJE06]:

▷ ***Facets*** stellen Methoden und Variablen bereit, welche an einer Komponente in Form von Objekten aufgerufen werden können. Der Typ eines Facets (bzw. des durch ein Facet repräsentierten Objektes) wird durch ein *IDL-Interface* beschrieben. Die Komponente muss die so definierte Schnittstelle bedienen, d.h. sie implementiert die dort definierten Funktionen. Über die Facets wird es anderen Komponenten ermöglicht, die in der Schnittstelle definierten Methoden aufzurufen.

▷ ***Receptacles*** stellen definierte Verknüpfungspunkte zu anderen Komponenten dar. Sie definieren, welche Objekte von dieser Komponente benötigt werden. Der Typ eines Receptacles wird ebenso wie der eines Facets durch ein *IDL-Interface* bestimmt. Im Unterschied zum Facet wird die Schnittstelle des Receptacles jedoch nicht durch die Komponente selbst implementiert, sondern sie muss von einer anderen Komponente durch Verknüpfung mit einem Facet gleichen Typs bedient werden.

▷ ***Event Sources*** stellen definierte Verknüpfungspunkte einer Komponente dar, über die Daten auf eine ereignisorientierte (asynchrone) Art und Weise ausgetauscht werden können. Ein solches Ereignis wird durch ein so genanntes *Event* repräsentiert, welches einen bestimmten Datentyp haben kann. Der Typ kann dabei auch mehrere Elemente enthalten (ähnlich dem Element „struct" in der Programmiersprache C). Bei Event Sources wird noch einmal zwischen zwei unterschiedlichen Arten unterschieden:

1. Ein Event Source der Art *Emitter* sendet seine Events an genau eine mit ihm verbundene Komponente. Aus diesem Grund ist nur eine 1:1-Verbindung an diesem Port erlaubt.
2. Ein Event Source der Art *Publisher* hingegen sendet seine Events an einen so genannten Ereigniskanal (*Event Channel*). Andere Komponenten können sich über ihre Event Sinks an diesem Kanal anmelden. Der Ereigniskanal ist für die Verteilung der Ereignisse an alle verbundenen Komponenten verantwortlich.

▷ ***Event Sinks*** sind das entsprechende Gegenstück zu den Event Sources. Sie bestimmen, welche Events von anderen Komponenten benötigt werden.

▷ ***Attributes*** enstprechen Variablen (ähnlich öffentlichen Member-Variablen einer Klasse der Programmiersprache C++). Sie können für die Konfiguration einer CCM-Komponente genutzt werden, da ihre Werte während des Hochlaufs aus einer Konfigurationsdatei gelesen und entsprechend gesetzt werden.

▷ Jede Komponente im CCM muss ein ***Component Interface*** (allgemeine Komponentenschnittstelle) unterstützen. Der Inhalt dieser Schnittstelle hängt von der Komponentenkategorie ab (siehe unten). Generell handelt es sich dabei um Methoden zur Steuerung des Lebenszyklus *(Lifecycle)* der Komponenten

▷ Die ***Supported Interfaces*** entsprechen Schnittstellen, die eine Komponente generell unterstützt. Dabei handelt es sich um einen Vererbungsmechanismus, über den die Kompontenten die zusätzlich unterstützen Schnittstellen erben. Diese müssen natürlich in der Implementierung der Komponente ebenfalls bedient werden.

Diese oben beschriebenen Ports lassen sich in der IDL-Beschreibung der Schnittstelle einer Komponente durch entsprechende Schlüsselworte *(engl. keywords)*, welche ebenfalls in Abbildung 6.5 dargestellt sind, spezifizieren.

Weiterhin existieren vier verschiedene Kategorien von Komponenten:

▷ ***Service Components*** sind Komponenten, die nur für die Dauer eines Methodenaufrufs an einer der oben beschriebenen Schnittstellen aktiviert sind. Direkt nach Abarbeitung des Methodenaufrufs werden sie wieder deaktiviert. Außerdem besitzen sie per se keinen internen Zustand, der über die Ausführung des Methodenaufrufs hinaus erhalten bleibt.

▷ ***Session Components*** werden beim Startvorgang des gesamten Systems einmal aktiviert und bleiben auch über mehrere Methodenaufrufe aktiv, bis sie explizit beendet werden. Somit bleiben während des gesamten Lebenszyklus der Komponente die Werte interner Variablen erhalten. Nach Beendigung bzw. Deaktivierung gehen jedoch sämtliche internen Zustandsdaten verloren.

▷ ***Process Components*** können den Inhalt ihrer Variablen beim Deaktivieren speichern und laden diesen bei einer späteren erneuten Aktivierung wieder ein. Sie sind also persistent. Für Client-Komponenten existiert jedoch kein eindeutiger Schlüssel zum Zugriff auf eine spezielle Komponenteninstanz.

▷ ***Entity Components*** entsprechen weitgehend den Entity Beans der EJB-Spezifikation (Java). Sie zeigen ein ähnliches Verhalten wie die Process Components, allerdings gibt es für Client-Komponenten einen eindeutigen Schlüssel zum Zugriff auf eine konkrete Komponenteninstanz, die auch über mehrere Sessions persistent ist.

Die Kategorie einer Komponente wird in ihrer zugehörigen CIDL-Beschreibung bestimmt. Das folgende Unterkapitel verdeutlicht die eben genannten Eigenschaften der Komponenten im Detail.

6.3.2 Rahmenwerk für Komponenten

Component Framework

Mit Rahmenwerk oder *Framework* für Komponenten wird in dieser Arbeit das Software-Code-Gerüst bezeichnet, welches von CIAO automatisch generiert wird und die Grundmechanismen für Komponenten bereitstellt. Diese Grundfunktionalität beinhaltet ein Klassenskelett mit Methoden für einen synchronen Hochlauf, Start und Initialisierung der CORBA-Kommunikationsmechanismen sowie Methoden zur Konfigurierbarkeit der Komponenten. In dieses Rahmenwerk kann der Entwickler die funktionale Logik einer Komponente einbetten. Die tatsächliche Realisierung einer Komponente zur Laufzeit ist in der praktischen Umsetzung wesentlich komplizierter als bisher beschrieben. In Anhang A.1 wird auf die Details des komponentenbasierten Rahmenwerks von CIAO eingegangen.

Trotz diverser Softwarewerkzeuge zur automatisierten Code-Generierung seitens CIAO muss der Entwickler einer Komponente noch einige Dateien manuell erstellen. Dabei ist insbesondere die Konsistenz bei der Namensgebung der Ports wichtig, da sonst der generierte Code später nicht kompiliert werden kann. Der Code, der vom Entwickler selbst erstellt werden muss, sowie der von CIAO durch den IDL- und CIDL-Compiler generierte Code ist mit seinen wechselseitigen Abhängigkeiten in Abbildung A.6 (Anhang A) dargestellt. Die Beschreibung der Schnittstellen bzw. Ports einer Komponente geschieht in der IDL-Beschreibung der Komponente. Darin werden unter anderem die Facets und Receptacles einer Komponente mit Namen und Typ beschrieben. Der Typ bezieht sich dabei wiederum auf eine IDL-Schnittstelle. Diese kann entweder mit in der Komponenten-IDL spezifiziert sein oder, um eine bessere Übersichtlichkeit zu gewährleisten, in einer eigenen Datei. Die Benennung von Home und Component Executor geschieht in der CIDL-Beschreibung. Aus diesen Beschreibungen wird nun durch den IDL- und CIDL-Compiler das Codegerüst generiert, welches die Einbettung der Komponentenlogik in das Framework erlaubt. Je nach CCM-Implementierung und verwendeten Einstellungen kann dieses Codegerüst in verschiedenen Programmiersprachen erzeugt werden. CIAO konzentriert sich jedoch auf die Programmiersprache C++. Aus diesem Grund sind alle generierten Code-Segmente in C++-Code- und Header-Dateien abgelegt. Die Komponentenlogik (der Executor Serverside-Code), welche vom Entwickler selbst in C++ implementiert wird, muss dabei die Schnittstelle der generierten Executor-Klasse bedienen. Danach können alle C++-Dateien mit einem C++-Compiler übersetzt und mit den entsprechenden CIAO-Komponentenbibliotheken gelinkt werden. Das Resultat ist eine Komponente, welche in der CIAO-Laufzeitumgebung ausgeführt werden kann. Der

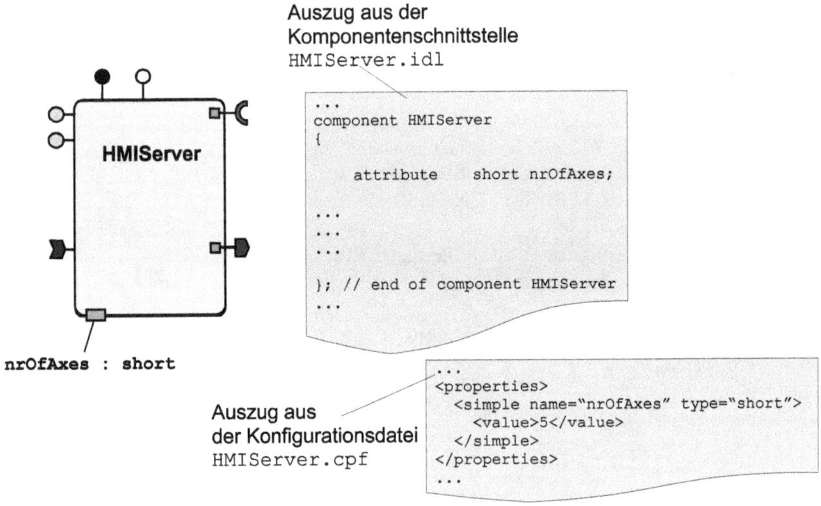

Abbildung 6.6: Komponente mit Attribut und zugehöriger Kongigurationsdatei

Component with attribute and corresponding configuration file

hier beschriebene Prozess zum Erstellen einer Komponente ist wiederum in der Praxis etwas aufwändiger, da die Ausführung der IDL-, CIDL- und C++-Compiler in der richtigen Reihenfolge und mit den richtigen Argumenten geschehen muss. Somit sind für diese Aufgabe gute CIAO- und C++-Kenntnisse erforderlich.

6.3.3 Konfigurationssystem

Configuration System

Die Konfigurierbarkeit einer Komponente wird durch den Attribut-Port realisiert. Eine Komponente kann mehrere Attribute besitzen, deren Wert sich über eine XML-Konfigurationsdatei beliebig ändern lässt. Für eine solche Konfigurationsdatei wird vom CIDL-Compiler eine Default-Datei angelegt, welche sich aber jederzeit vom Entwickler oder Systembenutzer ändern oder überschreiben lässt. Jede Komponente besitzt eine solche Konfigurationsdatei mit der Endung `*.cpf` *(Component Property File)*. In ihr sind für jedes Attribut ein Wert gespeichert, der während der Phase der Initialisierung einer Komponente diesem Attribut zugewiesen wird. Abbildung 6.6 verdeutlicht dies anhand einer Beispielkomponente. Diese besitzt das Attribut `nrOfAxes` des Datentyps `short` (16-Bit Datentyp zur Speicherung von ganzen Zahlen von 0 bis 65535). Die Abbildung zeigt sowohl die Deklaration des Attributes in der Beschreibung der Komponentenschnittstelle als auch die zugehörige XML-Konfigurationsdatei. Der Wert des Attributes kann bei Bedarf über eine Änderung des Wertes des XML-Tags `value` vom Entwickler vor dem Start der Komponente modifiziert werden.

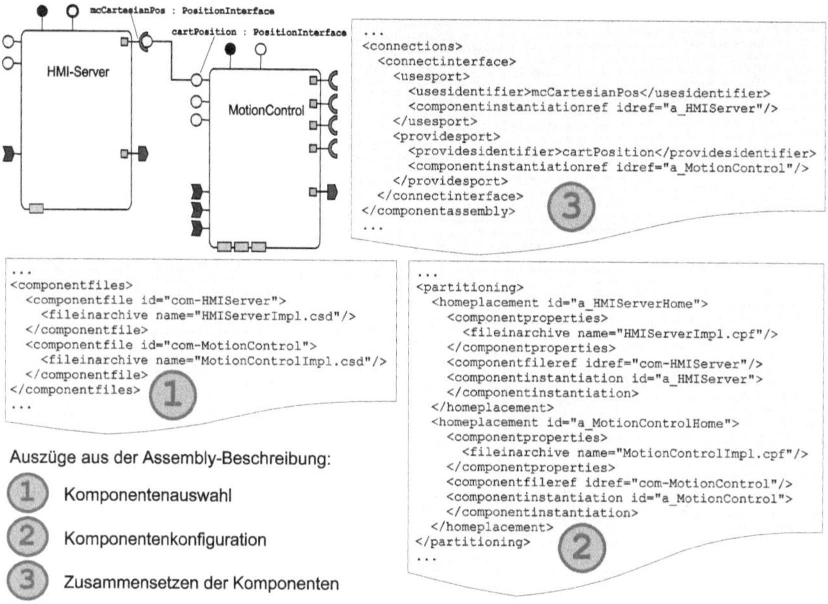

Abbildung 6.7: Beispiel zur Konfiguration einer Assembly

Configuration example of an Assembly

Ein weiterer Aspekt der Konfigurierbarkeit eines komponentenbasierten Systems ist die Erstellung eines Gesamtsystems *(engl. Assembly)*. Dabei kann ein System aus bestehenden Komponenten zusammengesetzt und diesen Komponenten auch beliebige Konfigurationsdateien zugewiesen werden. Außerdem lassen sich, falls mehrere Komponentenimplementierungen für eine gewisse Komponentenlogik bestehen, im Assembly-Schritt passende Implementierungen über entsprechende Komponentendeskriptoren auswählen. Die Konfiguration einer Assembly wird in einer XML-Konfigurationsdatei mit der Endung `*.cad` *(Component Assembly Descriptor)* gespeichert.

Abbildung 6.7 zeigt ein Beispiel für eine Assembly sowie Auszüge aus der zugehörigen Beschreibung. Die Konfigurationsdatei beinhaltet drei Aspekte der Systemkonfiguration:

1. **Komponentenauswahl:** Dieser Bereich wird von dem XML-Tag `componentfiles` umschlossen. Hier werden die Komponenten der Assembly mit einem Schlüsselwort (`id`) versehen. Außerdem wird auf die entsprechende Komponentenbeschreibungsdatei mit der Endung `*.csd` *(Component Software Descriptor)* verwiesen, in welcher der softwareinterne Aufbau der Komponente bezüglich Home und Executor beschrieben ist.

2. **Komponentenkonfiguration:** Mit dem XML-Tag `partitioning` wird der Bereich zur Konfiguration der einzelnen Komponenten gekennzeichnet. Neben der Vergabe von Schlüsseln (`id`) für die Instanzen von Home und Executor ist es möglich, für jede Komponente eine Konfigurationsdatei zur Belegung der Attribute mit konkreten Werten anzugeben.

3. **Zusammensetzen der Komponenten:** Der Bereich, der mit dem XML-Tag `connections` umschlossen ist, ermöglicht schließlich die Erstellung von Verbindungen zwischen den Komponentenports verschiedener Komponenten. Wichtig dabei ist, dass die Schnittstelle der Komponentenports, die verbunden werden, gleich ist. In dem Beispiel von Abbildung 6.7 ist dies der Fall, da sowohl das Receptacle `mcCartesianPos` als auch das Facet `cartPosition` vom gleichen Typ `PositionInterface` sind, sich also beide auf den gleichen Schnittstellentyp beziehen.

In diesem Beispiel wird auch deutlich, wie fehleranfällig die manuelle Erstellung der CIAO-Konfigurationsdateien sein kann. Die Schlüssel (`id`), die hier gewählt werden, müssen nicht nur innerhalb einer Konfigurationsdatei, sondern über alle Konfigurationsdateien hinweg konsistent sein. Außerdem müssen für die Benennung einiger XML-Attribute der Konfigurationsdateien und Komponentendeskriptoren teilweise die Klassennamen von Home- und Executor-Implementierung berücksichtigt werden.

6.4 Definition der Systemplattform für NC-Steuerungssysteme

Definition of the System Platform for Numerical Control Systems

Da CIAO sehr umfangreiche Möglichkeiten und Dienste zur Kommunikation und zum Komponentenmanagement bereitstellt, diese aber auch einen entsprechenden Konfigurationsaufwand und entsprechendes CIAO-Know-How voraussetzen, soll in diesem Unterkapitel eine Auswahl der Funktionalität erfolgen, die für eine effiziente Entwicklung von NC-Steuerungen tatsächlich notwendig ist. So soll der Steuerungsentwickler nicht bei jeder neu zu implementierenden Funktion über den gesamten Funktionsumfang von CIAO nachdenken müssen, sondern nur auf bewährte und benötigte Dienste und Funktionen zugreifen. Diese soll er dann auch möglichst einfach konfigurieren können. Dazu sollen für einige Dienste, sofern sinnvoll, Standardkonfigurationen erarbeitet werden, welche dem Entwickler über eine Auswahl zur Verfügung gestellt werden. Dadurch lässt sich der Konfigurationsaufwand des Kommunikationssystems auf eine Auswahl von vordefinierten Konfigurationssätzen beschränken. Dadurch soll eine optimale Unterstützung des Steuerungsentwicklers bei der Beherrschung des Kommunikationssystems und der Komponentenmechanismen ermöglicht werden.

Um dieses Ziel zu erreichen, werden zunächst allgemeine Anwendungsfälle *(Use Cases)* aufgestellt, aus denen sich die notwendigen Mechanismen für eine effiziente Systemplattform für NC-Steuerungen ableiten lassen. Danach wird eine definierte Auswahl an Funktionalität von CIAO getroffen, welche die erarbeiteten Kriterien erfüllt. Die aufgeführten *Use Cases* sind an dieser Stelle nur beispielhaft in unterschiedlicher Granularität und nicht vollständig aufgeführt.

6.4.1 Anwendungsfälle für die Systemplattform

Use Cases for the System Platform

In dieser Arbeit wird nur beispielhaft aufgezeigt, wie mit einem komponentenbasierten Ansatz numerische Steuerungen entwickelt werden können. Eine tatsächliche Implementierung bei einem Steuerungshersteller ist immer wesentlich komplexer, da die Anforderungen detaillierter vorliegen.

Im Folgenden wird aufgeführt, welche Faktoren bei der Aufstellung der Anforderungen bedacht wurden. Dabei werden jedoch nur die Use Cases und Anforderungen betrachtet, die Einfluss auf die Softwarearchitektur und damit auf die Systemplattform der NC-Steuerung haben. Die Architektur einer NC-Steuerung im Allgemeinen und die Kenntnis der Domäne haben aber indirekt das Zielsystem mitbestimmt, sodass hier nicht alle Faktoren, welche die Architektur der Systemplattform bestimmt haben, auch benannt werden können.

Die im Folgenden aufgeführten Use Cases zeigen jedoch beispielhaft, welche Anforderungen die Systemarchitektur von CIAO erfüllen muss, um als Basis für eine NC-Steuerung eingesetzt werden zu können.

1. ***Produktlebenszyklus einer NC-Steuerung***: Der Lebenszyklus einer NC-Steuerung erstreckt sich von der Entwicklung beim NC-Steuerungshersteller, über die Projektierung beim Maschinenhersteller bis zur Konfiguration beim Endkunden (vgl. Kapitel 4.1 und Abbildung 4.1). Daraus ergeben sich die folgenden Anforderungen an die Systemarchitektur der NC-Steuerung:

   (a) *Die Steuerung muss projektierbar sein.* Der Maschinenhersteller muss die Steuerung für einen bestimmten Maschinentyp anpassen können. Das erfordert eine Konfigurierbarkeit sowie ggfs. auch eine Erweiterbarkeit der Steuerung. So sollte es z.B. auch möglich sein, das HMI anzupassen oder ggfs. sogar austauschen zu können.

   (b) *Die Steuerung muss konfigurierbar sein.* Bestehende Funktionalität muss an die physikalischen Gegebenheiten angepasst werden können. Zum Beispiel müssen die Leistungsdaten der Antriebe (maximaler Ruck, maximale Beschleunigung maximale Geschwindigkeit) für die Bahnberechnung bekannt und für verschiedene Antriebe an unterschiedlichen Maschinen konfigurierbar sein.

   (c) *Die Steuerung muss erweiterbar sein.* Der Maschinenhersteller muss eigene Funktionalität einfügen können (z.B. für einen maschinenspezifischen Bearbeitungsprozess). Dafür muss es einen Mechanismus geben, der die Integration der neuen Funktionalität erlaubt. Ein solcher Mechanismus kann entweder aus Softwarewerkzeugen oder definierten Schnittstellen für die Integration bestehen.

2. ***Determinismus***: Abgesehen von den Konfigurationsmöglichkeiten soll sich die Steuerung bei jedem Start identisch verhalten. Das gleiche NC-Programm soll bei einem erneuten Start (auch wenn die Steuerung in der Zwischenzeit ausgeschaltet wurde/stromlos war) die identischen Achs-Sollwerte generieren (abgesehen von dynamischen Kompensationsalgorithmen). Des Weiteren muss die Steuerung auch nach einer „harten" Abschaltung (z.B. stromlos durch Not-Aus) ohne Probleme neu gestartet werden können. Es ergeben sich daraus folgende Anforderungen an die Systemarchitektur der Steuerung:

(a) *Die Steuerung muss unabhängig von historisch berechneten Zuständen oder Zwischengrößen hochfahren können.*

(b) *Die Steuerung darf für die Bahnberechnung keine historischen Zwischenwerte oder Zustände verwenden, sofern diese nicht der Kompensation dienen oder durch Konfiguration gesetzt wurden.*

3. ***Systemkoordination:*** Die Steuerung muss beim Einschalten alle notwendigen Dienste und Programme starten. Auch durch Maschinenhersteller oder Endkunden zusätzlich implementierte und integrierte Funktionalität muss entsprechend mit gestartet und initialisiert werden. Nach Abschluss des Hochfahrens und Ende der Initialisierungsphase muss dem Benutzer die Betriebsbereitschaft signalisiert werden. Daraus ergeben sich die folgenden Anforderungen:

   (a) *Die Steuerungsarchitektur muss einen klar definierten Mechanismus zum Hochlauf des Systems zur Verfügung stellen.*

   (b) *Der Hochlaufmechanismus muss auch erweiterte Funktionalität berücksichtigen.*

   (c) *Das Ende der Hochlaufphase und damit der Zustand der Betriebsbereitschaft muss erkannt und über die Schnittstelle zum HMI bereitgestellt werden.*

   (d) *Der Hochlaufmechanismus berücksichtigt alle angeschlossenen HMI.*

4. ***Separation des HMI:*** Die Bahnberechnung/Abarbeitung des NC-Programms soll auch unabhängig von angeschlossenen HMI funktionieren. In der Praxis muss nicht jede Maschine auch mit einem HMI versehen sein. Es kann sein, dass es nur ein HMI für eine ganze Fertigungszelle bestehend aus mehreren Maschinen gibt. Außerdem soll das HMI auch durch den Maschinenhersteller austauschbar sein. Daher ergeben sich die Anforderungen:

   (a) *Für die Interaktion zwischen HMI und Steuerungskern muss eine definierte, offene Schnittstelle existieren.*

   (b) *Der Steuerungskern muss unabhängig von der Anzahl der angeschlossenen HMI funktionieren.*

   (c) *Der Steuerungskern stellt alle notwendigen Informationen für das HMI über die definierte, offene Schnittstelle bereit.*

   (d) *Der Steuerungskern stellt über die definierte, offene Schnittstelle alle notwendigen Funktionen zur Steuerung und Konfiguration der Steuerung und der Maschine bereit.*

6.4.2 Einsatz ausgewählter Funktionalität von CIAO

Application of selected Functionality of CIAO

Die Beschränkung auf eine definierte Auswahl an Funktionalität von CIAO soll die Nutzbarkeit vereinfachen. Dies ermöglicht die vereinfachte Code-Generierung, ohne dass eine Vielzahl an Konfigurationen vom Entwickler eingestellt werden müssen. Für den Anwendungsfall der Nutzung als Plattform für eine NC-Steuerung wird ohnehin in den meisten Fällen immer wieder dieselbe Konfiguration gewählt werden. Somit ist es nicht erforderlich, alle Funktionen und Dienste von CIAO anzubieten.

Verwendung der Komponentenarchitektur des CCM

Zu Beginn wird die Komponentenarchitektur von CIAO betrachtet. Diese folgt dem Standard des CCM *(CORBA Component Model)* der OMG. Die in diesem Standard definierten CORBA-Komponenten sowie deren Eigenschaften wurden bereits in Kapitel 6.3.1 beschrieben. Wird eine NC-Steuerung gemäß Abbildung 6.1 als eine Anwendung bestehend aus mehreren CORBA-Komponenten entwickelt, so können die Komponenten über die Middleware CORBA miteinander kommunizieren. Das CCM vereinfacht und standardisiert dabei die Verwendung der verschiedenen CORBA-Dienste.

Die Komponenten bieten über die Attribut-Ports eine Möglichkeit zur Konfiguration. Die Konfiguration der Komponenten erfolgt über XML-Dateien (siehe auch Kapitel 6.3.3). Die Konfiguration aller Komponenten wird während des Hochlaufs ausgelesen und entsprechend gesetzt. Die XML-Konfigurationsdateien können separat durch ein spezielles Tool (welches seitens CIAO fehlt) oder in einem Text-Editor modifiziert werden. Sie werden jedoch erst bei einem erneuten Start der jeweiligen Komponente zur Konfiguration verwendet. Nach einer Modifikation der Komponentenkonfiguration muss die jeweilige Komponente neu gestartet werden. Dies geschieht automatisch bei einem Neustart des Gesamtsystems. Somit ist durch die Attribute einer Komponente Anforderung 1b aus Kapitel 6.4.1 erfüllt.

Bei der in dieser Arbeit verwendeten Version von CIAO war die Möglichkeit der Konfiguration der Attribut-Werte von Komponenten über XML-Dateien zwar seitens der Schnittstellen vorgesehen, jedoch war die Funktionalität dafür noch nicht implementiert. Aus diesem Grund wurde im Rahmen dieser Arbeit die verwendete CIAO-Version um diese Funktionalität erweitert, da sie einen elementaren Bestandteil der komponentenbasierten Entwicklung darstellt.

Beschränkung auf Session-Komponenten

Da Komponenten bei jedem Start des Systems ein gleiches Verhalten zeigen sollen (Anforderung 2a und 2b aus Kapitel 6.4.1), eignen sich sowohl Komponenten der Kategorie *Service* als auch der Kategorie *Session* (siehe Kapitel 6.3.1). Da Service-Komponenten nur bei Aufruf einer Methode an einer Schnittstelle der Komponente aktiviert werden, entsteht ein gewisser Laufzeit-Overhead für die Aktivierung der Komponente. Gerade für einen NC-Steuerungskern, bei dessen Entwicklung auch Echtzeitanforderungen berücksichtigt werden müssen, eignen sich Service-Komponenten nicht, da der Overhead für die Aktivierung der Komponente unter Umständen zu groß ist. Für NC-Steuerungen, die sich an funktionalen Architekturen ähnlich denen aus der OSACA-Initiative (siehe Kapitel 2.1.3) und dem OCEAN-Projekt (siehe Kapitel 6.1) orientieren, sind Service-Komponenten unpassend, da in diesen Architekturen davon ausgegangen wird, dass die Komponenten während der gesamten Laufzeit des Gesamtsystems aktiv sind. Service-Komponenten sind eher in solchen Architekturen sinnvoll, in denen Komponenten und deren Funktionalität nur sehr selten genutzt werden. In der hier angestrebten Architektur für eine NC-Steuerung, die sich an der OCEAN-Architektur orientiert, wird davon ausgegangen, dass alle Kernkompontenten (vgl. Abbildung 6.2) zwingend für den Betrieb benötigt werden und permanent aktiv sein müssen. Im Falle der Erweiterungskomponenten wird ebenfalls davon ausgegangen, dass diese, wenn sie vorhanden sind, permanent mitlaufen sollen und so die Systemfunktionalität nicht nur temporär erweitern. Aus diesem Grund eignen sich CORBA-Komponenten der Kategorie *Session* am Besten für die hier angestrebte Architektur.

```
#ifndef SIMPLEAXISCONTROLIMPL_CIDL
#define SIMPLEAXISCONTROLIMPL_CIDL

#include "../2_abstract_components/SimpleAxisControl.idl"

composition session SimpleAxisControlImpl
{
    home executor SimpleAxisControlHome_Exec
    {
        implements WZL::SimpleAxisControlHome;

        manages SimpleAxisControlImpl_Exec;
    };

}; // end of composition SimpleAxisControlImpl

#endif
```

Abbildung 6.8: CIDL-Beschreibung einer beispielhaften Komponentenimplementierung

CIDL-declaration of an example component implementation

Die Komponentenkategorie wird in der CIDL-Datei, welche die konkrete Implementierung der Komponente beschreibt, festgelegt. Abbildung 6.8 zeigt den Aufbau einer CIDL-Beschreibung für eine beispielhafte Komponentenimplementierung (vgl. auch mit Abbildung A.1 aus Anhang A). Die Festlegung der Komponentenkategorie erfolgt also am Ende der Implementierungsphase.

Konfiguration und Ausführung einer Assembly

Das CCM sieht es vor, Systeme aus Komponenten baukastenartig zusammenzusetzen und somit eine sogenannte *Assembly*, ein aus Komponenten zusammengesetztes Gesamtsystem, zu erstellen. CIAO unterstützt diese Möglichkeit durch ein entsprechendes Konfigurationssystem, welches die Beschreibung einer Assembly mit Hilfe einer XML-Datei erlaubt (siehe auch Abbildung 6.7). Das Laufzeitsystem von CIAO ist in Anhang A.2 detailliert beschrieben. Es sorgt für die Ausführung der konfigurierten Assembly. In einer Konfiguration wird bestimmt, welche Komponenten und welche konkreten Implementierungen einer Komponente verwendet werden sollen, wie diese konfiguriert sind und wie diese mit anderen Komponenten verbunden werden. Die Konfiguration erfolgt dabei unabhängig vom Source-Code. Somit kann dieser Konfigurationsschritt prinzipiell auch beim Maschinenhersteller stattfinden. Er kann damit existierende Komponenten der NC-Steuerung durch eigene ersetzen oder sie gemäß eigener Vorstellungen (über die Attribute) konfigurieren. Außerdem lassen sich so auch eigens entwickelte Komponenten einfügen, sofern diese an existente Schnittstellen der Steuerung ankoppeln. Somit erfüllt CIAO mit der Konfigurierbarkeit und dem Laufzeitsystem der Assembly die Anforderung nach Projektierbarkeit und Erweiterbarkeit (Anforderungen 1a und 1c aus Kapitel 6.4.1).

Das Laufzeitsystem ruft je nach gewählter Kategorie der Komponente unterschiedliche Methoden während der Lebenszeit einer Komponente an ihr auf. So wird während des Hochlaufs bei Session-Komponenten die Methode `ccm_activate()` aufgerufen. In dieser Methode sollte der

```
#ifndef CCM_CCM_EXTENSION_IDL
#define CCM_CCM_EXTENSION_IDL

#include <Components.idl>

module CCM
{
    interface ccm_extension
    {

        void ccm_start();

    }; // end of interface ccm_extension
}; // end of module CCM

#endif // end of CCM_CCM_EXTENSION_IDL
```

Abbildung 6.9: IDL-Beschreibung der Erweiterung für CCM-Komponenten

IDL-declaration of the extension for CCM components

Source-Code implementiert werden, der für die Initialisierung der Komponente zuständig ist. Entsprechend gibt es eine Methode `ccm_passivate()`, welche den Source-Code enthalten sollte, der zum Deaktivieren der Komponente ausgeführt werden soll. Die Methode `ccm_remove()` ist für Source-Code gedacht, welcher ausgeführt werden soll, bevor die Instanz der Komponente zerstört wird.

Verwendung des Ports *Supported Interfaces*

Wenn alle Komponenten des Steuerungsherstellers eine bestimmte Schnittstelle besitzen sollen, so müssen diese nicht unbedingt über Facets, sondern können über den Port *Supported Interface* bereitgestellt werden. Das führt dazu, dass später im Assembly-Schritt diese Schnittstellen nicht alle miteinander verbunden werden müssen, sondern indirekt als vorhanden angenommen und damit auch genutzt werden können.

Mit Hilfe der *Supported Interfaces* lassen sich die Komponenten so mit Schnittstellen für z.B. Zustandsautomaten versehen, welche Verwaltungsfunktionen übernehmen können (z.B. Betriebsart der Steuerung: Automatik, Manuell, aktive Achse).

Bei der in dieser Arbeit verwendeten Version von CIAO fehlt im Hochlauf-System für Session-Komponenten (aber auch für andere Komponentenkategorien) eine Funktion, die nach Abschluss des Hochlaufs aufgerufen werden soll, um als Hauptfunktion der Komponente permanent zu laufen. Es muss nicht unbedingt jede Komponente über eine solche Hauptfunktion verfügen, mindestens eine wird jedoch benötigt, die dann auf die Eingaben des Benutzers reagieren kann und an den weiteren Komponenten entsprechende Methoden aufruft. Um das Hochlaufsystem von CIAO um eine solche Hauptfunktion zur ergänzen, wird eine IDL-Schnittstelle definiert, welche von den Steuerungskomponenten als Supported Interface einbezogen werden soll. Die

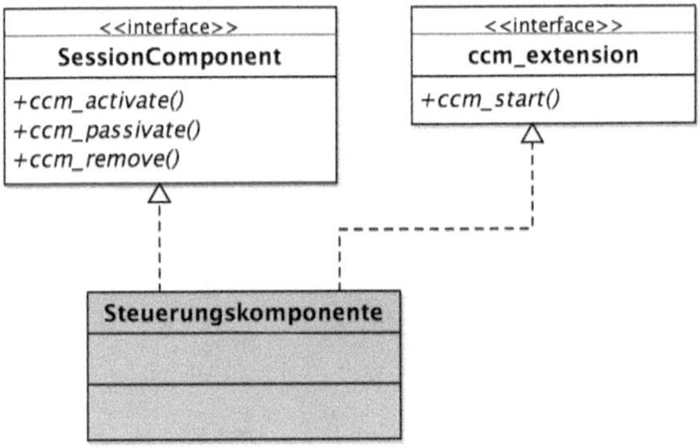

Abbildung 6.10: Erweiterung der Hochlauf-Schnittstelle für Session-Komponenten

Extension of the start-up interface for Session Components

Schnittstelle soll nur eine Funktion, nämlich die Hauptfunktion einer jeden Komponente, enthalten. Sie wird im Namensraum `CCM` angelegt, trägt den Methodennamen `ccm_start()` und soll bei jeder Komponente nach Abschluss der Hochlauf- bwz. Initialisierungsphase aufgerufen werden. Die zugehörige IDL-Beschreibung der Schnittstelle ist in Abbildung 6.9 dargestellt [OBJE06], [OBJE04].

Abbildung 6.10 zeigt in UML-Notation die Schnittstellen, die nun eine Steuerungskomponente für das Lifecycle-Management bereitstellt. Die Schnittstelle *SessionComponent* wird durch Auswahl der Kategorie *Session* für eine Steuerungskomponente implizit geerbt. Dagegen muss der Vererbungsvorgang für die Schnittstelle `ccm_extension` bei der Erzeugung von Komponentenschnittstellen explizit berücksichtigt werden. Abbildung 6.11 zeigt, wie die IDL-Beschreibung für eine Steuerungskomponente aussehen kann, wenn explizit die Schnittstelle `ccm_extension` als *Supported Interface* eingebunden wird.

6.5 Portierung bestehender Steuerungsimplementierungen

Porting of existing Control System Implementations

Für die Portierung einer bestehenden Implementierung einer NC-Steuerung auf die hier erarbeitete Komponentenarchitektur gibt es keine allgemein gültige Vorgehensweise, da das Vorgehen sowohl durch die Architektur der bestehenden Implementierung als auch durch die Zielarchitektur der neuen Steuerung bestimmt wird. Die komponentenbasierte Systemarchitektur von CIAO, die hier vorgeschlagen wird, ist dabei nur ein Teil der Zielarchitektur. Die weiteren Teile der Architektur werden u.a. mitbestimmt durch die funktionale Systemstruktur, Projektbudget, zur Verfügung stehende Arbeitskraft sowie auch die Eigenschaften und Funktionen in Form von Anforderungen, die die geplante Zielarchitektur erfüllen muss. Diese sind abhängig von den Geschäftszielen der Steuerungshersteller. So gibt es z.B. Steuerungshersteller, die sich auf die

Entwicklung von kostengünstigen (dafür aber weniger leistungsfähigen) NC-Steuerungen konzentrieren und Steuerungshersteller, die sich auf spezielle Bearbeitungsprozesse spezialisieren, jedoch weniger Funktionalität für eine universelle Einsetzbarkeit anbieten. Solche unterschiedlichen Geschäftsziele können die Architektur einer neuen Steuerungsgeneration stark beeinflussen.

Aus diesem Grund wird in dieser Arbeit keine funktionale Steuerungsarchitektur erarbeitet, sondern lediglich die Systemplattform (vgl. Abbildung 6.1) sowie Methoden und Werkzeuge zur Entwicklung von Steuerungskomponenten für diese Systemplattform. Um die Vorgehensweise beispielhaft demonstrieren zu können, wird bei Bedarf die funktionale Steuerungsarchitektur des OCEAN-Projektes verwendet. Diese Referenzarchitektur erfüllt die Anforderungen von Punkt 4 aus Kapitel 6.4.1.

Grundsätzlich sollten für die Erstellung einer komponentenbasierten NC-Steuerung zunächst funktionale Komponenten definiert werden. Dabei wird genau bestimmt, welche Funktionalität logisch als eine Einheit betrachtet werden soll. Ein Beispiel für eine solche funktionale Aufteilung in Komponenten ist die OCEAN-Referenzarchitektur (siehe Kapitel 6.1). Eine Komponente selber kann dabei wiederum aus vielen Klassen implementiert sein. Die umfassende Komponentenhülle beschreibt jedoch alle Schnittstellen, die diese Komponente für die Interaktion mit anderen Komponenten benötigt. Bisherige Steuerungsarchitekturen (wie in OMAC, OSACA und OCEAN) haben dabei nur die Schnittstellen berücksichtigt, die eine Komponente anderen Komponenten zum Aufruf anbietet. Bei dem hier gewählten komponentenbasierten Ansatz werden jedoch auch die Schnittstellen definiert, auf die eine Komponente für Methodenaufrufe an anderen Komponente zugreift. Des Weiteren gibt es bei CORBA-Komponenten den Event-Mechanismus. Dieser erlaubt im Gegensatz zu den synchronen Kommunikationsmechanismen *Facet/Receptacle* eine Möglichkeit zum asynchronen Datenaustausch über *Event Sink* und *Event Source* (vgl. Kapitel 6.3.1). Das Vorgehen für die Definition von Komponentenschnittstellen wird im nächsten Absatz ausführlicher behandelt.

6.6 Definition von Schnittstellen für Steuerungskomponenten

Interface Definition of Control Components

Die Definition von Schnittstellen oder Vorgehensweisen zur Definition von Schnittstellen für NC-Steuerungen wurde bereits in mehreren Arbeiten thematisiert und kann an dieser Stelle nicht umfassend beschrieben werden. Trotzdem sollen hier kurz die Punkte angesprochen werden, welche bei der Definition der Komponentenschnittstellen zu beachten sind.

Eine gute Voraussetzung für ein effizientes Schnittstellendesign der Komponenten ist, wenn die aktuelle Implementierung der Steuerung bereits auf Basis von objektorientierter Analyse und Design (OOA/D) entstanden ist [LARM05]. Nach funktionaler Definition der Komponenten können dann für jede Komponente die Schnittstellen nach außen bestimmt werden. Für Methoden, die an der jeweiligen Komponente aufgerufen werden sollen (über die *Facet*-Schnittstelle), können entweder bestehende Klassenschnittstellen benutzt werden, oder es sind mit Hilfe des *Facade*-Patterns neue Schnittstellen zu bestimmen, die eine Art Untermenge der existierenden Klassenschnittstellen explizit für den Zugriff von außen zur Verfügung stellen [GAMM95]. Die Schnittstellen für Methoden, die an anderen Komponenten aufgerufen werden (*Receptacle*-Schnittstelle), lassen

```
#include "../1_common_interfaces/CCM_ccm_extension.idl"

#include "../1_common_interfaces/WZL_DirectAxisControl.idl"
#include "../1_common_interfaces/WZL_HardwareAccessAnalogOut.idl"

component SimpleAxisControl supports CCM::ccm_extension
{

    attribute    double initialFeedOverrideValue;

    provides     WZL::DirectAxisControl axisControl;

    uses         WZL::HardwareAccessAnalogOut analogOut;

}; // end of component SimpleAxisControl
```

Abbildung 6.11: Explizite Einbindung der Schnittstelle `ccm_extension` über den Port *Supported Interfaces* bei einer beispielhaften Steuerungskomponente

Explicit integration of the interface `ccm_extension` *using the port Supported Interfaces*

sich am besten im Rahmen der Definition der *Facet*-Schnittstellen der anderen Komponenten definieren, indem diese Methoden dann bei der Bildung von logisch sinnvollen Untermengen berücksichtigt werden. Weiterhin sind die folgenden Punkte bei der Definition der Komponentenschnittstellen zu beachten:

▷ ***Datenaustausch vs. Methodenaufruf*** *(oder auch: asynchrone vs. synchrone Kommunikation):* Wenn nur ein Datensatz an ein oder mehrere Komponenten versandt werden soll, der Zeitpunkt des Empfangs des Datensatzes aber keine weitere Bedeutung für die sendende Komponente hat, so bietet es sich an, diesen Datensatz über den *Event*-Mechanismus zu versenden. Ist jedoch eine sofortige Reaktion auf den zu übertragenden Datensatz notwendig, oder soll die entfernte Komponente auf Basis des Datensatzes ein neues Datum berechnen und zurückgeben, so ist die Kommunikation über Methodenaufrufe in Form einer *Facet/Receptacle*-Schnittstelle zu realisieren.

▷ ***Hohe Kohäsion:*** Eine hohe Kohäsion wird erreicht, wenn der Verantwortungsbereich einer Schnittstelle möglichst klar und so klein wie möglich ist. Dies lässt sich erreichen, wenn Folgendes berücksichtigt wird:

  - ***Granularität der Schnittstelle:*** Die Granularität der Schnittstellen sollte so gewählt werden, dass diese möglichst gut evtl. auch für mehrere Komponenten wiederverwendbar sind, aber nicht zu fein, sodass für jede Methode ein eigenes Interface erstellt wird.
  - ***Aufteilung der Schnittstellen nach Funktionsgruppen:*** Die Schnittstellen sollten nach funktionalen Gesichtspunkten aufgeteilt werden. Inhaltlich unterschiedliche Funktionen sollten unbedingt in verschiedenen IDL-Interfaces angelegt werden. So entstehen keine unnötigen funktionalen Abhängigkeiten.

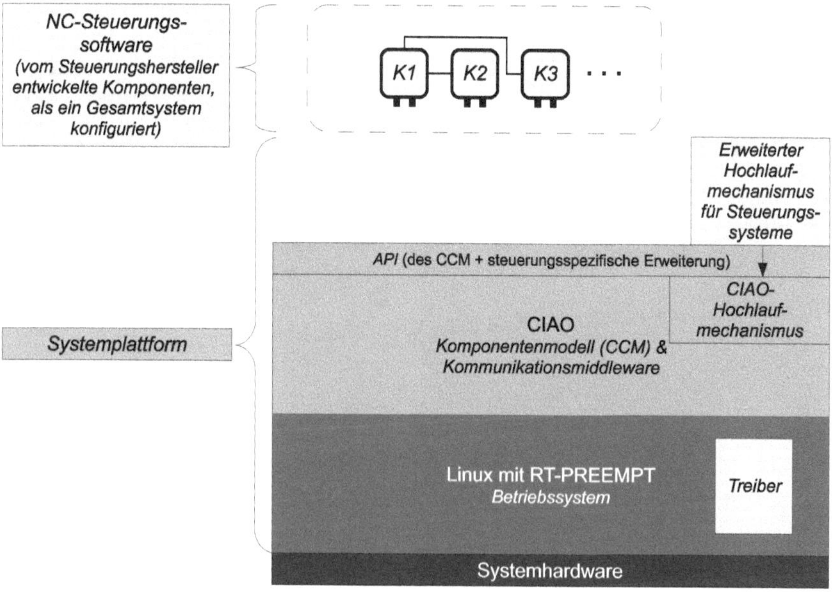

Abbildung 6.12: Komponentenbasierte Systemplattform für NC-Steuerungssysteme

Component-based system platform for numerical control systems

Am Ende des Schnittstellendefinitionsprozesses liegt für jede Komponente eine Beschreibung der Komponentenschnittstellen in Form einer IDL-Datei vor (siehe Abbildung 6.11), sowie die von der Komponente benutzten Schnittstellen ebenfalls in eigenständigen IDL-Dateien. Diese von der Komponentenbeschreibung zur Deklaration des Typs der Ports benutzten Schnittstellen werden in der IDL-Datei der Komponentenschnittstellen über den `include`-Befehl eingebunden.

6.7 Fazit

Conclusion

In diesem Kapitel wurde eine Systemplattform für komponentenbasierte NC-Steuerungssysteme definiert. Sie setzt auf den Vorarbeiten des OCEAN-Projektes auf. Die Basisplattform besteht aus einem Standard-Linux-Betriebssystem mit Echtzeiterweiterung RT-PREEMPT. Als Kommunikationsmiddleware wird die Open Source Implementierung CIAO des CCM verwendet. CIAO stellt nicht nur Kommunikationsmechanismen, sondern auch ein Komponentenmodell zur Verfügung. Die für diese Arbeit relevanten Mechanismen und Architekturaspekte von CIAO wurden detailiert beschrieben. Des Weiteren wurde definiert, wie bestimmte Eigenschaften von CIAO im Hinblick auf die effiziente Entwicklung einer NC-Steuerung zu nutzen sind. Der existierende Hochlaufmechanismus von CIAO wurde erweitert, um den Anforderungen von

NC-Steuerungssystemen gerecht zu werden. Dieser Mechanismus nutzt jedoch standardisierte Konzepte des CCM, sodass hier kein proprietärer Mechanismus sondern eine konzeptuelle Erweiterung entstanden ist. Abbildung 6.12 zeigt zusammenfassend den Umfang der definierten Systemplattform, die als Basis für die Entwicklung von Steuerungskomponenten für NC-Steuerungssysteme dienen soll. Abschließend wurde diskutiert, welche Aspekte bei der Portierung einer existierenden NC-Steuerungsimplementierung auf die neue Software-Systemplattform zu berücksichtigen sind.

Beispielhaft bezieht sich diese Arbeit bei Bedarf auf die OCEAN-Referenzarchitektur als funktionale Steuerungsarchitektur. Zu diesem Zweck wurde diese Referenzarchitektur ausführlich erläutert. Allerdings soll die Definition einer funktionalen Steuerungsarchitektur in dieser Arbeit nicht thematisiert werden.

7 Methoden zur Unterstützung der komponentenbasierten Entwicklung

Methods to Support the Component-based Development

Um die im vorigen Kapitel definierte komponentenbasierte Systemplattform auch effizient nutzen zu können, müssen Konzepte und Methoden zur Unterstützung der Entwicklung erstellt werden. Deshalb wird in diesem Kapitel das Konzept für eine optimale Unterstützung des Entwicklungsprozesses unter Berücksichtigung der Anforderungen aus Kapitel 4 definiert. Dazu wird zunächst der komponentenbasierte Entwicklungsprozess von CIAO für die Entwicklung von NC-Steuerungen mit der gewählten Zielarchitektur angepasst. Im Folgenden werden Funktionen und Methoden zur Unterstützung bei den einzelnen Prozessschritten entwickelt. Weiterhin soll das Konzept auch Hilfsprozesse wie die Dokumentation und Versionsverwaltung des Source-Codes der NC-Steuerungen berücksichtigen. So soll es den Steuerungsentwicklern ermöglicht werden, sich auf die Implementierung der eigentlichen Steuerungslogik zu konzentrieren, während die hier entwickelten Konzepte und Methoden die Handhabung der komponentenbasierten Systemplattform vereinfachen. Abbildung 7.1 zeigt in Anlehnung an Abbildung 5.1 das grobe Lösungskonzept zur Unterstützung der Entwicklung, welches in diesem Kapitel detailliert ausgearbeitet wird. Zum einen wird der übergreifende Entwicklungsprozess für komponentenbasierte NC-Steuerungssysteme definiert, der den Steuerungsentwickler führt. Zum anderen werden für jeden Prozessschritt Konzepte und Methoden ausgearbeitet, welche den Entwickler bei der Erstellung von Steuerungskomponenten unterstützen. Insgesamt ergibt sich so ein ganzheitlicher und durchgängiger Ansatz für die komponentenbasierte Entwicklung von NC-Steuerungen.

7.1 Definition und Unterstützung des Entwicklungsprozesses

Definition of and Support for the Development Process

Die Entwickler von Steuerungssoftware sollen für eine effiziente Entwicklung bestmöglich unterstützt werden. Dafür haben sich integrierte Entwicklungsumgebungen etabliert, welche dem Entwickler alle notwendigen Editoren und Tools in einem kombinierten Software-Werkzeug bereitstellt. Eine derartige Unterstützung soll deshalb hier für den komponentenbasierten Entwicklungsprozess für NC-Steuerungen bereitgestellt werden. Dazu soll der Entwickler bei der Erstellung von Komponenten basierend auf der CIAO-Systemarchitektur (vgl. Kapitel 6) bei allen notwendigen Prozessschritten unterstützt werden. Für die Entwicklung auf Basis von CIAO existiert ein definierter Entwicklungsprozess (siehe Anhang A.3). Allerdings sind viele der unterschiedlichen Software-Werkzeuge, die in diesem Prozess genutzt werden, nicht im Umfang von CIAO enthalten. Die in dieser Arbeit verwendete Version von CIAO beinhaltet die IDL- und CIDL-Compiler sowie eine einfache und eingeschränkte Version eines Deployment-Tools zur Ausführung einer Assembly (vgl. Anhang A.2). Für die vorgesehene prototypische Lösung sind zudem

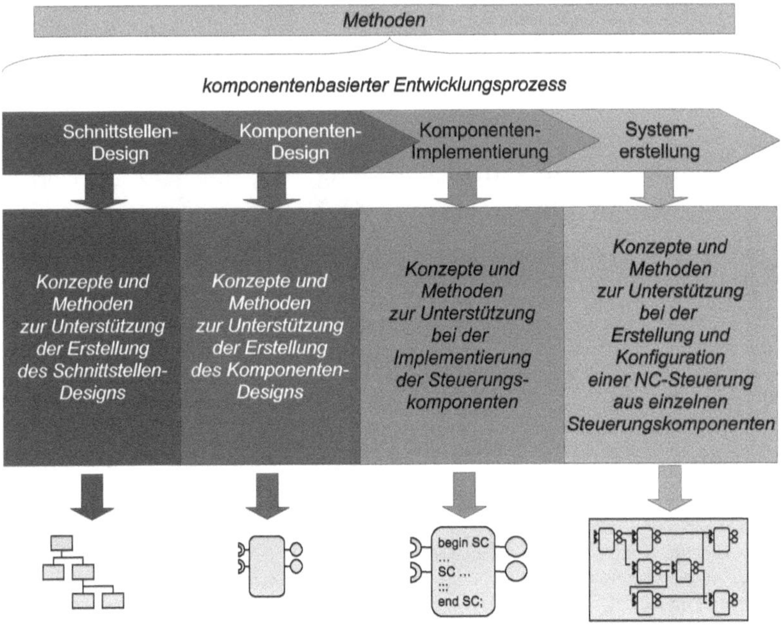

Abbildung 7.1: Konzept für Methoden zur Unterstützung der komponentenbasierten Entwicklung

Concept for methods supporting the component-based development

auch nicht alle CIAO-Prozessschritte notwendig, da diese sehr stark an die speziellen Anforderungen und Rahmenbedingungen der entwickelnden Unternehmen angepasst werden müssen. Im Folgenden werden deshalb die Prozessschritte des CIAO-Entwicklungsprozesses im Hinblick auf ihre Zweckmäßgkeit bei der in dieser Arbeit fokussierten Entwicklung von NC-Steuerungen beurteilt. Des Weiteren wird ein durchgängiges Konzept für die Unterstützung des Entwicklers bei jedem verbleibenden Prozessschritt erarbeitet. Die hier entwickelten Maßnahmen sollen sich später als Werkzeug umsetzen und in eine gemeinsame Entwicklungsumgebung integrieren lassen.

7.1.1 Entwurf der Schnittstellen

Interface Design

Die Definition der Schnittstellen (Methoden, Attribute und Datentyen) ist für die Erstellung von Steuerungskomponenten notwendig. Die Schnittstellen definieren die Datentypen für die Ports der Steuerungskomponenten. Die Erstellung der Schnittstellen in Form von IDL-Beschreibungen erfolgt im CIAO-Entwicklungsprozess manuell.

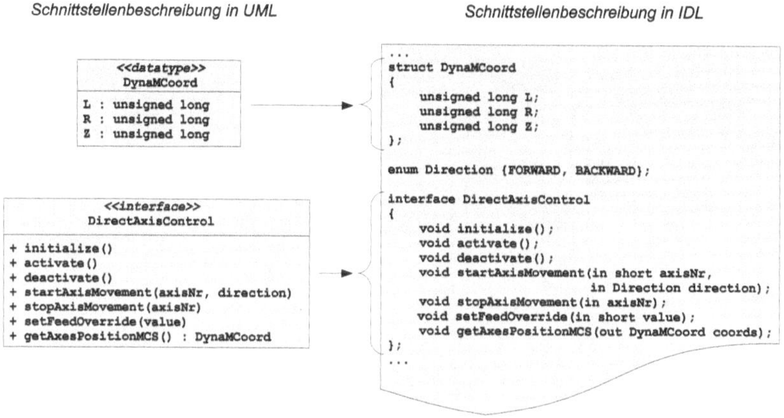

Abbildung 7.2: Beispiel für eine Schnittstellendefinition in UML und IDL

Example for an interface definition in UML and IDL

Abbildung 7.2 zeigt beispielhaft eine Schnittstellendefinition für die Ansteuerung von Maschinenachsen. Die Schnittstelle beinhaltet neben Methoden zur Initialisierung, Aktivierung und Deaktivierung auch Methoden zum Verfahren einer Achse. Die Methode `startAxisMovement` besitzt Eingabeparameter zur Auswahl der zu verfahrenden Achse (`axisNr`) sowie zur Auswahl der Verfahrrichtung (`direction`). Ein Beispiel für eine Methode mit Rückgabeparametern ist `getAxesPositionMCS`, die als Rückgabewert die Position der Maschinenachsen im Maschinenkoordinatensystem zurückgeben soll. Beispielhaft wurde hier auch ein eigener Datentyp (`DynaMCoord`) für diesen Rückgabewert angelegt, welcher je einen Wert Integer-Wert für die L-, R- und Z-Achse beinhaltet.

Für eine komfortable Definition der Schnittstellen soll ein Editor erstellt werden, welcher den Entwickler bei der Erstellung der Schnittstellen unterstützt. Der Editor soll dazu einmal definierte Datentypen für eine Verwendung in weiteren Methoden- oder Attributdeklarationen zur Verfügung stellen. Für eine bessere Übersichtlichkeit soll der Aufbau der Schnittstelle hierarchisch in Form einer Baumstruktur dargestellt werden. Der Editor soll außerdem komfortable Möglichkeiten zum Erstellen und Bearbeiten der als Baumstruktur dargestellten Schnittstellenbeschreibung bieten. Aus der Baumstruktur soll dann eine IDL-Beschreibung in Form einer Datei generiert werden. Die Baumstruktur soll in Form einer Datei abgespeichert und bei Bedarf wieder neu in den Editor geladen werden können.

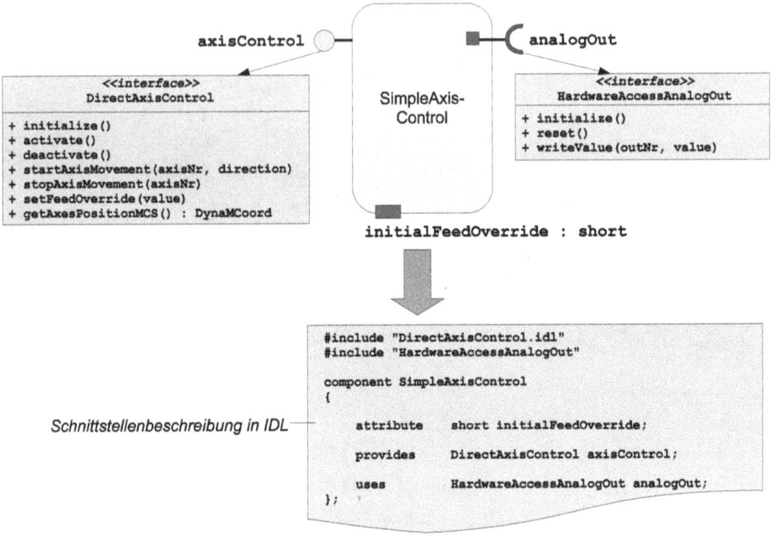

Abbildung 7.3: Beispiel für eine Komponentendefinition in IDL

Example for a component definition in IDL

7.1.2 Entwurf der Komponenten

Component Design

Die Beschreibung der Komponentendefinition erfolgt ebenfalls in Form einer IDL-Datei. Dabei wird der Name der abstrakten Komponente festgelegt, sowie ihre Ports durch Benamung und Zuweisung eines Datentypen (im Falle von Event Sink, Event Source und Attribut) oder Schnittstellentypen (im Falle einer Facet- oder Receptacle-Definition) beschrieben. Als Datentyp für die Ports dienen dabei die im vorherigen Schritt definierten Schnittstellen.

Abbildung 7.3 verdeutlicht beispielhaft eine Komponentendefinition und die zugehörige Beschreibung in IDL-Syntax. Als Datentyp für das Facet `axisControl` dient die Schnittstellendefinition `DirectAxisControl` aus Abbildung 7.2. Das bedeutet, die Komponente `SimpleAxisControl` bietet die Methoden der Schnittstelle `DirectAxisControl` anderen Komponenten zum Aufruf an. Für das Attribut `initialFeedOverride` ist als Datentyp `short` (ganzzahliger Datentyp) ausgewählt. Der konkrete Wert für das Attribut wird zum Konfigurationszeitpunkt gesetzt.

Durch Aufruf des IDL-Compilers können aus der Komponentenbeschreibung mit Berücksichtigung der verwendeten Schnittstellen (über `#include` eingebundene Schnittstellendefinitionen) dann C++-Stubs und Skeletons generiert werden. Diese können dann mit dem C++-Compiler in eine statische Bibliothek übersetzt werden. Für die Erstellung einer Komponentenbeschreibung existiert seitens CIAO ebenfalls keine Unterstützung in Form eines Software-Werkzeugs. Für die automatische Erzeugung eines Makefiles, welches die Komponentenbeschreibung in eine statische Bibliothek überführt, exisitiert seitens CIAO ein Werkzeug namens MPC. Es benötigt als Eingabe eine Beschreibung der zu übersetzenden IDL-Schnittstellen sowie Namen und Pfade für die zu erzeugenden Dateien und Bibliotheken. Diese müssen konsistent zu den IDL-Beschreibungen der Schnittstellen und der Komponente sein.

Zur komfortablen Erstellung einer Komponentenbeschreibung und zur Erzeugung einer abstrakten Komponentenbibliothek zu einer Komponente soll deshalb ein Werkzeug entwickelt werden, welches die Erstellung einer Komponentenbeschreibung in einem Editor erlaubt und die Komponentenbeschreibung in Form einer hierarchischen Baumstruktur darstellt. Dabei sollen die unterschiedlichen Ports der Komponente als separate Zweige im Baum verwaltet werden. Der Editor soll komfortable Möglichkeiten zum Erstellen und Bearbeiten der als Baumstruktur dargestellten Komponentenbeschreibung bieten. Zur Deklaration der Datentypen der Ports sollen die Schnittstellenbeschreibungen aus dem Prozessschritt *Interface Design* eingelesen und benutzt werden. Datentypen, die in den Schnittstellenbeschreibungen der Ports verwendet werden, sollen auch für die Deklaration der Attribute zur Verfügung stehen. Aus der Komponentenbeschreibung in Form der Baumstruktur soll eine IDL-Beschreibung in Form einer Datei generiert werden können. Die Baumstruktur soll in Form einer Datei gespeichert und bei Bedarf wieder neu in den Editor geladen werden können. Aus der Komponentenbeschreibung heraus soll auch eine Beschreibung zur Erstellung eines Makefiles mit dem CIAO-Tool MPC erstellt werden. Sofern sowohl die IDL-Beschreibung als auch die MPC-Beschreibung erfolgreich generiert wurden, soll die Ausführung des Makefiles angestoßen werden, sodass automatisch eine statische Bibliothek für die abstrakte Komponente erzeugt wird.

7.1.3 Implementierung der Komponenten

Component Implementation

In diesem Prozessschritt wird eine konkrete Komponentenimplementierung zu einer abstrakten Komponente erstellt. Dazu wird die funktionale Logik einer Komponente in der Zielsprache C++ implementiert sowie die CIDL-Beschreibung erstellt, welche die konkrete Implementierung und ihre Zusammensetzung beschreibt. Der Entwickler muss zunächst analysieren, an welcher Stelle der Komponente er die funktionale Logik der Komponente implementieren muss. Sie kann in den unterschiedlichen Hochlaufmethoden, in einer Facet-Methode oder als Event-Sink-Callback-Funktion realisiert werden. Für alle drei Möglichkeiten soll der Entwickler geeignet unterstützt werden. Zur Unterstützung bei der Erstellung der CIDL-Beschreibung gibt es aktuell ebenfalls kein Software-Werkzeug. Bei der Erstellung der Beschreibung müssen die Namen nach definierten Konventionen gewählt werden und dabei die Namensgebung der abstrakten Komponentenbeschreibung sowie der konkreten Komponentenimplementierung berücksichtigen. Der CIDL-Compiler generiert dann das Executor-Code-Skelett für den Komponenten-Servant-Code in der Zielsprache (C++). Der Entwickler kann nun die Funktionen der Executor-Klasse implementieren. Auch dafür bietet CIAO derzeit keine Unterstützung. Für die Übersetzung aller beteiligter Dateien zu einer Komponentenimplementierungs-Bibliothek wird wie bereits im vorherigen Prozessschritt das CIAO-Tool MPC genutzt. In dieserm Prozessschritt sollte auch die Konfigurationsdatei zur Vorbesetzung der Attributwerte der Komponente erstellt werden. Dies muss bisher ebenfalls manuell geschehen.

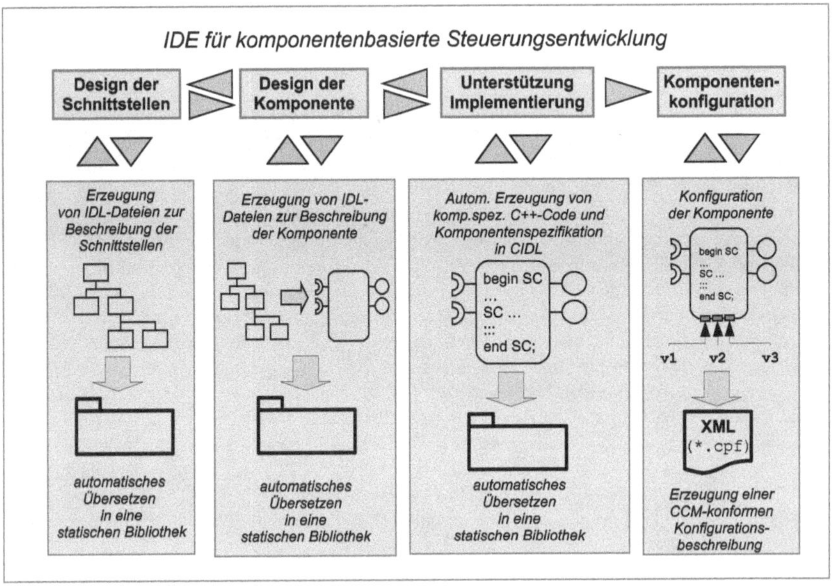

Abbildung 7.4: Konzept zur Unterstützung bei der Entwicklung einer Steuerungskomponente

Concept for control component development support

Deshalb soll auch für diesen Prozessschritt ein Tool zur Unterstützung erstellt werden, welches die Implementierung der Komponentenlogik durch einen Editor unterstützt. Der Editor erlaubt das Erstellen einer Komponentenimplementierung auf Basis einer abstrakten Komponentenbeschreibung. Diese abstrakte Komponentenbeschreibung definiert die Schnittstellen der Komponente und gibt vor, welche Ports die konkrete Komponentenimplementierung nutzen kann bzw. implementieren muss. Der Editor soll komfortable Möglichkeiten zum Implemtieren der Methoden der Facet- und Event Sink-Ports bieten. Des Weiteren soll er auch die Implementierung der Hochlauf-Methoden ermöglichen. Die Methodenrümpfe für die Implementierung der Methoden der Facet- und Event Sink-Ports sowie der Hochlauf-Methoden sollen automatisch generiert werden. Die Methodenimplementierungen sollen in Form einer Datei abgespeichert und bei Bedarf wieder neu in den Editor geladen werden können. Für die Komponentenimplementierung soll die CIDL-Beschreibung in Form einer Datei generiert werden (vgl. Abbildung A.1 des Anhangs). Sofern die CIDL-Beschreibung erfolgreich generiert wurde, soll die automatische Übersetzung angestoßen werden, sodass eine statische Bibliothek für die Komponentenimplementierung erzeugt wird. Der Editor soll weiterhin das Erstellen einer Komponentenkonfigurationsdatei ermöglichen. Dabei soll den Attributen der Komponente Default-Werte zugewiesen werden können.

7.1.4 Verpackung der Komponenten

Component Packaging

Das Verpacken *(engl. Packaging)* von Komponenten in ein Archiv, welches sowohl die Komponentenbibliothek als auch die notwendigen Konfigurationsdateien zur Integration der Komponente in ein Gesamtsystem enthält, wird bei der verwendeten Version von der CCM-Implementierung CIAO noch nicht unterstützt. Entsprechend werden in den späteren Prozessschritten auch keine Komponenten-Packages verwendet, sondern die entsprechend zu verwendenden Bibliotheken und Konfigurationsdateien sind explizit über Name und Pfad zu definieren. Da die Beschreibungen für diese Prozessschritte ebenfalls generiert werden sollen, ist ein explizites Komponenten-Packaging nicht zwingend notwendig, sondern erfolgt implizit durch ein Ablegen der Bibliotheken und Dateien in einem durch die bisherigen Tools definierten Pfad. Somit soll das Packaging für den komponentenbasierten Entwicklungsprozess von NC-Steuerungen kein eigener Prozessschritt sein. Die Werkzeuge für die Unterstützung der ersten drei Prozessschritte sollen deshalb zusätzlich die erzeugten Konfigurationsdateien und Bibliotheken an einem definierten und vom Benutzer konfigurierbaren Ort im Dateisystem abgelegen.

Insgesamt ergibt sich somit für die Prozessschritte zur Entwicklung einer Steuerungskomponente das in Abbildung 7.4 dargestellte Konzept zur Unterstützung des Entwicklungsprozesses. Damit wurden die ersten drei Prozessschritte aus Abbildung 7.1 detailliert ausgearbeitet.

7.1.5 Zusammensetzen des Systems

System Assembly

Das NC-Steuerungssystem wird aus einzelnen Steuerungskomponenten zusammengesetzt. Dazu wählt der Entwickler zunächst die Komponenten für das Steuerungssystem aus dem Komponentenbaukasten (Bibliothek existierender Komponenten) aus. Danach werden die notwendigen Verbindungen zwischen den Komponentenports bestimmt und die Komponenten werden über die Attribute konfiguriert. Das manuelle Erstellen einer Assembly-Konfiguration für ein System bestehend aus mehr als zwei Komponenten ist sehr aufwendig und fehleranfällig. Des Weiteren ist das Auffinden von Fehlern in der Assembly-Konfiguration schwierig, da das Tool zur Ausführung der Assembly keine hilfreichen Fehlermeldungen ausgibt. Aus diesem Grund ist es besonders wichtig, dass diese Assembly-Konfiguration automatisch erzeugt wird.

Die Erstellung einer Assembly soll deshalb ebenfalls werkzeuggestützt erfolgen. Dazu soll ein geeigneter Editor die Erstellung einer Assembly-Konfiguration unterstützen. Der Editor soll das Einlesen von Komponentenimplementierungen ermöglichen, sodass daraufhin die Ports der Komponenten untereinander verbunden werden können. Er ermöglicht weiterhin das Konfigurieren der einzelnen Komponenten, indem den Attributen der Komponenten konkrete Werte (abweichend von den Default-Werten) zugewiesen werden können. Die im Editor erstellte Assembly-Konfiguration (Komponentenauswahl, Kommunikationsverbindungen, Komponentenkonfiguration) wird in Form einer Datei abgespeichert und bei Bedarf wieder neu in den Editor geladen. Der Editor generiert außerdem automatisch den *Component Assembly Descriptor* (`*.cad`-Datei) automatisch aus der vom Benutzer erstellten Assembly.

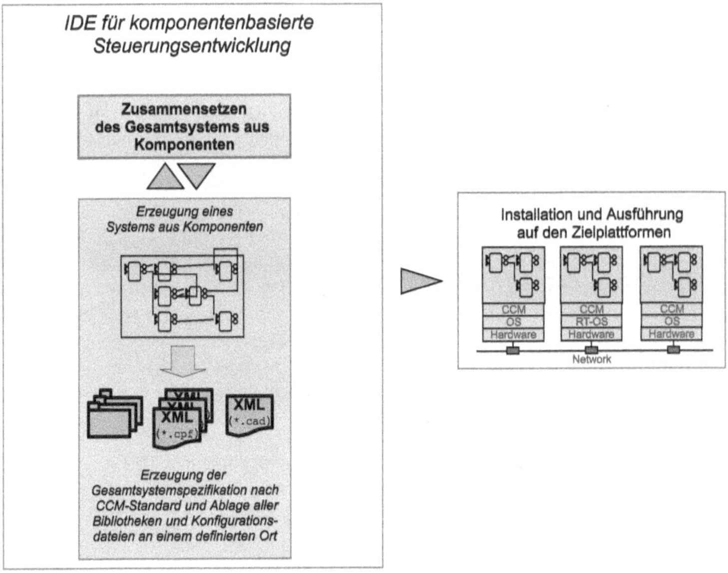

Abbildung 7.5: Konzept zur Unterstützung beim Zusammensetzen eines Steuerungssystems aus Komponenten

Concept for supporting the assembly of a control system out of components

7.1.6 Planung der Zielplattformen

Deployment Planning

Für die hier verwendete Version von CIAO wird das Deployment nicht unterstützt. Wenn auch andere Plattformen als die hier gewählte Kombination aus Intel-Architektur und Linux-Betriebssystem verwendet werden sollen, so müssen dazu entsprechende Cross-Compiler für die Übersetzung der Komponenten für das Zielsystem mit integriert werden. Da im Fall einer NC-Steuerungsarchitektur jedoch die Zielplattform festgelegt ist, wird die Flexibilität, die ein konfigurierbares Deployment bietet, nicht zwingend benötigt. Eine Steuerung, die an die OCEAN-Referenzarchitektur angelehnt ist, kann auch ohne großen Aufwand manuell auf die unterschiedlichen Plattformen verteilt werden. Aus diesem Grund soll das Deployment Planning in dieser Arbeit nicht weiter berücksichtigt werden. Es wird davon ausgegangen, dass das erstellte Steuerungssystem auf einer Zielplattform ausgeführt wird, die in Bezug auf Rechnerarchitektur und Betriebssystem kompatibel zum Entwicklungssystem ist. Somit kann für das in der Assembly erstellte Gesamtsystem analog zum Component Packaging gefordert werden, dass das im Prozessschritt *Assembly* konfigurierte Gesamtsystem sowie alle notwendigen Konfigurationsdateien und Bibliotheken an einem definierten und vom Benutzer konfigurierbaren Ort im Dateisystem abgelegt werden.

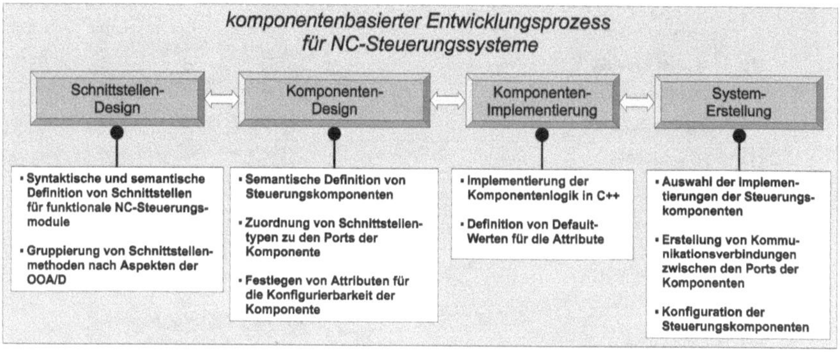

Abbildung 7.6: Übersicht über den komponentenbasierten Entwicklungsprozess für NC-Steuerungen

Survey of the Component-based development process for numerical controls

7.1.7 Installation und Ausführung des Systems

System Deployment

Da das Gesamtsystem in Form eines Verzeichnisses als Ergebnis des Assembly-Schrittes erzeugt wird, muss zur Ausführung des Steuerungssystems der Laufzeitmechanismus von CIAO mit der Assembly-Konfiguration als Parameter ausgeführt werden. Des Weiteren soll die Methode `ccm_start()`, die als Erweiterung des Hochlaufmechanismus in Kapitel 6.4.2 eingeführt wurde, an allen Komponenten aufgerufen werden. Zu diesem Zweck muss ein Programm generiert werden, welches diese Methode an allen Komponenten des Gesamtsystems aufruft. Die notwendigen Informationen zur Erstellung dieses Programms finden sich in der Konfiguration der Assembly. Aus diesem Grund ist es sinnvoll, dieses Programm im Prozessschritt Assembly zu generieren, und keinen separaten Prozessschritt für das System Deployment zu definieren. Dazu wird für den Assembly-Editor weiterhin gefordert, dass er auf Basis der Konfiguration der Assembly ein Programm generiert, welches nach Abschluss der Initialisierungsphase des Systemhochlaufs an allen Steuerungskomponenten die Methode `ccm_start()` aufruft.

Somit ergibt sich für die Unterstützung bei der Entwicklung eines Gesamtsystems das in Abbildung 7.5 dargestellte Konzept. Alle Prozessschritte des komponentenbasierten Entwicklungsprozesses mit CIAO wurden damit auf ihre Verwendung für die Entwicklung von NC-Steuerungssystemen untersucht und bewertet. Als Ergebnis ergibt sich für die komponentenbasierte Entwicklung von NC-Steuerungssystemen ein Entwicklungsprozess, welcher aus vier Entwicklungsphasen besteht, die in Abbildung 7.6 zusammengefasst dargestellt sind. Die Anforderungen an ein unterstützendes Entwicklungswerkzeug wurden ebenfalls festgehalten. Die folgenden Kapitel sollen nun einige Aspekte der unterstützenden Maßnahmen detaillierter ausarbeiten.

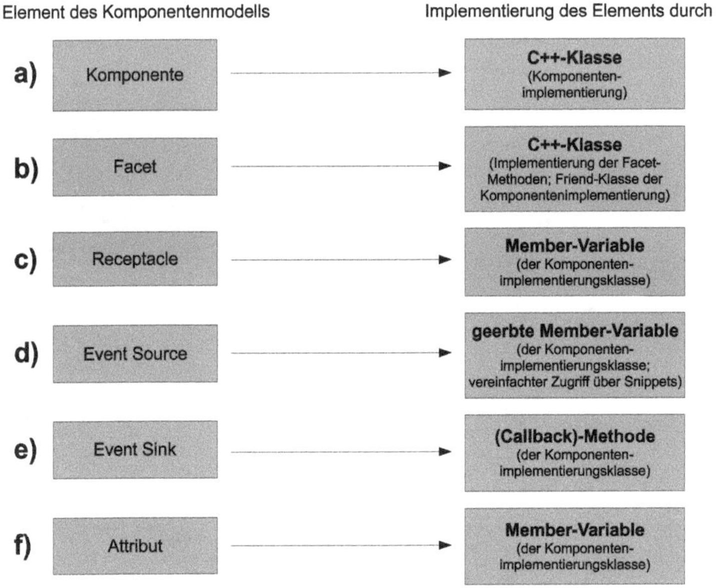

Abbildung 7.7: Abbildung der Elemente des Komponentenmodells auf Implementierungsartefakte

Projection of component model elements to implementation artefacts

7.2 Automatisierung der Dokumenterzeugung für das komponentenbasierte Rahmenwerk

Automation of Document Generation for the component-based Framework

In diesem Kapitel wird das Konzept einer automatisierten Dokumenterzeugung für das komponentenbasierte Rahmenwerk entwickelt. Die in Kapitel 6.4.2 vorgenommene Auswahl an Funktionalität von CIAO erleichtert die automatische Generierung von Source-Code. Weiterhin wird auch die Generierung von Übersetzungsskripten zur Erzeugung ausführbarer Bibliotheken, Programme und Systeme sowie die Generierung der Konfigurationsdateien erarbeitet.

7.2.1 Generierung von Code-Gerüsten für das komponentenbasierte Rahmenwerk

Generation of Code Skeletons for the component-based Framework

Um dem Entwickler von Steuerungskomponenten die Arbeit mit den Komponenten des *CORBA Component Models* sowie dem komponentenbasierten Rahmenwerk möglichst einfach darzu-

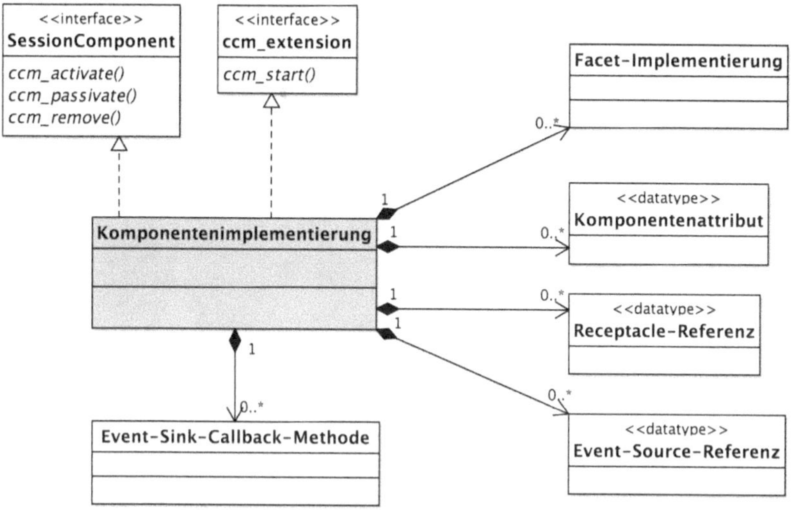

Abbildung 7.8: UML-Klassendiagramm zur Darstellung der Realisierung einer CCM-Komponente in C++

UML class diagram visualising the realisation of a CCM component in C++

stellen, sollen automatisch verschiedene Code-Artefakte generiert werden. Dies unterstützt den Entwickler im Prozessschritt *Komponentenimplementierung*. Abbildung 7.7 zeigt, durch welche Implementierungsartefakte welche Elemente des Komponentenmodells realisiert werden. Dabei sollen die Code-Gerüste für all diese Implementierungsartefakte automatisch generiert werden. Die Implementierung der funktionalen Logik obliegt dem Steuerungsentwickler.

Für den einfachen Zugriff auf die Receptacles und Attribute einer Komponente sollen der Klasse, welche die Funktionalität der Komponente implementieren wird, Member-Variablen hinzugefügt werden, die eine Referenz auf die entsprechenden Receptacles und Attribute der Komponente sind (vgl. Abbildung 7.7 *c)* und *f)*). Abbildung 7.8 zeigt die Implementierungsstruktur einer Komponente in C++ dargestellt in einem UML-Klassendiagramm. Dadurch kann für den Zugriff auf diese Ports auf einen komplexen Aufruf über das Rahmenwerk verzichtet werden, da dieser durch eine Referenz gekapselt wird. Die Erstellung der Referenz auf die Receptacles kann erst dann erfolgen, wenn das Receptacle auch tatsächlich mit einem Facet einer anderen Komponente verbunden ist. Die Erstellung dieser tatsächlichen Verbindung geschieht erst während des Hochlaufs des Gesamtsystems. Erst nach dem Hochlauf kann das Receptacle verwendet werden. Aus diesem Grund wird die Member-Variable nach dem Hochlauf des Gesamtsystems als erste Aktion initialisiert. Dazu wird automatisch der Source-Code für die Initialisierung der Receptacle-Member-Variablen in der erweiterten Hochlauf-Methode `ccm_start()` erstellt. Beispielhaft zeigt Abbildung 7.9 den automatisch zu erzeugenden Code für die Initialisierung der

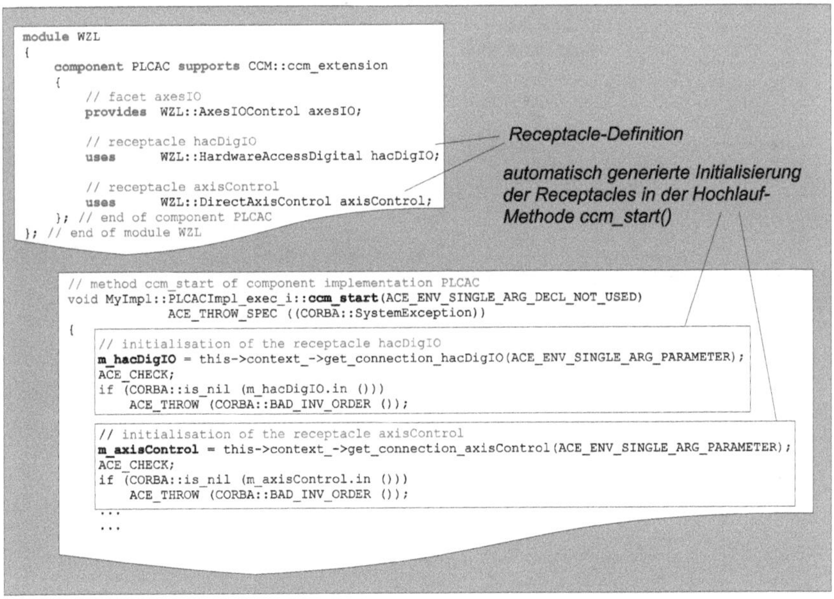

Abbildung 7.9: Automatisch generierter Source-Code für die Initialisierung der Member-Variablen für den Zugriff auf ein Receptacle

Automatically generated source code for the initialisation of member variables for receptacle access

beiden Receptacles *hacDigIO* und *axisControl* in der Methode *ccm_start* der Klasse, welche die Beispielkomponente *PLCAC* implementiert.

Für den einfachen Zugriff auf die Attribute einer Komponente werden in der Klasse, welche die Komponentenlogik implementiert, für den Zugriff auf die Attribute entsprechende Methoden generiert. Diese ermöglichen sowohl das Schreiben von Attributwerten als auch das Auslesen dieser so, dass die Member-Variablen für den einfachen, komponenteninternen Zugriff auf die Attribute (vgl. Abbildung 7.7 f)) aktualisiert werden. Abbildung 7.10 zeigt beispielhaft den generierten Source-Code für die Komponente *HACAnalog* für den Zugriff auf das Attribut *nrAnalogOutputs*.

Eine Komponente bietet als Dienstleistung über den Facet-Port Methoden zum Aufruf von außen an. Diese Methoden sind in einem Interface gesammelt, welches den Datentyp des Facets bestimmt. Für jedes Facet wird die Implementierung des entsprechenden Interfaces in einer eigenen C++-Klasse gekapselt, welche aus der Klasse der Komponentenimplementierung entsprechend referenziert wird. Die Erstellung des C++-Headers der Facet-Implementierungsklasse (vgl. Abbildung 7.7 *b)*) sowie die Erstellung von Code-Rümpfen für jede Methode dieser Klasse in einer C++-Implementierungsdatei soll automatisiert erfolgen.

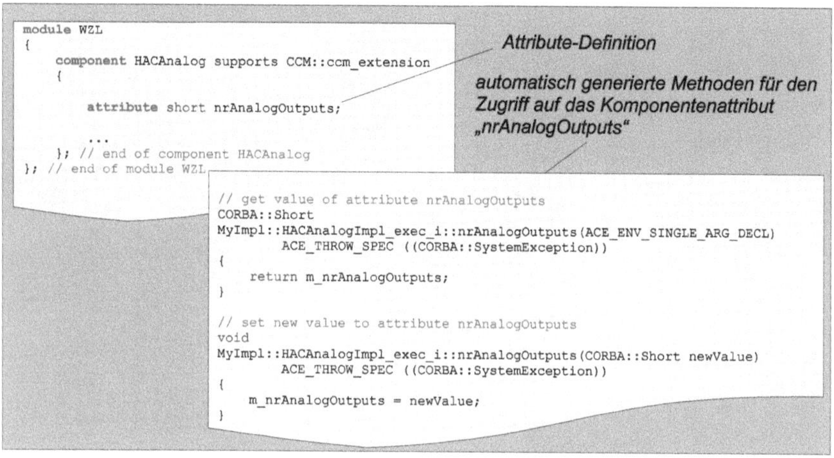

Abbildung 7.10: Automatisch generierter Source-Code für die Klasse zur Implementierung der Komponentenlogik zum Zugriff auf ein Komponentenattribut

Automatically generated source code for the class to implement the component business logic for attribute access

Der Port Event-Sink dient dem Reagieren auf definierte Events. Die Reaktion auf das Event kann in Form einer Methode implementiert werden. Diese Methodenimplementierung muss in der Klasse der Komponentenimplementierung realisiert werden. Dazu soll das entsprechende Methodengerüst automatisch erzeugt werden (vgl. Abbildung 7.7 *e)*). Für das Versenden eines Events wird kein konkretes Implementierungsartefakt direkt erzeugt, da der Inhalt eines zu versendenden Events stark abhängig von der jeweiligen zu implementierenden Logik ist. Aus diesem Grund wird der Mechanismus zum Erstellen und Versenden eines Events dem Steuerungsentwickler in einfacher Form zur Verfügung gestellt (siehe Kapitel 7.3.1).

7.2.2 Generierung von Übersetzungsskripten

Generation of Compile Scripts

Um von einer Schnittstellen- oder Komponentenbeschreibung in IDL zu einer vom C++-Compiler übersetzten Softwarebilbiothek zu gelangen, müssen verschiedene Tools in der richtigen Reihenfolge und mit den richtigen Parametern aufgerufen werden (siehe Abbildung A.6 und A.9). Dabei müssen die Namen der Parameter und der verwendeten Dateien konsistent zu den IDL-Beschreibungen sein. Da dies eine potenzielle Fehlerquelle darstellt, sollen die Schritte zur Erzeugung einer übersetzten Softwarebibliothek automatisiert werden. Dazu soll für jeden Prozessschritt aus Abbildung 7.5 ein definiertes Dateiverzeichnis angelegt werden, welches alle für diesen Prozessschritt relevanten Dateien enthalten soll.

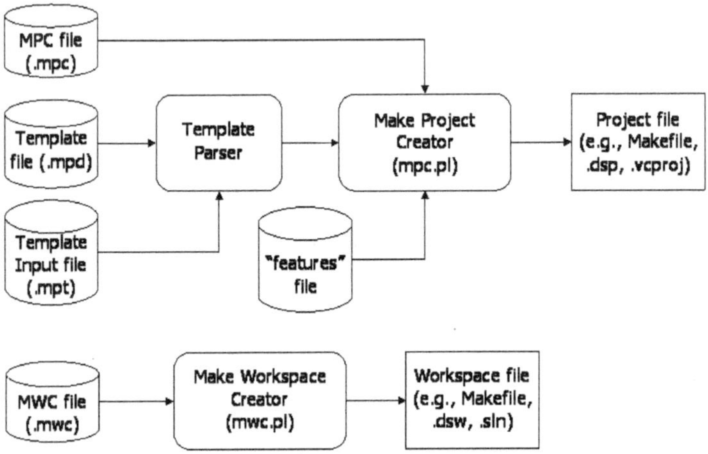

Abbildung 7.11: Funktionsweise der Tools MPC und MWC [OBJE09]

Functional principle of the tools MPC and MWC

Seitens der verwendeten Middleware CIAO existieren bereits die Tools MPC *(Make Project Creator)* und MWC *(Make Workspace Creator)*, die Unterstützung für das Übersetzen von CORBA-basierten Projekten bieten [OBJE09]. Die Funktionsweise dieser beiden Tools ist in Abbildung 7.11 dargestellt. Für CORBA und das CORBA Component Model bietet CIAO bereits die für die automatische Generierung notwendigen Template-Dateien sowie das Feature-File an. Das MPC-Tool generiert dann aus einer Projektbeschreibung entsprechende Makefiles, welche das Übersetzen der in der Projektdatei beschriebenen Dateien steuern. Makefiles sind spezielle Skript-Dateien, welche von dem Open Source Tool `make` gelesen werden. Das Tool dient der Vereinfachung und Automatisierung des Übersetzungsvorgangs. Für das Erzeugen der Softwarebibliotheken aller Prozessschritte soll deshalb sowohl das make-Tool auch das Tool MPC benutzt werden.

Für eine Nutzung des MPC-Tools sollen automatisch in jedem Prozessschritt angepasste MPC-Datei (`*.mpc`) erstellt werden, welche die notwendigen Strukturen und Abhängigkeiten des Source-Codes beschreiben. Die Erstellung dieser MPC-Dateien, der Aufruf des MPC-Tools sowie das Anstoßen der Übersetzung mit dem Make-Tool müssen allerdings ebenfalls angesteuert werden. Dazu wird in dem Dateiverzeichnis von jedem Prozessschritt ein entsprechendes Makefile erstellt, welches den beschriebenen Ablauf steuert. Somit muss in jedem Prozessschritt für die Übersetzung des gesamten Source-Codes in entsprechende Softwarebibliotheken nur noch ein zentrales Makefile angestoßen werden. Da die Makefiles für die unterschiedlichen Prozessschritte einen großen Gleichteil besitzen, wird der Großteil der Logik der zentralen Makefiles für die einzelnen Prozessschritte in zwei übergeordnete Makefiles (`Makefile.common.1` und `Makefile.common.2`) ausgelagert, welche dann von den Makefiles für die Prozessschritte eingebunden werden. Abbildung 7.12 zeigt die Verzeichnis- und Dateistruktur der Lösung für das automatische Übersetzen des Source-Codes der einzelnen Prozessschritte. Für jedes zu entwi-

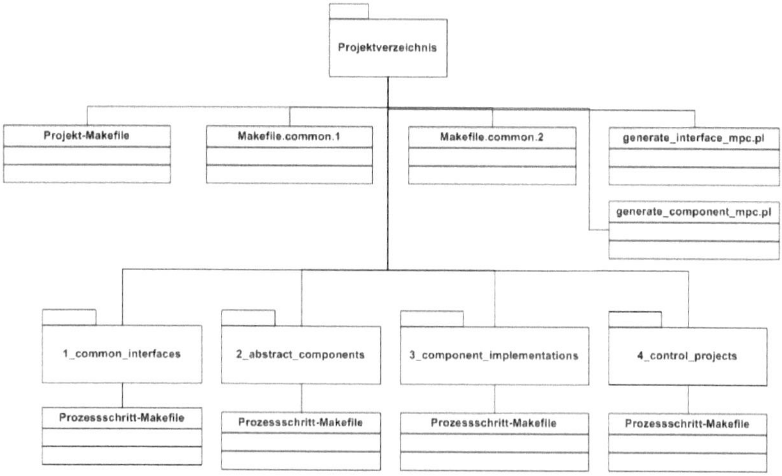

Abbildung 7.12: Verzeichnisstruktur und Skripte zum automatischen Übersetzen des Source-Codes der Steuerung

Directory structure and scripts for automatic compilation of the control system source code

ckelnde Steuerungsprojekt wird ein Projektverzeichnis angelegt, in dem die übergeordneten Makefiles sowie zwei Pearl-Skripte zum automatischen Erstellen von MPC-Projektdateien liegen. Jeder Prozessschritt besitzt ein eigenes Dateiverzeichnis. In diesem liegt jeweils wieder ein Makefile (Prozessschritt-Makefile), welches die Übersetzung aller notwendigen Dateien in diesem Prozessschritt startet.

Das Prozessschritt-Makefile ruft zunächst ein Skript zum automatischen Erstellen der notwendigen MPC-Dateien auf. Danach wird das Tool MWC aufgerufen, welches auf Basis jeder vorhandenen MPC-Datei spezielle Makefiles zum Übersetzen des zugehörigen Source Codes generiert. Diese generierten Makefiles werden dann vom Prozessschritt-Makefile ebenfalls ausgeführt.

7.2.3 Generierung von Konfigurationsdateien

Generation of Configuration Files

Die Deskriptor- bzw. Konfigurationsdateien, welche für die Beschreibung von Komponentenimplementierungen bei CIAO notwendig sind, sollen ebenfalls automatisch generiert werden. Dafür sind neben Kenntnissen über die Eigenschaften der abstrakte Komponente auch Wissen über die verwendeten Schnittstellen und Ports sowie über die konkrete Implementierung notwendig. Da diese Informationen im Prozessschritt Komponentenimplementierung vollständig vorliegen, können sie in diesem Schritt automatisch erstellt werden. Es handelt sich dabei um die folgenden Dateien:

- ▷ ***CORBA Component Descriptor*** (`*.ccd`): Diese Datei beschreibt die CORBA-Eigenschaften der jeweiligen Komponente, wie z.B. verwendete Schnittstellen, Namen für die Ports der Komponente, Komponentenkategorie und Konfiguration des Thread-Modells. Für Steuerungskomponenten wird immer das **`multithread`** Thread-Modell verwendet, sodass jeder Methodenaufruf als separater Thread ausgeführt wird.
- ▷ ***Component Software Descriptor*** (`*.csd`): Mit Hilfe dieser Datei wird die konkrete Implementierung der Komponente beschrieben. In dieser Datei wird die zugehörige Datei zur Konfiguration der Attribute sowie die Schnittstelle der abstrakten Komponente referenziert. Des Weiteren wird auch die konkrete Softwarebibliothek der Komponentenimplementierung sowie der Einsprungspunkt für die Ausführung der Komponente definiert.
- ▷ ***Component Property File*** (`*.cpf`): Diese Datei dient der Konfiguration der Komponentenattribute (siehe auch Kapitel 6.3.3). Für jedes Attribut kann hier der initiale Wert bestimmt werden.

7.2.4 Generierung von Dateien für den Gesamtsystemhochlauf

Generation of Files for the System Start-Up

Für den Hochlauf des Gesamtsystems wird neben den Komponentenbibliotheken, den Konfigurationsskripten und den CIAO-Tools zur Systemausführung noch ein Programm benötigt, welches nach Abschluss des Hochlaufvorgangs an allen Komponenten die Methode **`ccm_start`**, welche als Erweiterung des Hochlaufsystems in Kapitel 6.4.2 eingeführt wurde, aufruft. Im Prozessschritt Systemerstellung wird die Kommunikationstopologie des Komponentennetzwerks festgelegt. Somit steht am Ende dieses Prozessschrittes fest, welche Komponenten ausgeführt werden sollen. Aus diesem Grund dann ein Hochlauf-Erweiterungsprogramm generiert werden, welches eine Verbindung zu jeder am Gesamtsystem beteiligten Steuerungskomponente aufbaut und daraufhin an jeder Komponente die Methode **`ccm_start`** aufruft. Dieses Programm wird als C++-Code generiert. Um es in eine ausführbare Datei zu übersetzen, wird dafür außerdem eine MPC-Beschreibung generiert, welche die Erzeugung eines entsprechenden Makefiles zur automatischen Übersetzung des Programm-Source-Codes bewirkt.

Das Starten der CIAO-Tools zur Ausführung eines komponentenbasierten Gesamtsystems (Assemply Deployer, Assembly Manager und CIAO Daemon, vgl. Anhang A.2) sowie die Übergabe der notwendigen Konfigurationsskripte als Parameter werden durch ein Programmskript koordiniert. Dieses wird automatisch im Prozessschritt Systemerstellung generiert und ist in der Programmiersprache Pearl geschrieben. Der Aufruf des Hochlauf-Erweiterungsprogramms erfolgt ebenfalls durch dieses Programmskript.

7.3 Unterstützung bei der Implementierung

Implementation Support

Um den Entwickler bei der konkreten Implementierung der Komponentenlogik zu unterstützen, sollen zwei Maßnahmen ergriffen werden. Zum einen soll der Source-Code für typische Programmierschritte und -aufgaben durch sogenannte Code-Snippets automatisch erstellt werden. Zum anderen soll der Source-Code im Editor so aufbereitet werden, dass er übersichtlicher ist und einfacher darin navigiert werden kann.

7.3.1 Code-Generierung mit *Snippets*

Code Generation using Snippets

Bei der Entwicklung von großen Softwaresystemen kommt es vor, dass ein Entwickler für wiederkehrende Aufgaben Ausschnitte des Programmcodes kopiert und an anderen stellen wieder verwendet (*Copy & Paste*). Solche Code-Segmente werden auch Code-Snippets genannt. Es ist bereits Stand der Technik bei Entwicklungsumgebungen und Editoren für Programmiersprachen, dass die Verwendung von solchen Snippets unterstützt wird. Teilweise ist es auch möglich, die Snippets mit einer Art Skriptsprache über Variablen flexibel zu gestalten.

Solche flexiblen Code-Snippets sollen auch für die Unterstützung der Implementierung von Steuerungskomponenten genutzt werden. Insbesondere für den Zugriff auf die Komponenten-Ports können diese Snippets hilfreich sein, da sie CORBA- bzw. CCM-spezifisches Know-How kapseln können. So muss der Entwickler bei der Implementierung der Komponentenlogik in Prozessschritt 3 für einen Zugriff auf die Ports der Steuerungskomponente wissen, welche Namenskonventionen für das komponentenbasierte Rahmenwerk gelten. Weiterhin muss er die Benennung des abstrakten Komponententyps berücksichtigen, wenn er auf die Ports zugreifen möchte.

Um den Entwickler beim Zugriff auf die Komponentenports in der Implementierungsphase zu unterstützen, sollen für die verschiedenen Ports die Zugriffe automatisch bereitgestellt werden. Dazu soll der Entwickler durch die Entwicklungsumgebung die zur Verfügung stehenden Ports angezeigt bekommen, und bei Bedarf soll für diesen Port der Source-Code für den Zugriff als Snippet generiert werden. Dabei werden automatisch der abstrakte Komponententyp sowie die Namenskonventionen des Rahmenwerks berücksichtigt.

Da in der komponenteninternen Implementierung jeder Port durch eine C++-Klasse realisiert wird, gibt es unterschiedliche Arten des Zugriffs auf die Ports der Komponente. Die Methoden, welche durch das Komponentengerüst selber realisiert werden, wie z.B. die Methoden für den Hochlauf und die Methoden der *Supported Interfaces*, können direkt über die Member-Variablen, welche für jeden Port erstellt wurden, auf die Ports zugreifen.

Snippets für den Zugriff auf Receptacles

Ein Receptacle ist eine Verbindung zwischen der eigenen Komponente und einer konkreten Facet-Schnittstelle einer entfernten Komponente. Über das Receptacle ist es also möglich, auf Elemente wie Methoden und Attribute einer anderen Komponente zuzugreifen. Für den Zugriff besitzt die Komponentenimplementierung (per automatischer Generierung, siehe Kapitel 7.2.1) eine Member-Variable, die entsprechend des Namens des Ports benannt ist. Abbildung 7.13 zeigt beispielhaft, wie der Source-Code für einen Zugriff auf ein Element des Receptacles, sowohl für Methodenimplementierungen einer Komponente als auch für Methodenimplementierungen von Facet- und Event Sink-Schnittstellen aussehen kann. Wie das Beispiel zeigt, unterscheidet sich ein Methodenaufruf an einem Receptacle-Port nicht von einem Methodenaufruf an einem internen Klassenobjekt. Lediglich der Name des Receptacles sowie der Name der aufzurufenden Methode

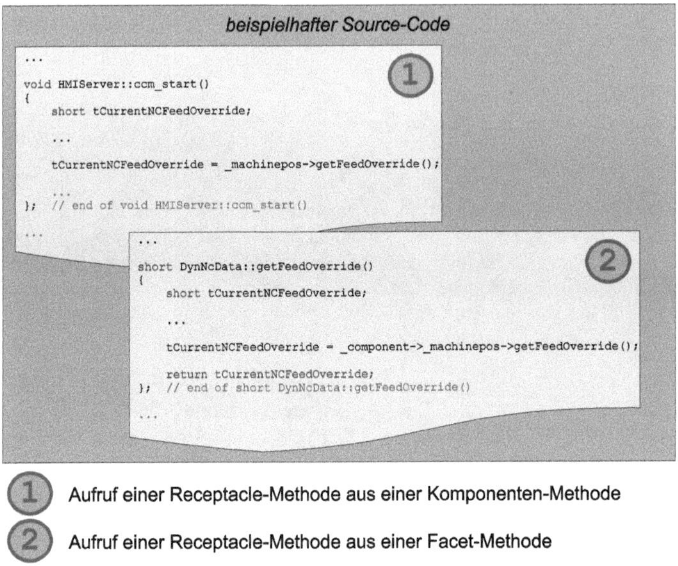

Abbildung 7.13: Beispielhafter C++-Code für den Zugriff auf ein Receptacle-Element

An example of C++ code for receptacle access

des Receptacles müssen bekannt sein. Im Falle eines Aufrufs aus einer Implementierung einer Facet- oder Event Sink muss der Zugriff auf die Member-Variable des Ports (hier: `_machinepos`) über die Referenz auf die Komponente (`_component`) erfolgen. Die Erstellung dieser Referenz erfolgt durch den IDL-Compiler.

Das Werkzeug zur Unterstützung der Implementierung soll auf Wunsch des Entwicklers automatisch den Source-Code für den Zugriff auf Elemente von konkreten Receptacles in Form von Code-Snippets zur Verfügung stellen. Dabei soll das Code-Snippet ähnlich dem Code in Abbildung 7.15 generiert werden. Weiterhin soll automatisch erkannt werden, ob der Aufruf der Methode aus einer Komponentenmethode oder aus einer Facet- oder Event-Sink-Methode erfolgt.

Snippets für den Zugriff auf Attribute

Der Zugriff auf die Attribute einer Komponente erfolgt ähnlich. Für jedes Attribut besitzt das Komponentengerüst Methoden zum Auslesen und Setzen. Der Methodenname entspricht dabei genau dem Namen des Attributs. Das Beispiel in Abbildung 7.14 demonstriert mit einem Attribut namens `nrOfAxes` vom Datentyp `short` die beiden Möglichkeiten des Zugriffs. Dabei muss erneut zwischen dem Zugriff aus einer Komponentenmethode sowie aus einer Facet- oder Event Sink-Methode unterschieden werden. Da es sich bei den Methoden zum Zugriff auf die Attribute um Komponentenmethoden handelt, muss beim Zugriff aus einer Facet- bzw. Event Sink-Methode

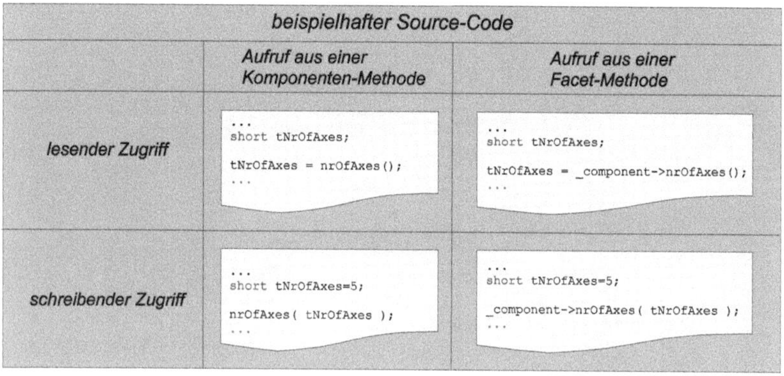

Abbildung 7.14: Beispielhafter C++-Code für den Zugriff auf ein Attributelement

An example of C++ code for attribute access

wieder der Aufruf an der Komponentenreferenz `_component` erfolgen. Für ein vereinfachtes Auslesen der Attributwerte, wurde auch eine Member-Variable in der Klasse des Komponentengerüstes angelegt (siehe Kapitel 7.2.1). Der Name dieser Member-Variable entspricht dem Namen des Attributes mit dem Prefix „`m_`“. Die Attribute einer Komponente sollten nur für deren Konfiguration genutzt werden und somit intern nur lesend verwendet werden. Deshalb sollten für den Zugriff auf die Attribute nur die Member-Variablen genutzt werden. Diese können zwar komponentenintern geändert werden, ändern aber nicht den nach außen lesbaren Wert der Attribute. Der schreibende Zugriff auf die Attribute der Komponente wurde aus Gründen der Vollständigkeit aufgeführt, soll aber nicht durch ein Snippet unterstützt werden.

Snippets für den Zugriff auf Event Sources

Event Sources werden benutzt, um Events asynchron an alle damit verbundenden Komponenten zu senden. Ein Event kann dabei ein komplexer Datentyp sein, der aus mehreren Elementen besteht. Jeder Event-Source-Port ist durch einen Event-Typ typisiert. Um nun ein Event zu versenden, muss der Entwickler zunächst ein Event anlegen, dieses dann mit den gewünschten Daten befüllen und danach das Versenden des Events initiieren. Da zum Implementierungszeitpunkt bekannt ist, welcher Event-Source-Port welchen Event-Typ erfordert, soll das Werkzeug zur Unterstützung das Anlegen, Befüllen und Versenden eines Events prototypisch in Form eines Code-Snippets vorbereiten, sodass der Entwickler nur noch die Code-Zeilen des Befüllens an seine Erfordernisse anpassen muss. Abbildung 7.15 zeigt, wie das prototypische Code-Snippet zum Versenden eines Events über den Event-Source-Port aussehen kann.

Snippets für Echtzeitprogrammieraufgaben

Bei der Entwicklung von echtzeitfähigen Systemen wiederholen sich bestimmte Echtzeitprogrammieraufgaben, wie z.B. die Verwendung von Timern und das Erstellen von echtzeitfähigen Threads. Die Implementierung von solchen Elementen ist allerdings sehr stark betriebssystem-

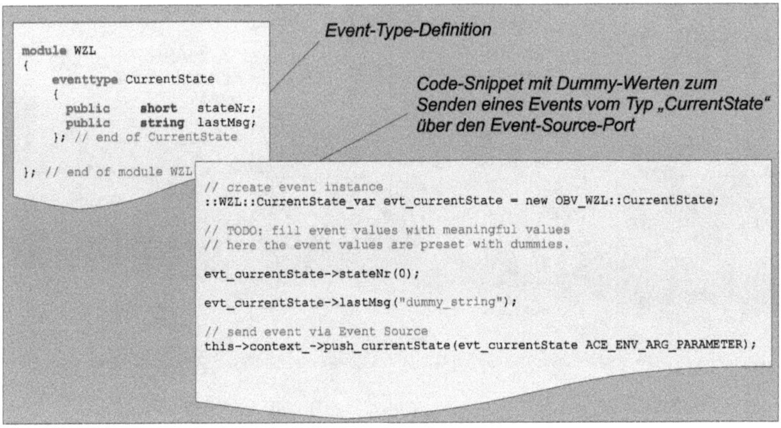

Abbildung 7.15: Beispielhafter C++-Code für das Versenden eines Events über den Event-Source-Port

An example of C++ code for sending an event using the event source port

abhängig, da die Schnittstellen zur Echzeitprogrammierung bei den meisten Echtzeitbetriebssystemen proprietär sind. In Anhang A.4 werden beispielhaft zwei Snippets für Echtzeitprogrammieraufgaben in NC-Steuerungssystemen erläutert.

7.3.2 Visuelle Aufbereitung des Source-Codes

Visual Preparation of the Source Code

Für eine bessere Lesbarkeit soll der Source-Code durch Syntaxhervorhebung (engl. *Syntax Highlighting*) aufbereitet werden. Ein weiteres Mittel zur einfacheren Handhabung von Source-Code ist die sogenannte *Outline View*. Dabei wird zu einer Klasse in einer übersichtlichen Baumstruktur die enthaltenen Member-Variablen und Methoden mit ihrer vollen Signatur dargstellt. Durch Mausklick auf ein Element dieser Baumstruktur kann dann direkt in die entsprechende Variablen- oder Methodendefinition gesprungen werden. So wird ein schneller Überblick über die Klasse gegeben und die Navigation im Source-Code der Klasse vereinfacht. Eine weitere Steigerung der Übersichtlichkeit im Source-Code kann durch das sogenannte *Code Folding* erreicht werden. Dies ermöglicht es, zusammenhängende Blöcke des Source-Codes, wie z.B. den Anweisungsteil einer For-Schleife oder den gesamten Anweisungsblock einer Methodendefinition, „zusammenzufalten". Dazu wird der entsprechende Code ausgeblendet und in einer angemessenen Form kenntlich gemacht, dass an dieser Stelle Code existiert. So kann ein besserer Überblick über lange Methodenimplementierungen geschaffen werden.

Bei der Entwicklung von NC-Steuerungen sind die Programmiersprachen C und C++ zur Zeit Stand der Technik. Aus diesem Grund soll für die Programmierung in C++ ein Editor bereitgestellt werden, welcher Syntax Highlighting, Code Folding und eine Outline View bereitstellt.

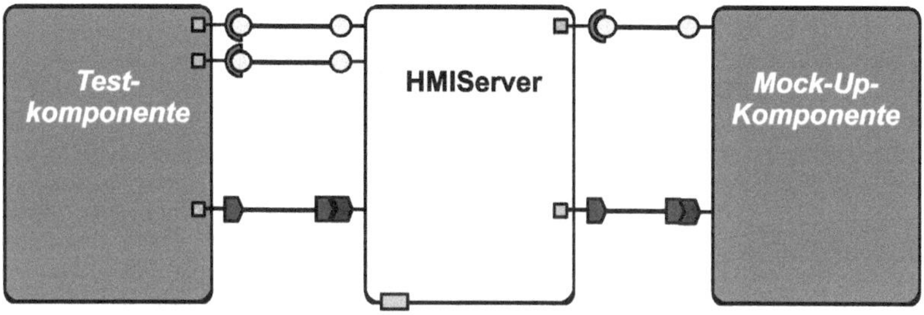

Abbildung 7.16: Beispiel für eine Testumgebung für die Komponente HMIServer

Example of a test environment for the HMIServer component

7.4 Unterstützung beim Test

Test Support

Auf Grund ihrer definierten Außenschnittstellen lassen sich Komponenten besonders gut testen. Dies ist einer der Vorzüge einer komponentenbasierten Architektur. Eine Komponente kann als eine in sich geschlossene Software-Einheit betrachtet werden, deren Dienstleistungen weitgehend unabhängig von anderen Komponenten des Systems getestet werden können. Für die Unterstützung des Entwicklers beim Test der hier entwickelten Steuerungskomponenten wird ein Mechanismus zur Unterstützung des Komponententests entwickelt, bei dem sich der Entwickler darauf konzentrieren kann, die Testlogik zu implementieren. Die Einbettung der Komponente in die Testumgebung sowie das Erzeugen und Ausführen einer Minimalsystemkonfiguration zum Test der Komponente kann weitgehend automatisiert werden.

Um die funktionale Logik einer Komponente zu testen, müssen die angebotenen Methoden zur Ausführung (gekapselt durch den Facet-Port) und die Reaktion auf Event-Daten (Event-Sink-Callbacks) getestet werden. Dazu werden zu der zu testenden Komponente jeweils zwei Komponenten automatisch erzeugt. Die Testkomponente stimuliert dabei die Facet-Methoden und Event-Sink-Callbacks der Komponente. Die Mock-Up-Komponente hingegen stellt eine vereinfachte Attrappe dar. Sie implementiert die Facet-Methoden, die von den Receptacles der zu testenden Komponente benötigt werden mit vereinfachter, statischer Funktionalität. Abbildung 7.16 zeigt das Minimalsystem zum Test der Beispielkomponente HMIServer. Die beiden Testkomponenten müssen also nicht über die bekannten Prozessschritte manuell angelegt werden, sondern werden komplett automatisch generiert. Ebenso wird der Prozessschritt Systemerstellung, bei dem die notwendigen Kommunikationsverbindungen zwischen den Komponentenports sowie die Skripte und Programme zum Hochlauf des Gesamtsystems erstellt werden, komplett automatisiert. Der Entwickler muss somit lediglich die Implementierung der Testlogik in den beiden Testkomponenten vornehmen. Für diesen Schritt werden außerdem die Methodenskelette für beide Testkomponenten für alle Arten von Ports bereits generiert.

7.5 Unterstützung bei der Dokumentation

Documentation Support

Auf dem Markt existieren unterschiedliche Tools für die Unterstützung des Entwicklers bei der Erstellung einer Dokumentation für den Source-Code. Einige dieser Tools sind dabei fest in bestehende Entwicklungsumgebungen (z.B. Microsoft Developer Studio) integriert und eignen sich damit nicht für die plattformübergreifende Entwicklung. Für C++-Source-Code, welcher auf unterschiedlichen Systemplattformen entwickelt werden soll, eignet sich besonders gut das Tool *Doxygen*, welches als freie Software erhältlich ist. Es ermöglicht dem Entwickler durch definierte Kommentare direkt bei den Programmstrukturelementen des Source-Codes die Software zu dokumentieren. Doxygen durchsucht dann den Source-Code und generiert daraus eine übersichtliche Dokumentation. Durch diese Art der Dokumentationserzeugung ist sichergestellt, dass zum einen Kommentare und Dokumentationsarbeit wieder verwendbar wird, nämlich dadurch, dass die Kommentare zum einen zur Lesbarkeit des Source-Codes direkt beitragen. Zum anderen werden die Kommentare für eine Gesamtdokumentation der Software verwendet. Damit ist auch sichergestellt, dass die Gesamtdokumentation stets den aktuellsten Stand der Software repräsentiert. Ein weiterer Vorteil, der sich aus dieser Vorgehensweise ergibt, ist der Entfall der separaten Erstellung und Pflege einer Software-Dokumentation.

Um eine Software-Dokumentation mit Doxygen optimal zu unterstützen, wird sämtlicher automatisch generierter Source-Code aus den Prozessschritten Interface-Design, Komponenten-Design und Komponenten-Implementierung bereits mit Doxygen-konformen Kommentaren zu den einzelnen Programmelementen versehen. Für die Elemente der Komponenten und Schnittstellen, die der Entwickler selber anlegt (Methoden und Datentypen der Schnittstellen sowie Ports der Komponenten) muss der zu entwickelnde Editor Möglichkeiten zum Hinterlegen von Kommentartexten bereithalten, aus denen dann ein Doxygen-konformer Kommentar zu dem generierten Element angelegt wird. Somit ist sichergestellt, dass der gesamte Source-Code, sowohl generierter als auch manuell vom Entwickler erzeugter, mit Doxygen-Kommentaren versehen ist, aus dem sich dadurch jederzeit eine vollständige Dokumentation der Gesamtsoftware erstellen lässt.

Zur Erstellung der Gesamtdokumentation benötigt Doxygen allerdings noch ein Konfigurationsskript, in dem Regeln und Verzeichnispfade für den zu berücksichtigenden Source-Code angegeben sind. Dieses Konfigurationsskript soll automatisch zum Zeitpunkt der Erstellung eines neuen Steuerungsprojektes generiert werden. Eine Möglichkeit zum Aufruf von Doxygen zur Erstellung einer Gesamtdokumentation soll außerdem in die Entwicklungsumgebung integriert werden. Dadurch ist die Dokumentation in den komponentenbasierten Entwicklungsprozess eingebettet und deren Aufwand für den Entwickler minimiert. Somit sind die Anforderungen an die Dokumentation aus Kapitel 4.9 erfüllt.

7.6 Unterstützung beim Konfigurationsmanagement

Configuration Management Support

Für die Unterstützung bei der Versionsverwaltung soll eine Ankopplung der zu enwickelnden integrierten Entwicklungsumgebung für komponentenbasierte Steuerungssysteme an ein bestehendes Versionsverwaltungssystem realisiert werden. Die Auswahl des richtigen Versionsverwaltungssystems ist sehr stark abhängig von den zu entwickelnden Produkten, insbesondere von der Variantenvielfalt und den Mechanismen, mit denen diese Variantenvielfalt behandelt werden soll. Aus diesem Grund soll in dieser Arbeit nur beispielhaft die Open Source Versionsverwaltungssoftware *Subversion* in die Entwicklungsumgebung integriert werden. Diese Lösung soll jedoch ausdrücklich nicht als allgemeingültig für die Entwicklung von Steuerungssystemen verstanden werden.

Die Integration der Versionsverwaltung in die Entwicklungsumgebung soll sowohl das sogenannte Ein- und Auschecken von einzelnen Dateien als auch die Ansicht von Dateienhistorien ermöglichen. Ein ganzes Steuerungsprojekt soll als ein Projekt in der Versionsverwaltung abgelegt werden können. Auch das Extrahieren eines gesamten Steuerungsprojektes auf einen lokalen Entwicklungsrechner soll möglich sein. Des Weiteren soll die aktuelle Versionsnummer zu jeder Datei ersichtlich sein. Damit ist die grundlegende Funktionalität einer Versionsverwaltung abgebildet und nutzbar. Somit sind die Anforderungen aus Kapitel 4.10 erfüllt. Weitere Komfortfunktionen wie eine Visualisierung der Unterschiede von zwei Dateien oder einer Datei in unterschiedlichen Revisionen ist stark vom Leistungsumfang der tatsächlich eingesetzten Versionsverwaltung abhängig und werden deshalb in dieser Arbeit nicht weiter berücksichtigt.

8 Realisierung und Validierung

Implementation and Validation

In diesem Kapitel wird die prototypische Realisierung der im Rahmen dieser Arbeit erarbeiteten Konzepte zur Unterstützung der komponentenbasierten Entwicklung von Steuerungssystemen beschrieben. Die dabei realisierte Entwicklungsumgebung zur komponentenbasierten Entwicklung von Steuerungssystemen wird im weiteren Verlauf dieser Arbeit *DEDiCoS (Development Environment for Distributed Component-based Control Systems)* genannt. Weiterhin werden sowohl die komponentenbasierte Systemplattform, der komponentenbasierte Entwicklungsprozess sowie die Entwicklungsumgebung anhand von typischen Entwicklungsaufgaben aus dem Bereich der Steuerungssysteme validiert.

8.1 Softwaretechnische Umsetzung

Software Implementation

Das Ziel der prototypischen Realisierung ist die Umsetzung des in Kapitel 7 entwickelten Konzeptes. Durch das Konzept wird der komponentenbasierte Entwicklungsprozess für Steuerungssysteme so unterstützt, dass ein Steuerungsentwickler die Logik in Komponenten implementieren kann, ohne tiefgehende Kenntnisse im Umgang mit dem Komponentenmodell (CCM) sowie der zugrundeliegenden Kommunikationsmiddleware (CORBA) zu besitzen. Neben der Unterstützung bei der Implementierung der Steuerungslogik in Komponenten wird auch das Übersetzen des generierten Codes in ausführbare Bibliotheken automatisiert. Die Entwicklungsumgebung erlaubt außerdem die Konfiguration der Komponenten. Weiterhin lässt sich ein gesamtes Steuerungssystem aus zuvor implementierten Komponenten zusammensetzen, konfigurieren und ausführen.

Die Implementierung von DEDiCoS nutzt die quelloffene Entwicklungsumgebung Eclipse als Basis. Eclipse ist eine universelle, integrierte Entwicklungsumgebung, die durch Plug-Ins beliebig erweitert und so für die unterschiedlichsten Entwicklungsaufgaben angepasst werden kann. Die Eclipse-Plattform ist in Java implementiert. Plug-Ins für Eclipse werden ebenfalls in Java entwickelt. Für die Entwicklung der Plug-Ins existiert wiederum ein Eclipse-Plug-In, welches die Entwicklung unterstützt [D'AN05]. Abbildung 8.1 zeigt den grundlegenden Aufbau der Eclipse-Plattform. Durch die Implementierung in Java ist Eclipse auf vielen unterschiedlichen Hardware- und Betriebssystemplattformen lauffähig und somit auch auf den gängigen Entwicklungsplattformen mit Standard-Intel-Architekturen und Windows- oder Linux-Betriebssystemen. Für die verschiedenen Aspekte einer Benutzeroberfläche für eine Entwicklungsumgebung existieren in Eclipse bereits definierte Konzepte und Implementierungen. Beispiele für solche Konzepte und Implementierungen sind Editoren, Sichten, Verwaltung der Projektressourcen und Eigenschaftsanzeigen. Für die Plug-In-Entwicklung kann so entweder eine bereits bestehende Implementie-

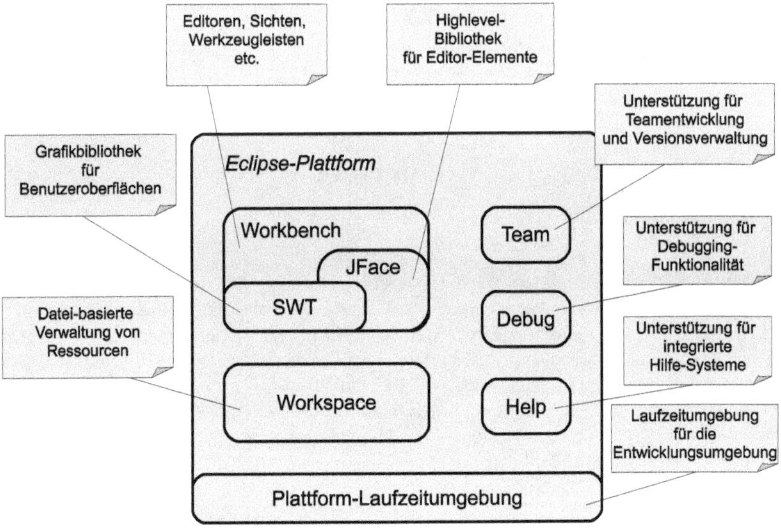

Abbildung 8.1: Aufbau der Eclipse-Plattform

Design of the Eclipse platform

rung genutzt oder ein passendes Konzept ausgewählt und selber implementiert werden. Für die Benutzeroberfläche von DEDiCoS werden sowohl existierende Elemente der Eclipse-Plattform genutzt als auch bestehende Konzepte durch eigene Implementierungen realisiert.

Das folgende Unterkapitel gibt zunächst einen Überblick über die Softwarearchitektur der komponentenbasierten Entwicklungsumgebung. In den darauf folgenden Unterkapiteln wird die Realisierung der einzelnen Elemente detailliert beschrieben.

8.1.1 Softwarearchitektur der Entwicklungsumgebung

Software Architecture of the Development Environment

Die Eclipse-Plattform erlaubt die Integration eigener Funktionalität über einen eigens definierten Plug-In-Mechanismus. Dieser Mechanismus erlaubt die Integration in die Plattform an verschiedenen definierten Punkten, den sogenannten *Extension Points*. Extension Points entsprechen einer formal definierten Schnittstelle. Die Eclipse-Plattform selbst, wie auch Plug-Ins für Eclipse, bieten Extension Points an, um so eine integrierte Interaktion zwischen den Plug-Ins untereinander und der Plattform zu ermöglichen. Der Plug-In Mechanismus erkennt beim Hochlauf der Eclipse-Applikation alle installierten Plug-Ins und startet diese automatisch. Ein Plug-In kann die Implementierung mehrerer Konzepte beinhalten.

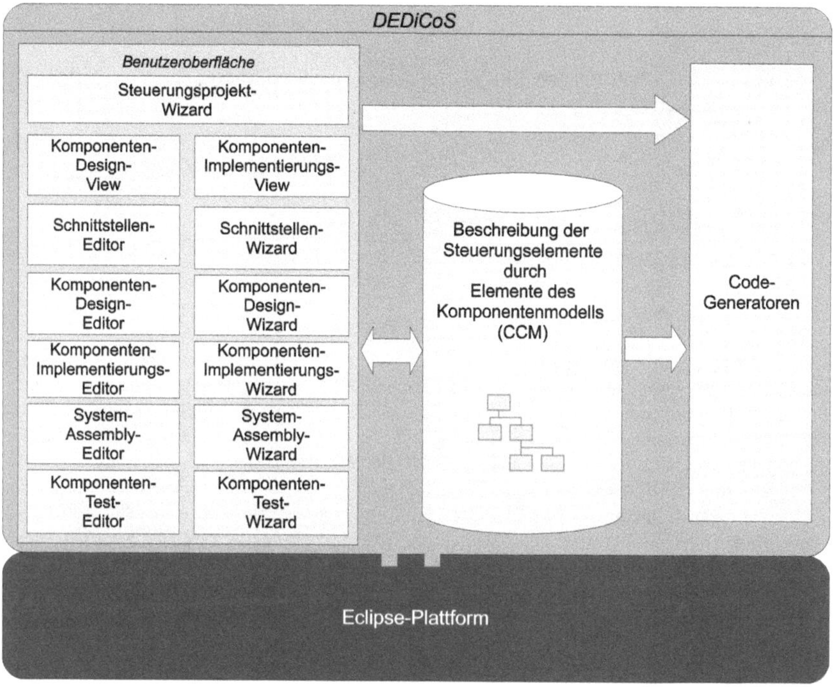

Abbildung 8.2: Architektur des DEDiCoS-Plug-Ins
Architecture of the DEDiCoS-Plug-In

DEDiCoS wurde als ein Plug-In entwickelt, welches die Implementierung mehrerer Konzepte umfasst. Das DEDiCoS-Plug-In implementiert mehrere Editoren und Wizards, erweitert die bestehende Implementierung z.B. der Eigenschaften-Seite *(Preferences)* und nutzt die Projekt-Ressourcen-Verwaltung der Eclipse-Plattform. Weiterhin implementiert das Plug-In eine Abbildung des CCM, sodass die mit Hilfe der Editoren erstellten Steuerungskomponenten in entsprechende Modellelemente des CCM abgebildet werden können. Die Code-Generatoren greifen dann auf die Instanzen des Modells der Steuerungskomponenten zu, um entsprechenden CCM- und C++-Code sowie Makefiles zur Steuerung des Übersetzungsprozesses daraus zu generieren. Abbildung 8.2 veranschaulicht die Architektur von DEDiCoS.

Ein grundsätzliches Architekturprinzip, welches bei der Realisierung von DEDiCoS befolgt wurde, ist die Trennung von graphischer Darstellung und Modell *(Model-View-Separation)*. Die Implementierung des Modells, mit Hilfe dessen die Steuerungskomponenten intern abgebildet werden, ist unabhängig von der Implementierung der graphischen Darstellung der Steuerungskomponenten in den sogenannten *Views*. Die Bearbeitung der Inhalte des Modells, die Steuerung der Code-Generierung sowie die Übersetzung in ausführbare Bibliotheken über die Editoren ist

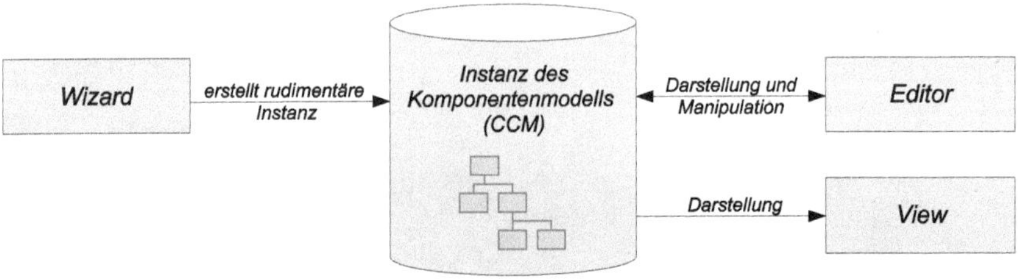

Abbildung 8.3: Aufgaben der verschiedenen Elemente von DEDiCoS
Tasks of the different elements of DEDiCoS

ebenfalls entkoppelt, sowohl von der Implementierung der graphischen Darstellung der Elemente der Steuerungskomponenten als auch von der Implementierung des Modells der Steuerungskomponenten. Die Editoren nehmen in diesem Fall eine Art *Controller*-Funktion ein, da sie die Ansteuerung des Code-Generators und der automatischen Übersetzung, die Aktualisierung der graphischen Darstellung sowie die Manipulation der Modellinstanzen übernehmen. Insgesamt ist die gewählte Form der Realisierung somit an das *Model-View-Controller*-Architekturpattern *(MVC-Pattern)* angelehnt [GAMM95]. Durch die klare Trennung dieser drei Aspekte können die zugehörigen Implementierungen unabhängig voneinander realisiert werden. Die Kommunikation zwischen den drei Aspekten erfolgt ausschließlich über die definierte Schnittstelle, die eine Implementierung eines Aspektes mit sich bringt. So hat eine Änderung der graphischen Darstellung oder des Editors nicht zwangsweise Auswirkungen auf die Implementierung des Modells.

Abbildung 8.3 veranschaulicht die Aufgabenteilung der unterschiedlichen Elemente der Benutzeroberfläche. Am Anfang der Entwicklung einer Schnittstelle, eines Komponenten-Designs, einer Komponentenimplementierung oder einer System-Assembly erzeugt der entsprechende Wizard eine rudimentäre Instanz des jeweiligen Modellelementes. Mit dem Editor lässt sich diese Modellinstanz nun beliebig bearbeiten und auch speichern. Der Editor besitzt dafür eine Darstellung, die einen vollständigen Überblick über die Modellinstanz gibt. Für Komponenten-Design und Komponentenimplementierung gibt es noch zusätzlich eine View, welche die Modellinstanz in einer Art und Weise darstellt, die übersichtlicher, aber nicht vollständig ist. Eine Modifikation der Modellinstanz ist über die hier implementierten Views nicht möglich.

Für die Realisierung des komponentenbasierten Entwicklungsprozesses wird nicht nur auf Eclipse und eigene Implementierungsarbeiten zurückgegriffen, sondern es werden außerdem Softwarewerkzeuge von CIAO (Implementierung des Komponentenmodells) und weitere Werkzeuge wie verschiedene Compiler und das `make`-Tool integriert. Abbildung 8.4 stellt das Zusammenspiel von DEDiCoS, den externen Softwarewerkzeugen sowie den generierten Dateien dar. Die Verwaltung aller zum Steuerungsprojekt zugehöriger Dateien (generierte Dateien, weiterer Source-Code und Datei-Templates) erfolgt durch die Eclipse-Plattform und wird in der sogenannten *Resources-View* der Eclipse-Plattform dargestellt. Über diese View können die Dateien auch umbenannt, gelöscht, verschoben und kopiert werden. Die Modellinstanzen, welche mit den Wizards erstellt und mit den Editoren bearbeitet werden können, werden in Form von XML-Dateien gespeichert (2). Die entwickelten Editoren können mit Dateitypen assoziiert werden, sodass eine entsprechende DEDiCoS-XML-Datei durch einen Doppelklick direkt im passenden Editor geöffnet wird.

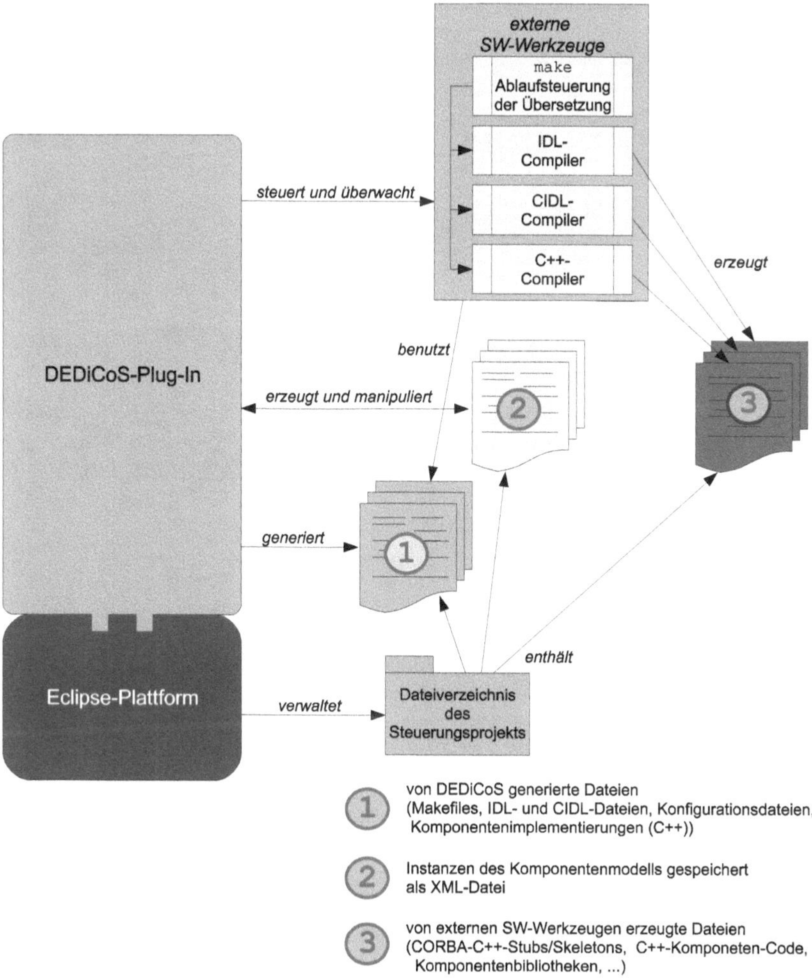

Abbildung 8.4: Verwaltung und Steuerung externer Ressourcen bei DEDiCoS

Management and control of external resources

Den DEDiCoS-XML-Dateien lassen sich auch über die Konfiguration des Plug-Ins eigene Pictogramme zuweisen, sodass die Dateien in der Resource-View einfach ihrer Bestimmung zugeordnet werden kann. DEDiCoS generiert Makefiles (zur Steuerung des Übersetzungsvorgangs), Schnittstellenbeschreibungen als IDL- und CIDL-Dateien sowie C++-Code für Komponentenim-

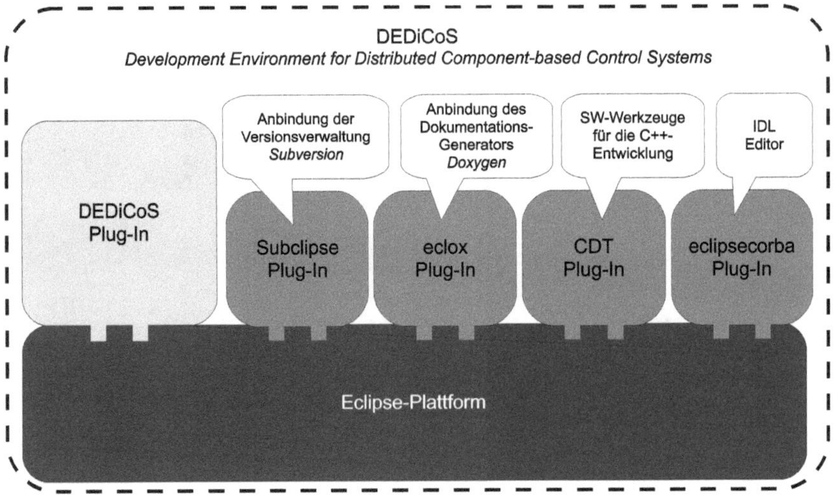

Abbildung 8.5: Notwendige Plug-Ins für die DEDiCoS-Entwicklungsumgebung
Necessary Plug-Ins for the DEDiCoS development environment

plementierungen und Konfigurationsdateien sowohl für Komponenten als auch zur Konfiguration eines gesamten Steuerungssystems (1). Diese Dateien werden von den externen Softwarewerkzeugen, welche durch das `make`-Tool angesteuert werden, benutzt, um daraus letztendlich die ausführbaren Komponentenbibliotheken und Steuerungssysteme zu erzeugen (3).

Um alle Anforderungen an die Entwicklungsumgebung für komponentenbasierte Steuerungssysteme abdecken zu können, nutzt DEDiCoS auch andere frei verfügbare Plug-Ins für die Eclipse-Plattform. Abbildung 8.5 zeigt die Plug-In-Architektur von DEDiCoS.

Einen ersten Überblick über die Benutzeroberfläche der in dieser Arbeit entwickelten Software findet sich in Abbildung 8.6. Der *Resourcen-Navigator* (links) ist die bereits erwähnte und von der Eclipse-Plattform bereitgestellte Resource-View, in der die Verzeichnis- und Dateistruktur des Projektes gerade in Arbeit befindlichen Projektes dargestellt wird. In der *Property-View* (unten) werden die Eigenschaften des jeweils aktuell ausgewählten Bildschirmelementes dargestellt. In Abbildung 8.6 ist eine Datei im Resourcen-Navigator ausgewählt. Die Dateieigenschaften werden in der *Property-View* dargestellt. Diese kann auch Details zu ausgewählten Elementen von Editoren oder anderen Views darstellen. Als aktiver Editor ist in dem Screenshot der *Component-Design-Editor* geöffnet. Die Baumstruktur auf der linken Seite des Editors listet geordnet nach Typ alle Ports der Komponente auf. Im rechten Bereich des Editors können die Elemente der Baumstruktur modifiziert werden. Passend zum Component-Design-Editor erfolgt in der *Component-Design-View* (rechts) die graphische Visualisierung der im Editor ausgewählten Komponente. Mit dem Mauszeiger lässt sich zu jedem Port der Komponente der Name sowie

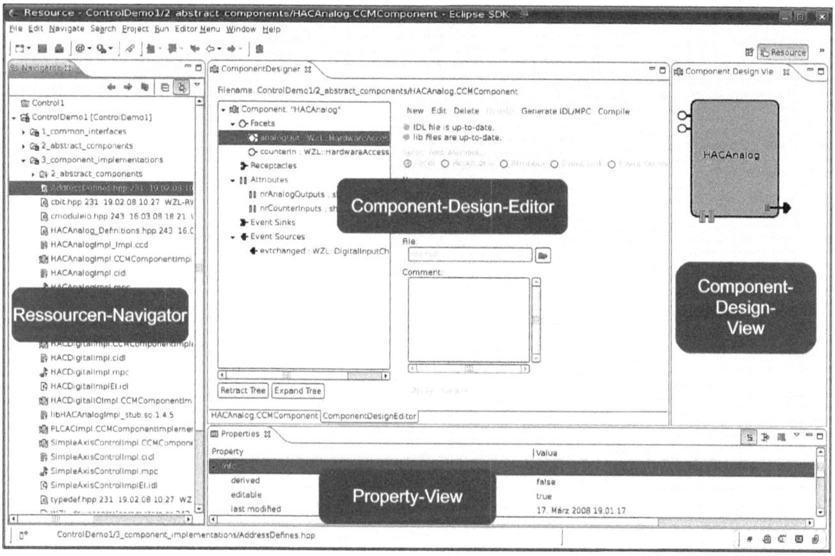

Abbildung 8.6: Screenshot der integrierten Entwicklungsumgebung für komponentenbasierte Steuerungssysteme DEDiCoS

Screenshot of the integrated development environment for component-based control systems DEDiCoS

der zugehörige Typ anzeigen. Im den folgenden Unterkapiteln werden die einzelnen Elemente von DEDiCoS sowie ihre Implementierung detaillierter beschrieben.

8.1.2 Softwaretechnische Abbildung des Komponentenmodells

Projection of the Component Model to a software implementation

Jeder Editor unterstützt den Entwickler in einem spezifischen Prozessschritt des komponentenbasierten Entwicklungsprozesses. Die Ergebnisse der Arbeit mit dem jeweiligen Editor werden auf das CORBA Component Modell (CCM) abgebildet, sodass daraus ohne Umweg CIAO-konformer Source-Code generiert werden kann. Die Abbildung der Arbeiten mit den Editoren auf Elemente des CCM wird durch eine Beschreibung der relevanten Elemente des CCM durch Java-Klassen erreicht. So entsteht eine softwaretechnische Abbildung der Elemente des Komponentenmodells in ein internes, hierarchisches Klassenmodell. Dieses Modell ist in Abbildung 8.7 dargestellt. Das Element *CCMAssembly* beschreibt ein Gesamtsystem bestehend aus einer oder mehreren Komponentenimplementierungen (*CCMComponentenImplementation*) sowie etwaigen Kommunikationsverbindungen zwischen den Ports der Komponenten. *CCMConnectionInterface* beschreibt dabei eine Verbindung zwischen einem Facet- und einem Receptacle-Port. Das Modellelement

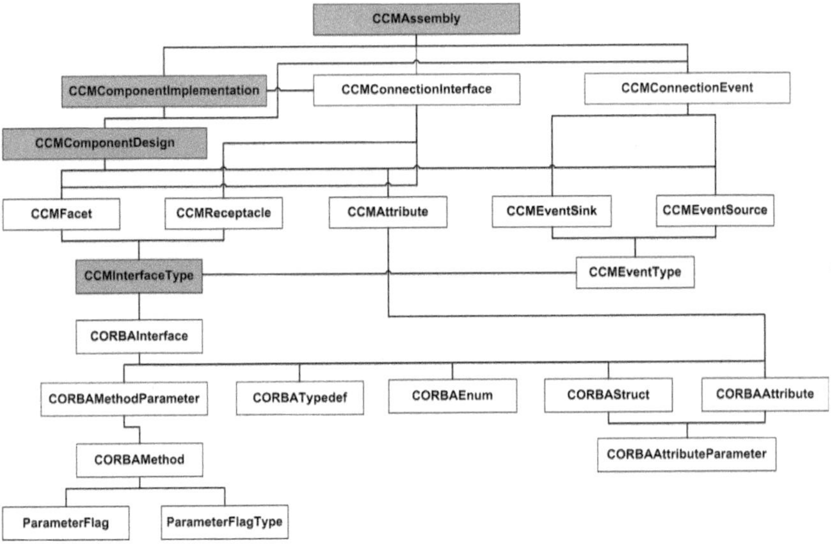

Abbildung 8.7: Softwaretechnische Abbildung des Komponentenmodells (CCM) in Java-Klassen
Projection of the component model (CCM) to Java class implementations

CCMConnectionEvent bildet eine Verbindung zwischen *Event-Sink* und *Event-Source* ab. Durch *CCMComponentDesign* werden die Schittstellenbeschreibungen einer Komponente abgebildet. Aus diesem Grund verwendet das Element zur Abbildung der Schnittstellenbeschreibungen die Elemente *CCMFacet*, *CCMReceptacle*, *CCMEventSink*, *CCMEventSource* und *CCMAttribute*. Damit werden die unterschiedlichen Ports einer Komponente entsprechend abgebildet. Sowohl der Facet-Port als auch der Receptacle-Port sind durch die Schnittstelle, die sie verwenden, typisiert. Diese Schnittstelle ist eine CORBA-Schnittstelle, die durch das Modellelement *CORBAInterfaceType* abgebildet wird. Für die Verwendung einer Schnittstellenbeschreibung als Datentyp für Facets und Receptacles wurde als Zwischenschicht für die Abbildung einer Schnittstellenbeschreibung das Modellelement *CCMInterfaceType* eingeführt. Eine CORBA-Schnittstelle ist ähnlich aufgebaut wie eine C++-Schnittstelle und kann mehrere Methoden, jeweils mit Parametern und Rückgabewert, sowie Typdefinitionen und komplexe Datentypen enthalten [HENN99].

In Abbildung 8.8 ist beispielhaft die Realisierung der Abbildung des Modellelementes *CCMComponentDesign* detailliert als UML-Klassendiagramm dargestellt. Der Name einer abstrakten Komponente wird als Attribut `m_Name` der Klasse *CCMComponentDesign* realisiert. Die Abbildung der Facet-Ports geschieht über das Attribut `m_Facets`. Dabei handelt es sich um eine Liste mit Instanzen der Klasse *CCMFacet*. Entsprechend sind auch die Ports Receptacle, Event-Sink, Event-Source und Attribute abgebildet. Die Klasse *CCMAttribute* wird durch Erben von der Klasse *CORBAAttribute* realisiert. Ein Komponentenattribut ist also durch Name und Typ aus-

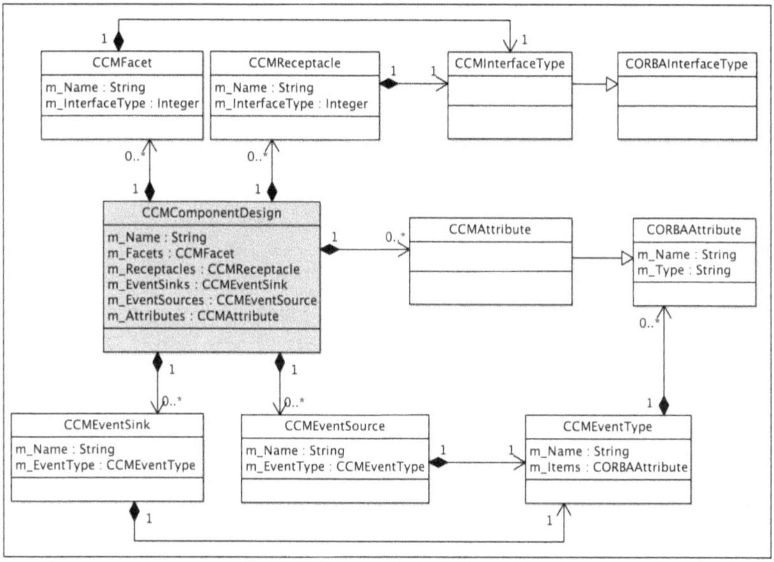

Abbildung 8.8: Abbildung des Komponenten-Designs durch Java-Klassen

Implementation of the component design using Java classes

reichend beschrieben. Die Klasse *CCMInterfaceType* wird ebenfalls durch Vererbung von der Klasse *CORBAInterfaceType* implementiert.

8.1.3 Wizards

Wizards

Bei DEDiCoS besteht die Aufgabe der Wizards im Erstellen einer rudimentären Modellinstanz zur jeweiligen Java-Modellklasse, welche dem entsprechenden Prozessschritt zugehörig ist. Eine Ausnahme ist der *ControlProject*-Wizard. Dieser ist für die Bereitstellung der Datei- und Verzeichnisinfrastruktur zuständig, die für den in dieser Arbeit entwickelten Ansatz zur komponentenbasierten Entwicklung benötigt wird. Dazu erstellt der Wizard die in Abbildung 7.12 beschriebene Verzeichnisstruktur und legt darin die in Kapitel 7.2.2 beschriebenen Makefiles ab. Außerdem wird die Datei `ccm_extension.idl` aus Abbildung 6.9, welche für die Erweiterung der Hochlauf-Schnittstelle notwendig ist (siehe Kapitel 6.4.2), im Schnittstellenverzeichnis abgelegt.

Der *InterfaceDesign*-Wizard erstellt eine leere Modellinstanz vom Typ CCMInterfaceType (vgl. Abbildung 8.7). Ebenso erstellt der *ComponentDesign*-Wizard eine leere Modellinstanz der Java-Klasse CCMComponentDesign. Der *ComponentImplementation*-Wizard fordert den Entwickler zur Auswahl eines Komponenten-Designs auf. In Abbildung 8.9 ist die Benutzeroberfläche die-

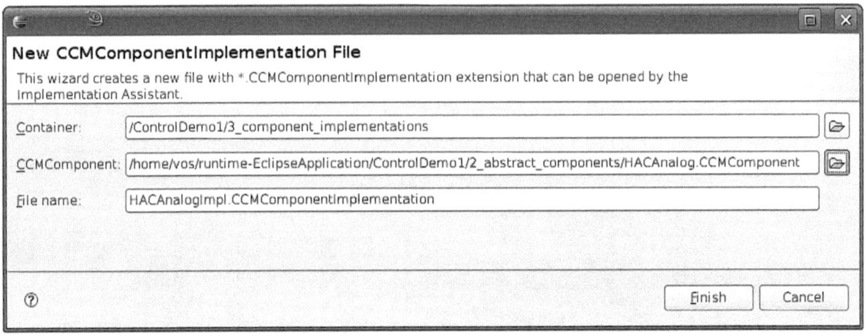

Abbildung 8.9: Benutzeroberfläche des *ComponentImplementation*-Wizard

Graphical user interface of the ComponentImplementation-Wizard

ses Wizards beispielhaft dargestellt. Auf Basis des gewählten Komponenten-Designs wird eine rudimentäre Modellinstanz der Klasse CCMComponentImplementation erstellt, die bereits die Eigenschaften des gewählten Komponenten-Designs besitzt. Durch den *SystemAssembly*-Wizard wird eine leere Instanz des Modellelementes CCMAssembly erzeugt.

Der *ComponentTest*-Wizard verfügt über eine umfangreichere Eigenfunktionalität. Ähnlich dem *ControlProject*-Wizard erzeugt er eine komplette Entwicklungsumgebung für ein ausführbares System. Der Entwickler wird aufgefordert die zu testende Komponentenimplementierung auszuwählen. Zu dieser Komponentenimplementierung werden daraufhin, wie in Kapitel 7.4 beschrieben, automatisch eine Testkomponente zum Testen der Facet-Ports generiert sowie auch eine Instanz des Modellelementes CCMAssembly. Die CCMAssembly-Instanz enthält das vernetzte, ausführbare System zum Test der gewählten Komponentenimplementierung (siehe auch Abbildung 7.16).

8.1.4 Editoren

Editors

Die Editoren in DEDiCoS stellen ein Werkzeug zur Bearbeitung der jeweiligen grau hinterlegten Modellinstanz aus Abbildung 8.7 dar. Diese Instanz wird durch einen entsprechenden Wizard als XML-Datei erzeugt und durch den Editor zur Bearbeitung dargestellt. Die für DEDiCoS implementierten Editoren basieren auf dem Konzept des Multilevel-Editors der Eclipse-Plattform [D'AN05]. Abbildung 8.10 zeigt die Abhängigkeiten der implementierten Klassen von den Klassen und Schnittstellen von Eclipse. Jeder Editor wird durch eine MultiPageEditor-Implementierung realisiert, die von dessen allgemeiner Implementierung *(MultiPageEditorPart)* der Eclipse-Plattform erbt. Sein Konzept erlaubt die Einbettung von mehreren Editoren in ein einzelnes Fenster. Über Tabulatoren kann zwischen den unterschiedlichen Editoren gewählt werden. Die Implementierung des eigentlichen Editors *(EditorImpl)* erbt ebenfalls von der Standardimplementierung des Konzeptes der Eclipse-Plattform *(EditorPart)*. Allerdings überschreibt die Implementierung alle Funktionen zur Darstellung der Benutzeroberfläche sowie zum Speichern

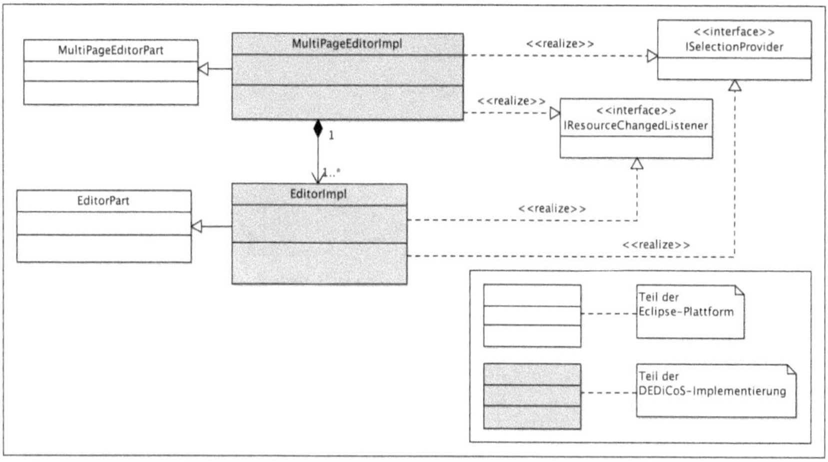

Abbildung 8.10: Allgemeine Realisierung der DEDiCoS-Editoren

Common realisation pattern of the editors of DEDiCoS

und Einlesen einer Datei. Weiterhin enthält die Editor-Implementierung von DEDiCoS Methoden zur Ansteuerung der Code-Generatoren und automatisierten Übersetzung sowie Methoden zur Manipulation der dargestellten Modellelementinstanz. Nicht überschrieben werden hingegen die Methoden zur Integration des Editors in die Entwicklungsumgebung. Die Editoren implementieren außerdem die Schnittstellen *ISelectionProvider* und *IResourceChangedListener* der Eclipse-Plattform. Dabei handelt es sich um standardisierte Schnittstellen zur Kommunikation zwischen den verschiedenen Elementen der Benutzeroberfläche der gesamten Entwicklungsumgebung. Die Implementierung dieser Schnittstellen wird benötigt, um z.B. die Aktualisierung der Component-View bei einer Änderung der Modellelementinstanz durch den Editor automatisch anzustoßen.

Interface Design Editor

Der Interface-Design-Editor ermöglicht die komfortable Bearbeitung von Schnittstellen. Dazu wird die Instanz des Modellelementes *CCMInterface* in der Benutzeroberfläche des Interface-Design-Editors (Abbildung 8.11) dargestellt und bearbeitet. Eine Schnittstelle beschreibt z.B. die Methoden, welche an einer Komponente über den Facet-Port von einer anderen Komponente aufgerufen werden können. Beispielhaft ist in dem Screenshot des Editors die Definition der Methode `startAxisMovement` markiert, welche zwei Eingabeparameter, `axisNr` und `direction`, vom Typ `short` besitzt. Die Methode ist im Namensraum `WZL` in der CORBA-Schnittstelle `DirectAxisControl` definiert. Neben einer Schnittstellendefinition für Facets- und Receptacles kann eine Schnittstelle auch Deklarationen von Event-Typen beinhalten. Ein Event-Typ definiert den Datentyp für den Event-Sink- und Event-Source-Port einer Komponente. Weiterhin kann eine Schnittstelle Definitionen von Namensräumen, komplexen Datentypen und Aufzäh-

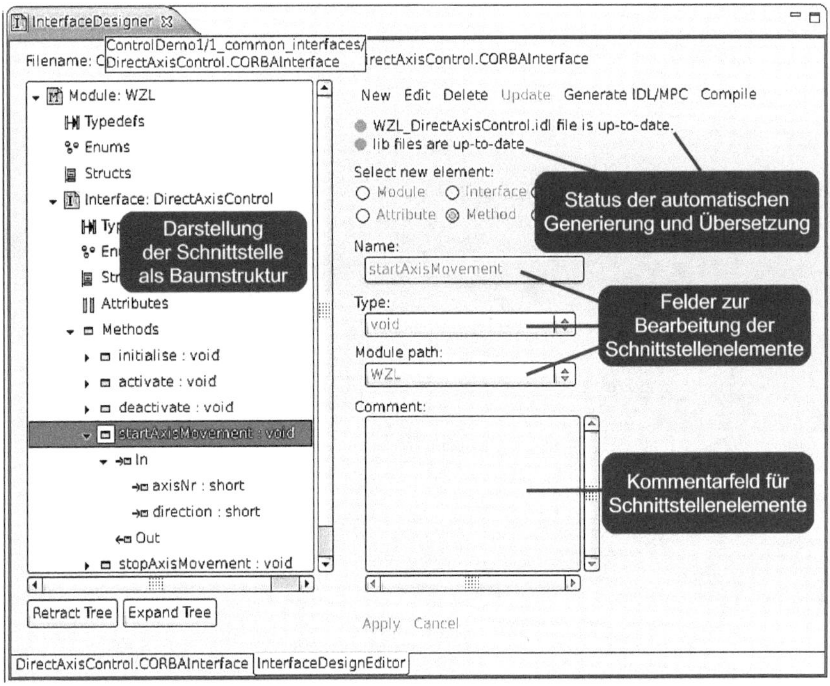

Abbildung 8.11: Schnittstellen-Design-Editor von DEDiCoS
Interface Design Editor of DEDiCoS

lungen enthalten. Der Editor ermöglicht die Erstellung von Schnittstellenelementen jeder Art sowie deren Änderung oder Entfernung (Schaltflächen oben, mittig). Außerdem bietet er die Möglichkeit, Schnittstellenelemente sowie die gesamte Schnittstelle selbst mit einem Kommentar zu versehen. Der Kommentar wird dann während der Generierung von Source-Code an den entsprechenden Stellen eingefügt, sodass auch der generierte Source-Code gut kommentiert und damit lesbar ist. Oben rechts neben der Baumstruktur finden sich die Schaltflächen zum Aufruf der Code-Generierung sowie zur automatischen Übersetzung des generierten Source-Codes in eine Softwarebibliothek. Darunter befinden sich zwei Statusanzeigen, die anzeigen, ob der generierte Source-Code oder die Bibliothek noch aktuell sind, d.h. noch mit der aktuell im Editor angezeigten Modellelementinstanz übereinstimmen.

In Abbildung A.9 (Anhang B) ist das Prinzip der Code-Generierung und automatischen Übersetzung für den Interface-Design-Editor dargestellt. Durch Benutzung der Schaltfläche *Generate IDL/MPC* werden die entsprechenden Methoden des Code-Generators zum Generieren einer CORBA-IDL-Schnittstellendatei sowie einer MPC-Projektdatei aufgerufen. Der Code-Generator greift dazu auf die Modellelementinstanz des Interface-Design-Editors zu. Für jedes Element der

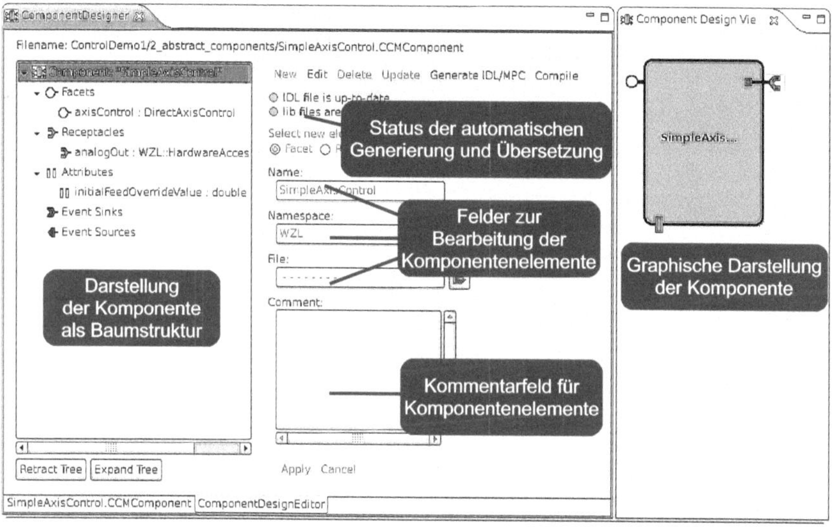

Abbildung 8.12: Komponenten-Design-Editor von DEDiCoS
Component Design Editor of DEDiCoS

im Editor spezifizierten Schnittstelle wird ein entsprechender Eintrag in der IDL-Datei erzeugt. Die MPC-Datei spezifiziert alle für die Erzeugung einer Softwarebibliothek notwendigen Dateinamen und Pfade sowie Konfigurationsparameter für die Compiler. Mit der Schaltfläche *Compile* wird der automatische Übersetzungsvorgang angestoßen. Voraussetzung dafür ist, dass vorher die IDL- und MPC-Datei generiert wurde. Der Übersetzungvorgang wird mit Hilfe der in Kapitel 7.2.2 beschriebenen Makefiles durch das Softwarewerkzeug `make` ausgeführt. Das dabei verwendete Makefile aus dem Schnittstellenverzeichnis ruft dazu die Softwarewerkzeuge MWC und MPC (siehe Abbildung 7.11) auf. Diese Werkzeuge benutzen die generierte MPC-Datei, um daraus die GNUmakefiles zur Übersetzung des Client- und Servant-Codes der Schnittstelle zu erzeugen. Der IDL-Compiler von CIAO (`tao_idl`) wird parallel dazu durch das Make-Tool aufgerufen. Als Eingabe für den IDL-Compiler wird die generierte IDL-Datei verwendet. Der IDL-Compiler erzeugt daraus den C++-Source-Code für die Verwendung der CORBA-Schnittstelle sowohl für Clients, welche Aufrufe an der Schnittstelle tätigen, als auch für Server-Anwendungen, die eine konkrete Implementierung zur Schnittstelle bereitstellen. Die GNUmakefiles steuern dann die Übersetzung des C++-Source-Codes in jeweils eine Schnittstellen-Bibliothek für Client- und für Server-Anwendungen.

Component Design Editor

Mit Hilfe des Komponenten-Design-Editors von DEDiCoS lässt sich das Design einer Steuerungskomponente festlegen. Das Design wird in der Modellelementinstanz *CCMComponentDesign* gespeichert und umfasst u.a. die Definition der Ports der Komponente. Dabei wird sowohl der Name als auch der Typ festgelegt. Zur Festlegung des Typs kann über einen Dateibrowser eine vorher mit dem Schnittstellen-Design-Editor erstellte Schnittstellen-Datei ausgewählt werden. Aus den darin verfügbaren Schnittstellen- und Event-Typ-Definitionen kann nun eine Schnittstelle für Facets oder Receptacles oder ein Event-Typ für Event-Sinks und Event-Sources ausgewählt werden. Für Komponentenattribute können nur Datentypen ausgewählt werden, keine Schnittstellen- oder Event-Typen. In Abbildung 8.12 ist die Benutzeroberfläche des Komponenten-Design-Editors dargestellt. Die Ports der Komponente sind links in einer Baumstruktur dargestellt. Für jeden Typ von Port existiert darin ein eigener Zweig. Unter diesen Zweigen sind dann die tatsächlichen Ports der Komponente aufgeführt. Für das markierte Element in der Baumstruktur werden die Eigenschaften des Elementes in den Feldern in der Mitte des Editors angezeigt. Über die Schaltfläche *Edit* (mitte, oben) lassen sich die Werte in den Feldern änden. Zudem existiert ein Kommentarfeld zur Dokumentation der Ports. Der Kommentar wird bei der Code-Generierung berücksichtigt und in die IDL-Datei übernommen. Die Schaltflächen *Generate IDL/MPC* und *Compile* sowie die die zugehörigen Statussignale funktionieren analog zu den entsprechenden Elementen des Interface-Design-Editors. Der Name des neu erstellten Komponenten-Designs, welches auch als abstrakte Komponente oder allgemeiner Komponententyp bezeichnet wird, lässt sich ändern, indem in der Baumstruktur das Wurzelelement ausgewählt wird und dann mit Hilfe der Edit-Schaltfläche der Wert im Feld *Name* geändert wird. Die Component-Design-View (rechts) zeigt eine graphische Darstellung der Komponente, welche der Übersicht dient. Mit Hilfe der Maus kann zu jedem Port der Komponente der Name sowie der zugrundeliegende Typ als sogenannter Balloon-Text angezeigt werden.

Die Code-Generierung und automatisierte Übersetzung für das Komponenten-Design erfolgt prinzipiell analog zu dem Vorgehen für das Schnittstellen-Design (Abbildung A.9). Es wird lediglich eine IDL-Datei generiert, in der nicht CORBA- sondern Komponentenschnittstellen definiert sind (siehe Abbildung 6.11). Die resultierenden Softwarebibliotheken des Übersetzungsvorganges enthalten die Stubs und Skeletons für die Komponentenschnittstellen zur Verwendung in Client- und Server-Anwendungen. Eine konkrete Implementierung eines Komponentendesigns verwendet die Server-Bibliothek. Komponenten, die untereinander über die Schnittstelle kommunizieren möchten, binden die entsprechende Bibliothek ein. Da die Ports der Komponenten auf CORBA-Schnittstellen basieren, müssen darüber hinaus noch die zugehörigen Schnittstellen-Bibliotheken, die durch den Interface-Design-Editor erzeugt werden, eingebunden werden. Dies geschieht bei DEDiCoS automatisiert.

Component Implementation Editor

Der Editor zur Unterstützung der Implementierung der Komponenten *(Implementation Assistant)* erlaubt dem Steuerungsentwickler die Konzentration auf die funktionale Logik. Für die Kommunikation mit anderen Komponenten bietet der Editor maximale Unterstützung, sodass tiefgehendes Know-How über das CORBA Component Model (CCM) nicht notwendig ist. Abbildung 8.13 zeigt die Benutzeroberfläche des Editors, der über die Tabulatoren das Wechseln zwischen verschiedenen integrierten Implementierungseditoren ermöglicht. In der Baumstruktur (links) werden alle implemtierungsrelevanten Artefakte der Komponentenports aufgelistet und hierarchisch nach dem Typ des Ports sortiert. Alle in diesem Editor getätigten Implementierungen und Konfigurationen werden in der Instanz des Modellelementes *CCMComponentImplementation* gespeichert. Der Entwickler kann die funktionale Logik der Komponente an drei unterschiedliche Stellen implementieren:

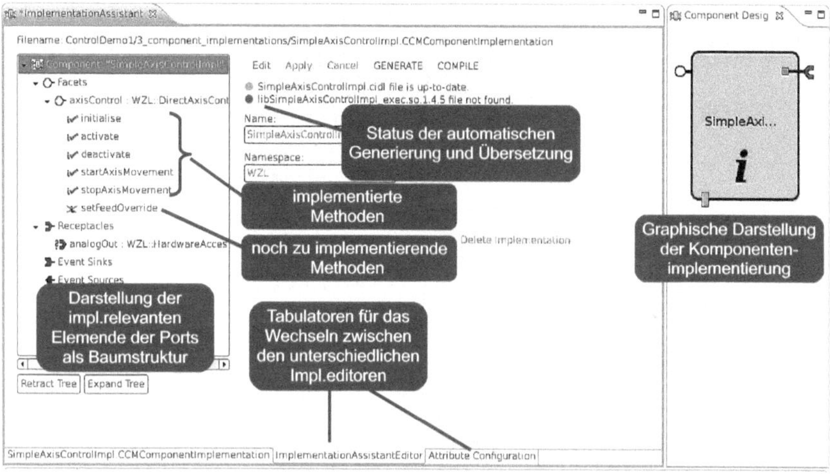

Abbildung 8.13: *Implementation Assistant Editor* von DEDiCoS
Implementation Assistant Editor of DEDiCoS

- ▷ ***Facet-Methoden:*** Facet-Methoden können von anderen Komponenten über den Facet-Port einer Komponente aufgerufen werden. Die Schnittstelle eines Facet-Ports kann mehrere Methoden enthalten. Diese Methoden werden in der Baumstruktur des *Implementation Assistant Editors* angezeigt. Ein Symbol vor der Methode zeigt an, ob bereits eine Implementierung für diese Methode vorliegt (siehe Abbildung 8.13 (links)).

- ▷ ***Event-Sink-Callback-Methoden:*** Trifft ein neues Event an einem Event-Sink-Port einer Komponente ein, so kann die Komponente darauf unmittelbar reagieren, indem zu dem entsprechenden Event eine Callback-Methode implementiert wird. Diese Methoden werden in gleicher Art und Weise wie die Facet-Methoden in der Baumstruktur angezeigt.

- ▷ ***Methoden des Systemhochlaufs:*** In die verschiedenen Phasen des Systemhochlaufs lässt sich ebenfalls für jede Komponente Source-Code hinterlegen, dessen Ausführung dann in der Hochlaufphase durch das Laufzeitsystem (vgl. Anhang A.2) automatisch angestoßen wird. Die Methoden des Hochlaufs sind in Abbildung 6.10 dargestellt und in Kapitel 6.4.2 genauer erläutert.

Zur Änderung einer bestehenden Implementierung oder zum Anlegen einer neuen Implementierung öffnet sich automatische ein C++-Editor, der über einen entsprechenden Tabulator ausgewählt werden kann. Der Editor erfüllt die Anforderungen aus Kapitel 7.3.2. Die Rümpfe für die zu implementierenden Methoden sowie der zugehörige Rumpf für einen *Doxygen*-konformen Kommentar (entsprechend dem Konzept aus Kapitel 7.5) werden automatisch generiert. Durch einen Source-Code-Kommentar wird dem Entwickler angezeigt, an welcher Stelle er den Source-Code für die funktionale Logik einfügen muss. Abbildung 8.14 zeigt beispielhaft die Bearbeitung

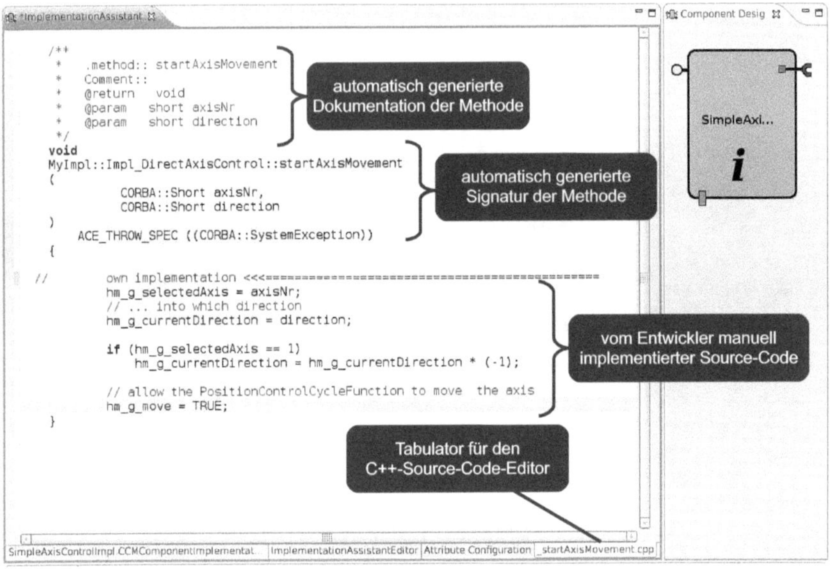

Abbildung 8.14: C++-Source-Code-Editor von DEDiCoS
C++ source code editor of DEDiCoS

der Methode **startAxisMovement** im C++-Source-Code-Editor. Zur weiteren Unterstützung des Entwicklers wurde auch die Code-Generierung mit Snippets gemäß Kapitel 7.3.1 im *Implementation Assistant Editor* implementiert. Der Entwickler hat die Möglichkeit, im Hauptfenster des Editors unter den verschiedenen Code-Snippets zu wählen und diese entsprechend zu konfigurieren. Auf Knopfdruck wird dann das entsprechende Code-Snippet generiert und in die Zwischenablage der Entwicklungsumgebung kopiert. Über den *Einfügen*-Befehl kann der Entwickler das Snippet nun an jeder beliebigen Position im C++-Source-Code-Editor einfügen.

Weiterhin bietet der *Implementation Assistant Editor* die Möglichkeit, die Eigenschaft der Receptacles zu konfigurieren. Durch Markieren des entsprechenden Ports in der Baumstruktur kann in der Mitte des Editors über eine sogenannte *Radiobutton*-Auswahl bestimmt werden, ob der jeweilige Receptacle-Port der Komponente für eine ordnungsgemäße Ausführung der Komponente verbunden sein muss oder nicht *(optional/required)*. Die vom Entwickler konfigurierte Eigenschaft wird ebenfalls über ein Symbol vor dem Receptacle-Port dargstellt. Der Receptacle-Port **analogOut** im Screenshot aus Abbildung 8.13 ist mit einem Fragezeichen versehen und somit *optional*. Die Eigenschaft *required* wird mit einem Rufzeichen vor dem Receptacle-Symbol dargestellt.

Besitzt eine Komponente Attribute, so können diese über einen weiteren Implementierungseditor zur Attributkonfiguration konfiguriert werden. Die Benutzeroberfläche dieses Editors ist in Ab-

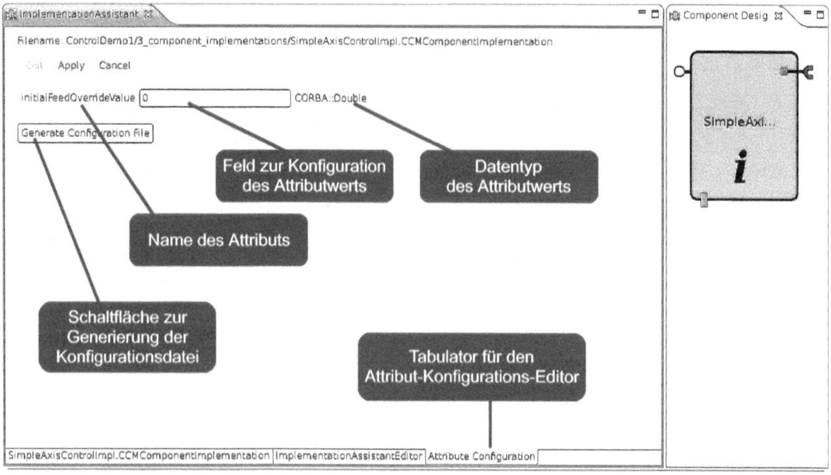

Abbildung 8.15: Attribut-Konfigurations-Editor von DEDiCoS

Attribute configuration editor of DEDiCoS

bildung 8.15 dargestellt. Der Editor zeigt zu jedem Attribut Namen und Datentyp an und bietet dem Entwickler ein Feld zum Setzen des Attributwertes an. Auf Knopfdruck wird eine entsprechende Konfigurationsdatei generiert, die als Default für die Komponentenkonfiguration dient. Wird die Konfiguration der Komponente im Systemerstellungsschritt nicht explizit geändert, so werden die Werte dieser Datei für die Komponentenattribute genommen.

Die Anzahl der automatisch generierten Dateien ist im Prozessschritt *Komponentenimplementierung* am größten, und das Vorgehen zum Erzeugen der ausführbaren Softwarebibliothek zu einer implementierten Komponente ist sehr komplex. Abbildung A.10 (Anhang A) zeigt das Prinzip der Code-Generierung und automatischen Übersetzung für den *Implementation Assistant Editor*. Mit der Schaltfläche *GENERATE* werden die entsprechenden Methoden des Code-Generators zum Generieren von Konfigurationsdateien, CIDL-Komponentenimplementierungsspezifikation sowie einer MPC-Projektdatei aufgerufen. Des Weiteren wird auch der Executor-Source-Code generiert, in den auch die durch den Entwickler manuell implementierten Methoden integriert werden. Der Code-Generator greift dazu auf die Modellelementinstanz CCMComponentImplementation zu, die im *Implementation Assistant Editor* bearbeitet wird. Die MPC-Datei spezifiziert alle für die Erzeugung einer ausführbaren Softwarebibliothek notwendigen Dateinamen und Pfade sowie Konfigurationsparameter für die Compiler. Durch Verwendung der Schaltfläche *COMPILE* wird der automatische Übersetzungsvorgang gestartet. Voraussetzung dafür ist, dass vorher der Code-Generierungsschritt durchgeführt wurde. Der Übersetzungvorgang wird auch hier mit Hilfe der in Kapitel 7.2.2 beschriebenen Makefiles durch das Softwarewerkzeug `make` ausgeführt. Wie auch bei den zuvor beschriebenen Editoren werden auch die Softwarewerkzeuge MWC und MPC (siehe Abbildung 7.11) genutzt. Sie nutzen die generierte MPC-Datei, um daraus die GNUmakefiles zur Übersetzung von Client-, Servant- und Executor-Code der Komponentenimplementierung zu erzeugen. Der CIDL-Compiler von CIAO (`cidlc`) wird parallel dazu durch das Make-Tool aufgerufen. Als Eingabe für den CIDL-Compiler wird die generierte CIDL-Datei verwendet. Der CIDL-Compiler erzeugt daraus C++-Source-Code sowie eine IDL-Datei für die Executor-Schnittstelle, für die Schnittstelle durch den IDL-Compiler (`tao_idl`) Stub- und Servant-Code generiert wird. Die GNUmakefiles steuern dann die Übersetzung des gesamten generierten C++-Source-Codes in jeweils eine Schnittstellen-Bibliothek für Client- und für Server-Anwendungen sowie eine ausführbare Executor-Bibliothek.

Mit Hilfe des Implementation Assistant Editor lassen sich auch extern erzeugte C++-Source-Code-Dateien in den automatischen Übersetzungsvorgang integrieren. Dadurch lässt sich existierende Funktonalität einfach in die Implementierung der Komponentenlogik integrieren. Weiterhin entfällt der Zwang, sämtliche Funktionalität einer Methode auch entsprechend dort zu implementieren. So lässt sich auch innerhalb einer Komponente gutes objekt-orientiertes Design realisieren.

System Assembly Editor

Der *Assembly Design Editor* ermöglicht das Erstellen eines ausführbaren Steuerungssystems aus Komponenten gemäß dem Konzept aus Kapitel 7.1.5. Dabei wird die Modellelementinstanz CCMAssembly bearbeitet. Abbildung 8.16 zeigt die Benutzeroberfläche des Editors. Durch die Schaltfläche *Insert Component* hat der Entwickler die Möglichkeit, eine Auswahl aus den bereits implementierten Komponenten zu treffen und diese auf die Editor-Oberfläche zu laden. Verweilt der Mauszeiger kurze Zeit über einem Komponentenelement, so werden die Eigenschaften dieses Elementes in einem sogenannten *Balloon*-Text angezeigt. Im abgebildeten Screenshot ist ein entsprechender Text für die Komponentenimplementierung `SimpleAxisControl` dargestellt. Sowohl der Name der Komponentenimplementierung als auch der Name des Komponenten-Design, auf dem die Implementierung basiert, wird angezeigt. Der Entwickler kann durch einen Mausklick auf den Facet-Port einer Komponente das Erstellen einer Kommunikationsverbindung beginnen. Ein weiterer Mausklick auf das entsprechende Receptacle erstellt die Verbindung. Eine einmal erstellte Verbindung kann mit einem Rechtsklick durch Auswahl des Befehls *Delete* im erscheinenden Kontexmenü wieder entfernt werden. Die Attribute jeder Komponente können ebenfalls konfiguriert werden. Zu jedem Attribut gibt es eine Default-Konfiguration. Der Default-Wert kann aber im *Assembly Design Editor* über die Property View (unten) geändert werden. Dazu muss per Maus auf das entsprechende Attribut geklickt werden. In der Property View sind dann die Eigenschaften des Attributes dargestellt. Über das Feld *Initial Value* kann der Wert definiert werden, den das Attribut beim Hochlauf des Systems annehmen soll. Im Screenshot von Abbildung 8.16 ist das Attribut *initialFeedOverrideValue* ausgewählt und seine Eigenschaften in der Property View dargestellt.

Abbildung A.11 (Anhang A) zeigt das automatisierte Vorgehen zum Generieren und automatischen Übersetzen des *Assembly-Design-Editors*. Mit der Schaltfläche *Generate Assembly Files* wird die Systemkonfiguration für das CIAO-Laufzeitsystem analog zu den Ausführungen aus Kapitel 6.3.3 generiert (vgl. Abbildung 6.7) sowie ein C++-Programm, welches den erweiterten Hochlauf des Steuerungssystems gemäß Kapitel 7.1.7 realisiert. Die Schaltfläche *Create Control Package* stößt dann den Übersetzungsvorgang an. Anschließend werden alle zur Ausführung des Steuerungssystems notwendigen Dateien in ein Verzeichnis kopiert, aus dem daraufhin eine kom-

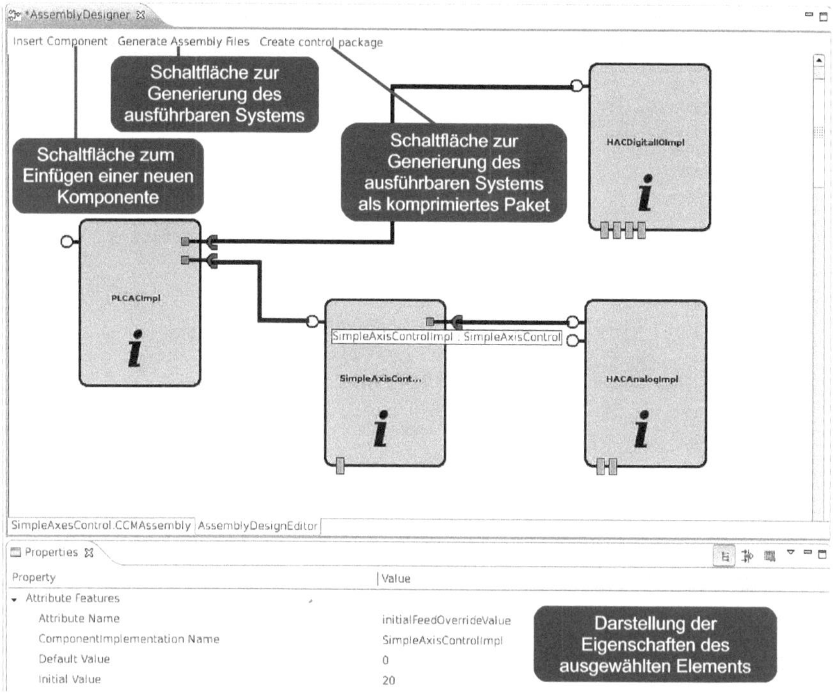

Abbildung 8.16: *Assembly Design Editor* von DEDiCoS
Assembly Design Editor of DEDiCoS

primierte Datei erstellt wird. Diese kann dann auf das entsprechende Zielsystem kopiert und dort entpackt und ausgeführt werden.

Component Test Editor

Der Test-Editor von DEDiCoS ist nur prototypisch realisiert. Es wurde prinzipiell das in Kapitel 7.4 entwickelte Konzept zum Testen einer Komponentenimplementierung umgesetzt. Allerdings wird nur das Testen der Facet-Methoden automatisiert durch Generierung einer Testkomponente zum Testen der Methoden der Facet-Ports unterstützt. Weiterhin wird eine Gesamtsystemkonfiguration generiert sowie das automatische Übersetzen aller notwendiger Dateien realisiert, sodass das generierte Testsystem ausgeführt werden kann. Der systematische Test von Komponenten und komponentenbasierten Systemen ist nicht Fokus dieser Arbeit, sodass an dieser Stelle nur das Prinzip der Testbarkeit von Komponenten gezeigt wird. Dazu ist die Einbettung eines Test-Editors in die integrierte Umgebung zur Entwicklung komponentenbasierter Steuerungssysteme, welcher in Abbildung 8.17 dargestellt ist, prototypisch realisiert.

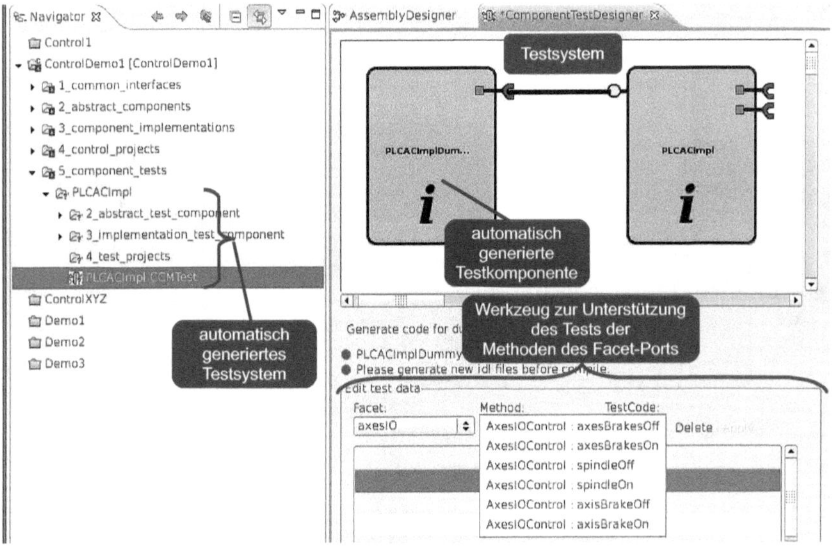

Abbildung 8.17: Prototypischer Komponenten-Test-Editor von DEDiCoS

Component Test Editor prototype of DEDiCoS

8.1.5 Code-Generatoren

Code Generators

Die Code-Generatoren von DEDiCoS setzen das Konzept aus Kapitel 7.2 um. Dazu greifen sie auf die Instanzen der Modellelemente (siehe Abbildung 8.7) zu, die mit Hilfe der unterschiedlichen Editoren erzeugt werden. Sie generieren C++-Source-Code, Dateien zur Konfiguration einzelner Komponenten sowie zur Konfiguration des Gesamtsystems, Übersetzungsskripte zur Automatisierung des Kompilierens sowie Skripte zur Ausführung des Gesamtsystems.

Die Code-Generatoren sind hauptsächlich als Methoden in den Klassen zur Beschreibung der zentralen Modellelemente (die dunkel-hervorgehobenen Elemente aus Abbildung 8.7) der komponentenbasierten Entwicklung implementiert. Für die Generierung einiger XML-Konfigurationsdateien wurde auch eine spezielle Klasse mit Methoden zur Code-Generierung realisiert. Aufgerufen werden die Methoden von den einzelnen DEDiCoS-Editoren, die jeweils Schaltflächen zur Generierung besitzen. Abbildung 8.2 zeigt die Einbettung der Code-Generatoren in die Gesamtarchitektur. Der Ablauf der Generierung und der automatisierten Übersetzung wurde bereits im vorherigen Unterkapitel bei der Beschreibung der einzelnen Editoren dargestellt. Basis für die automatisierte Übersetzung sind die definierte Verzeichnisstruktur sowie die beiden Verzeichnisübergreifenden Makefiles, `Makefile.common.1` und `Makefile.common.2`. Weiterhin werden die Werkzeuge MPC und MWC zur Projektierung von Übersetzungsarbeiten benutzt. Die Kombination dieser Werkzeuge mit dem Make-Werkzeug und den beiden globalen Makefiles

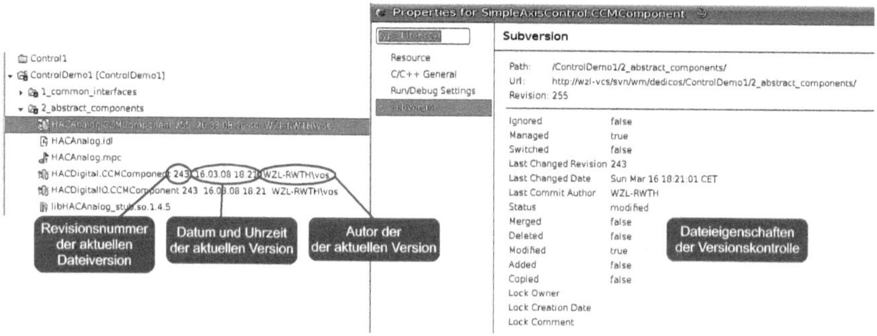

Abbildung 8.18: Anbindung des Versionskontrollsystems *Subversion* durch das Eclipse-Plug-In `subclipse`

Integration of the version control system Subversion using the Eclipse-Plug-In ***subclipse***

ermöglicht erst die typbezogene und bedarfsorientierte Übersetzung. In Kapitel 7.2.2 wurde das Konzept für dieses Vorgehen entwickelt.

8.1.6 Nutzung existierender Plug-Ins

Usage of existing Plug-Ins

Abbildung 8.5 zeigt die Plug-Ins, welche von DEDiCoS zur Realisierung der integrierten Entwicklungsumgebung für komponentenbasierte Steuerungssysteme genutzt werden. Dabei handelt es sich wie bei allen Bestandteilen der Softwarelösung um Open Source Software. Das Plug-In *Subclipse* [TIGR09a] ermöglicht die Verwendung der Versionsverwaltungssoftware *Subversion* [TIGR09b] aus der Eclipse-Entwicklungsplattform. Subversion ist ebenfalls Open Source Software und bietet umfangreiche Funktionalität zur Versionsverwaltung [PILA08]. Das Subclipse-Plug-In erweitert zur integrierten Nutzung von Subversion u.a. den Ressourcen-Navigator und implementiert einen Wizard zum Auschecken eines Projektes aus der Datenbank der Versionsverwaltung *(Repository)*. Weiterhin beinhaltet das Plug-In eine View zur Ansicht der Projekt- und Dateihistorie sowie eine Anzeige der auf die Versionskontrolle bezogenen Dateiattribute. Abbildung 8.18 zeigt beispielhaft, wie sich Subclipse in die Entwicklungsumgebung integriert und welche Informationen es dem Entwickler anzeigt. Die Integration des Plug-Ins Subclipse realisiert somit das Konzept zur Versionskontrolle aus Kapitel 7.6 und erfüllt dadurch die Anforderungen aus Kapitel 4.10.

Die Unterstützung bei der Dokumentation ist durch das Plug-In `eclox` realisiert [ECLO09]. Das Plug-In steuert den Dokumentationsgenerator `doxygen` an [VAN 09]. Entsprechend dem Konzept zur Unterstützung bei der Dokumentation aus Kapitel 7.5 wird der Entwickler bei der Dokumentation der Komponentenelemente unterstützt. In den generierten Source-Code werden vor diesem Hintergrund die durch den Entwickler hinterlegten Kommentare zu den Komponentenelementen Doxygen-konform eingebettet. Abbildung 8.19 zeigt, wie das Eclox-Plug-In in die Entwicklungs-

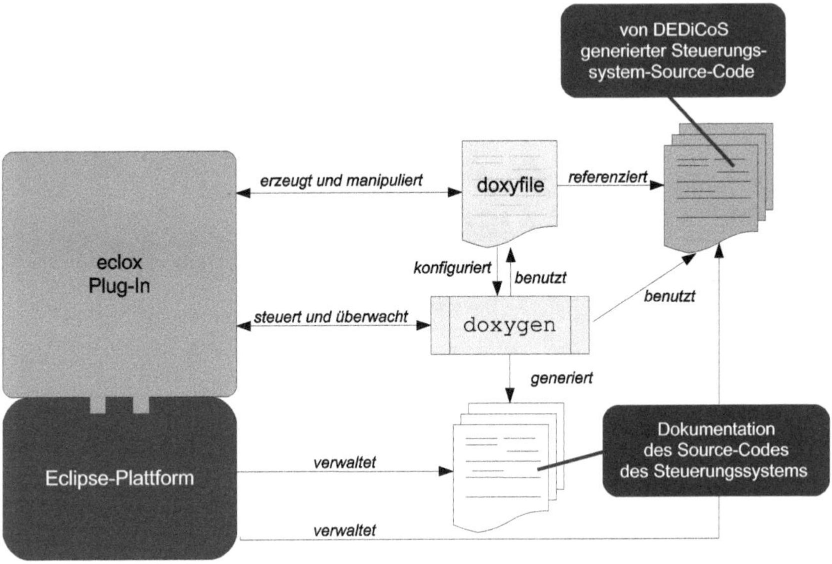

Abbildung 8.19: Erzeugung einer Source-Code-Dokumentation für ein mit DEDiCoS entwickeltes Steuerungssystem mit dem Eclipse-Plugin `eclox`

Generation of a source code documentation for a control system developed with DEDiCoS using the Eclipse-Plug-In `eclox`

umgebung integriert wird. Doxygen wird über eine Datei namens `doxyfile` gesteuert. Mit dieser Datei wird der Vorgang der Dokumentationserzeugung konfiguriert. Darin wird das Ausgabeformat der Dokumentation (LaTeX/PDF, HTML und RichText-Format (RTF, Microsoft-Word-kompatibel)) sowie die Referenz auf den Source-Code bestimmt. Doxygen analysiert dann den Source-Code, dokumentiert seine Struktur und fügt die Kommentare zu einer professionellen Source-Code-Dokumentation zusammen. Die erzeugte Dokumentation wird in einem definierten Verzeichnis abgelegt. Das Plug-In Eclox übernimmt nicht nur die Ansteuerung und Überwachung der Dokumentationserstellung, sondern bietet auch einen Editor zur Bearbeitung der Konfigurationsdatei `doxyfile`.

Der C++-Source-Code-Editor des Implementation Assistant Editors ist mit Hilfe des Plug-Ins CDT (*C/C++ Development Tools*, [ECLI09]) realisiert worden. CDT ist ein Eclipse-Plug-In, das vielfältige Unterstützung für die Implementierung und Entwicklung mit C/C++ bietet [BAUE09], [ABBO09]. Ein Teil dieser Unterstützung besteht in einem Source-Code-Editor, der u.a. Syntax Highlighting und Code-Folding bietet. Zur Realisierung des Source-Code-Editors in DEDiCoS wurde dieser Editor in den Mutlilevel-Editor des Implementation Assistant Editors eingebettet (vgl. Abbildungen 8.10 und 8.14). Abbildung 8.20 zeigt die Implementierungsstruktur dieser Lösung. Die Klasse *CEditor*, welche den C/C++-Editor des CDT-Plug-Ins umsetzt, kann nach

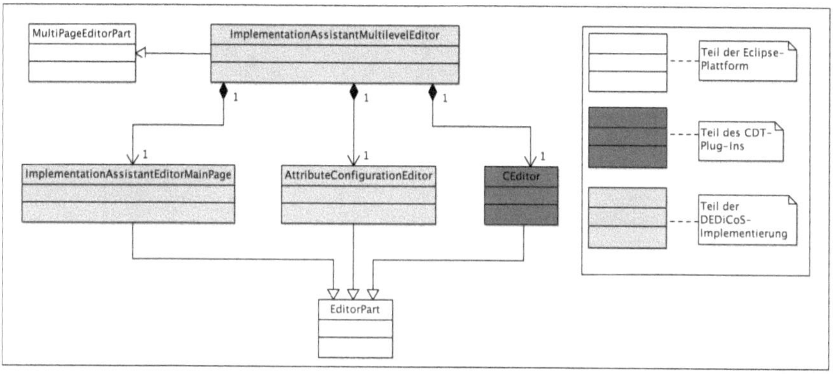

Abbildung 8.20: Nutzung des CDT-Plug-Ins für die Realisierung des C++-Source-Code-Editors im Implementation Assistant Editor

Usage of the CDT-Plug-In for the realisation of the C++ source code editor within the Implementation Assistant Editor

dem Prinzip aus Abbildung 8.10 in den *Implementation Assistant Editor* integriert werden, da dieser ebenfalls die Klasse *EditorPart* der Eclipse-Plattform implementiert. Auf diese Weise wird das Konzept aus Kapitel 7.3.2 umgesetzt.

Das `eclipsecorba`-Plug-In [SOUR09] kann als optionale Erweiterung von DEDiCoS gesehen werden. Zentrales Element des Plug-Ins ist ein IDL-Editor, welcher die komfortable Anzeige und Bearbeitung von IDL-Dateien unter anderem durch Syntax-Highlighting und eine Outline-View der IDL-Schnittstelle unterstützt. In DEDiCoS kann dieses Plug-In genutzt werden, um die IDL-Dateien, die mit Hilfe des Schnittstellen- und Komponenten-Design-Editors generiert werden, zu betrachten. Dies kann für einen Steuerungsentwickler mit Erfahrung im Bereich CORBA sowie für das Beheben von Problemen während der Installationsphase von DEDiCoS von Nutzen sein.

8.2 Validierung

Validation

Die Validierung der ihm Rahmen dieser Arbeit erzielten Lösung zur komponentenbasierten Entwicklung von Steuerungssystemen umfasst die Validierung von drei Aspekten:

▷ ***Systemplattform:*** Die in Kapitel 6 definierte Systemplattform bildet die Grundlage für den komponentenbasierten Entwicklungsprozess. Sie wird beispielhaft aufgesetzt, und die in Kapitel 6.4.2 ausgewählten Funktionen und Eigenschaften der Systemplattform werden mit kleinen Testprogrammen validiert.

- ▷ ***Komponentenbasierter Entwicklungsprozess:*** Der in Kapitel 7.1 entwickelte komponentenbasierte Entwicklungsprozess wird in Bezug auf seine Eignung für die Entwicklung von Steuerungssystemen in der Praxis validiert.

- ▷ ***Unterstützende Maßnahmen für die Entwicklung:*** Die in Kapitel 7 entworfene und in Kapitel 8.1 prototypisch realisierte Entwicklungsumgebung für die komponentenbasierte Entwicklung von Steuerungssystemen wird anhand der Entwicklung eines beispielhaften Steuerungssystems, welches für die Entwicklung typische Programmieraufgaben enthält, überprüft. Dazu werden sowohl die einzelnen Komponenten, als auch das gesamte, ausführbare Steuerungssystem mit Hilfe von DEDiCoS implementiert und konfiguriert. Weiterhin wird auch analysiert, in wie weit der zugrundeliegende komponentenbasierte Entwicklungsprozess den Anforderungen der Steuerungsentwicklung genügt. Abschließend wird das beispielhafte Steuerungssystem in der Praxis validiert.

8.2.1 Anwendungsbeispiel

Application Example

Als Beispiel zur Anwendung des komponentenbasierten Entwicklungsprozesses sowie der unterstützenden Entwicklungsumgebung DEDiCoS wird ein prototypisches Steuerungssystem entwickelt. Das hier gewählte Beispiel beinhaltet für die Entwicklung von Steuerungssystemen typische Entwicklungsaufgaben. Weiterhin stellt es ein in sich geschlossenes System dar, welches konkret eine tatsächliche Funktion heutiger Steuerungssysteme darstellt. Dadurch eignet sich die hier gewählte Beispielanwendung dafür, den Entwicklungsprozess und die Entwicklungsumgebung auf Erfüllung der an sie gestellten Anforderungen zu prüfen.

Die beispielhafte Steuerungsanwendung soll das Verfahren der Achsen einer Modellmaschine über eine Schalttafel ermöglichen. Bei der Modellmaschine handelt es sich um den Prototyp einer Maschine mit Dyna-M-Kinematik, die in Abbildung 8.21 dargestellt ist [WECK97, WECK98]. Sie verfügt über drei Achsen, die als Hybridkinematik angeordnet sind. Das bedeutet, dass zwei der Achsen voneinander abhängig sind und die dritte Achse tragen. Die parallel angeordneten Achsen, der sogenannte linke und rechte *Strut* (Strebe/Stab), tragen die Z-Achse und bestimmen ihre Lage und somit auch die des Werkzeuges in XY-Richtung. Die Z-Achse, die auch die Spindel enthält, bestimmt die Position des Werkzeuges in Z-Richtung. Alle drei Achsen verfügen jeweils über einen digitalen Endschalter, der das Ende in positiver und negativer Verfahrrichtung erkennt. Sowohl die Endschalter als auch die Tasten des Bedienfeldes sind als digitale Eingänge an ein digitales I/O-Modul angeschlossen. Für jede Achse existiert eine Taste zur Anwahl sowie eine Plus- und eine Minustaste zur manuellen Steuerung. Die Motoren der L- und R-Achse verfügen über eine eingebaute Bremse, die über ein digitales Signal aktiviert und deaktiviert werden kann. Die Tasten des Bedienfeldes sind mit Lampen hinterlegt, die ebenfalls über digitale Signale ein- und ausgeschaltet werden können. Diese Signale sind als digitale Ausgänge an ein weiteres digitales I/O-Modul angeschlossen. Die Motoren der drei Achsen können über analoge Spannungssignale angesteuert werden. Das Spannungssignal wird dann von der Motorelektronik in eine Verfahrgeschwindigkeit der jeweiligen Achse umgesetzt. Die Polung der Spannung bestimmt die Verfahrrichtung. Diese analogen Signale sind an ein analoges I/O-Modul als analoge Ausgangssignale angeschlossen. Die relative Position der jeweiligen Achse kann über ein sogenanntes Counter-Modul ausgelesen werden. Die Counter sind ein digitales Zählwerk, welches in die Mo-

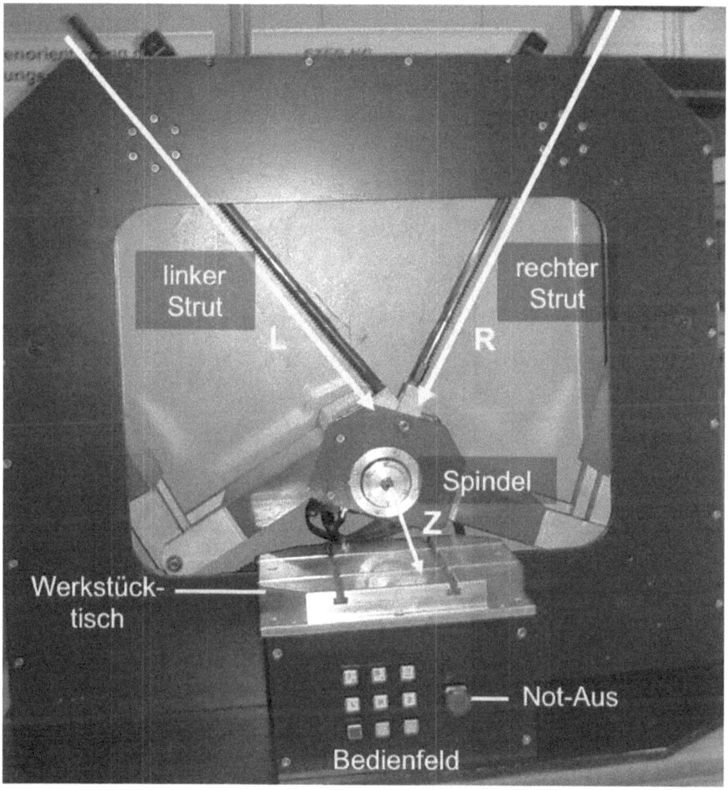

Abbildung 8.21: Dyna-M-Modellmaschine

Dyna-M prototype model machine

toren der jeweiligen Achsen integriert sind. Zur Bestimmung einer absoluten Position muss das Counter-Modul an einer definierten Achsposition (z.B. Anschlag des Endschalters) ausgelesen werden (Referenzpunktfahrt). Die digitalen und analogen I/O-Module sowie das Counter-Modul sind über lange Flachbandkabel auf eine PCI-Bus-Karte gesteckt, sodass sie mit einem handelsüblichen IBM-kompatiblen Standard-PC betrieben werden können. Ein solcher PC soll auch die Zielplattform für die Beispielanwendung sein.

Das beispielhafte Steuerungssystem erfüllt die folgenden Anforderungen:

▷ Der Maschinenbediener kann über das Tastenfeld die aktive Achse auswählen. Die ausgewählte Achse wird über die eine eingeschaltete Lampe hinter der entsprechenden Taste

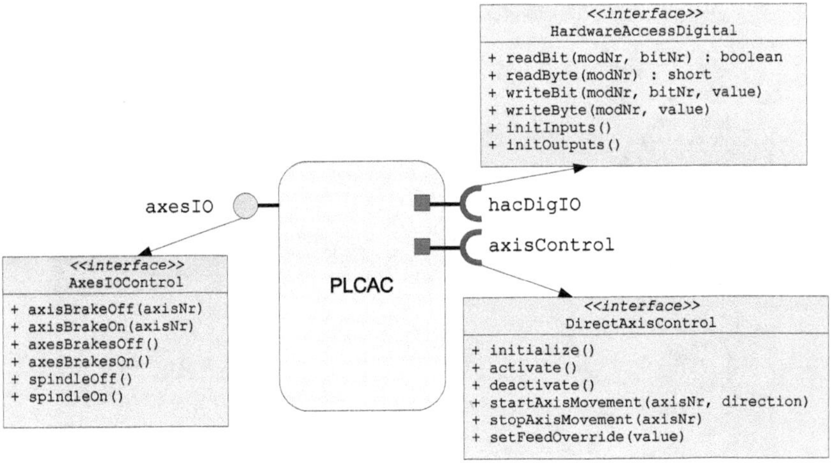

Abbildung 8.22: Ports und Schnittstellen der PLCAC-Komponente
Ports and interfaces of the PLCAC component

gekennzeichnet. Ein erneuter Tastendruck bewirkt das Deaktivieren der Achse und das Erlöschen der Lampe.

- Wird eine Achse aktiviert, so wird ihre Bremse gelöst. Bei Deaktivierung wird die Bremse wieder angezogen.
- Mit Hilfe der Plus- und Minus-Taste wird die aktive Achse in die entsprechende Verfahrrichtung bewegt. Die Verfahrbewegung erfolgt mit festgelegter Geschwindigkeit.

Die Systemarchitektur des beispielhaften Steuerungssystems ist an die OCEAN-Systemarchitektur angelehnt (vgl. Kapitel 6.1). Das Steuerungssystem wird aus vier Komponenten aufgebaut. Die Komponente *PLCAC* ist eine Implementierung der PLC-Komponente von OCEAN. Dabei handelt es sich um eine Software-Realisierung einer PLC. Abbildung 8.22 zeigt die Ports und die dazugehörigen Schnittstellendefinitionen dieser Komponente. Die Komponente überprüft zyklisch (4-ms-Takt) die Werte der digitalen Eingänge und berechnet entsprechend der implementierten Regeln die digitalen Ausgänge und setzt diese. Die zyklische Schleife wird als separater Thread am Ende der Hochlaufmethode `ccm_start` gestartet. In dieser Beispielanwendung werden die Signale der Achsendschalter sowie der Tastenfelder als digitale Eingänge eingelesen. Angesteuert werden als digitale Ausgangssignale die Lampen des Tastenfeldes und die Bremsen der Achsmotoren. Die PLCAC bietet über das Facet `axesIO` u.a. Methoden zum Lösen und Setzen der Bremsen der einzelnen Achsen an. Die Zuordnung, welche Bremse über welches Bit angesteuert wird, ist die Aufgabe der PLCAC-Komponente. Die konkrete Ansteuerung der digitalen Ein- und Ausgänge leistet die Komponente PLCAC nicht selbst, sondern greift dafür auf eine andere Komponente zu, die diesen Service über ein

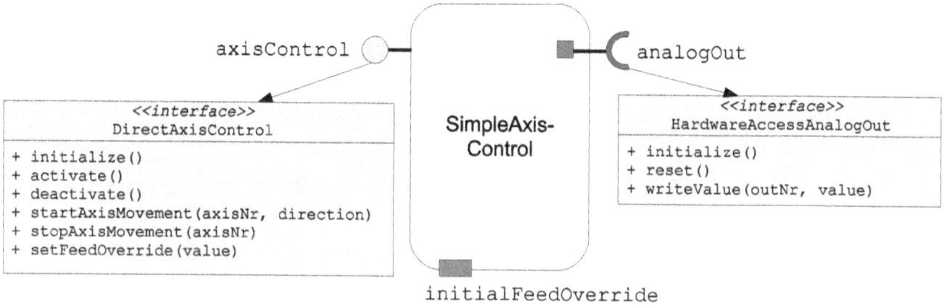

Abbildung 8.23: Ports und Schnittstellen der SimpleAxisControl-Komponente

Ports and interfaces of the SimpleAxisControl component

Facet anbietet. Zur Kommunikation mit einer solchen Komponente besitzt sie das Receptacle `hacDigIO`. Die Plus- und Minus-Taste des Bedienfeldes werden ebenfalls als digitales Eingangssignal erkannt. Um nun das Verfahren einer Achse zu veranlassen, besitzt die Komponente PLCAC noch ein weiteres Receptacle namens `axisControl`. Darüber sollen die Verfahrbefehle der PLCAC-Komponente in tatsächliche Bewegungen der Achsen umgesetzt werden. Der Name PLCAC der Komponente soll den vereinfachten Anwendungsbereich der PLC-Komponente andeuten (PLC-AxisControl).

Bei der Komponente *SimpleAxisControl* handelt es sich um eine stark vereinfachte MotionControl-Komponente von OCEAN. Sie stellt Methoden zur Ansteuerung der einzelnen Achsen über das Facet `axisControl` bereit. Um die Ansteuerung der Achsen zu realisieren, ist eine Schleife zum zyklischen Schreiben (2-ms-Takt) der Sollgeschwindigkeit für die jeweils aktive Achse implementiert. Diese Schleife wird als separater Thread mit hoher Priorität am Ende der Hochlaufmethode `ccm_start` gestartet. Sie realisiert die Bewegung der jeweils aktiven Achse durch eine Ansteuerung der Geschwindigkeit der Motoren. Die Implementierung der Facet-Methoden kann dadurch sehr kurz gehalten werden, da dort nur der Index der zu bewegenden Achse sowie die Richtung der Verfahrbewegung an die Schleife weitergegeben werden muss. Mittels des Attributes `initialFeedOverride` lässt sich noch ein Override-Wert konfigurieren, der in der Schleife mit dem Geschwindigkeitswert multipliziert wird. Außerdem wird noch ein Flag gesetzt, welches indiziert, ob die Achse verfahren oder stillstehen soll. Da die Komponente selber keinen Zugriff auf die Treiber zur Ansteuerung der analogen Ausgangssignale besitzt, greift sie über das Receptacle `analogOut` auf einen solchen Service einer anderen Komponente zu. Abbildung 8.23 zeigt die Komponente mit ihren Ports sowie den Schnittstellen, die den Typ des Ports spezifizieren.

Die Ansteuerung der digitalen Ein- und Ausgänge wird in der Komponente *HACDigitalIO* implementiert. Die Aufgabe dieser Komponente ist die Kapselung des Zugriffs auf die digitalen I/O-Module über einen Treiber. Die Komponente bietet dazu das Facet `digIO` an, welches Methoden zum Zugriff auf die einzelnen digitalen Signale beinhaltet. In der Implementierung dieser Methoden wird der Treiber der digitalen I/O-Module angesteuert. Die Aufgabe der Komponente *HACAnalog* ist entsprechend die Ausgabe der analogen Steuersignale. Dazu bietet sie über das Facet analogOut Methoden zu deren Ansteuerung an. In der Implementierung dieser Methoden

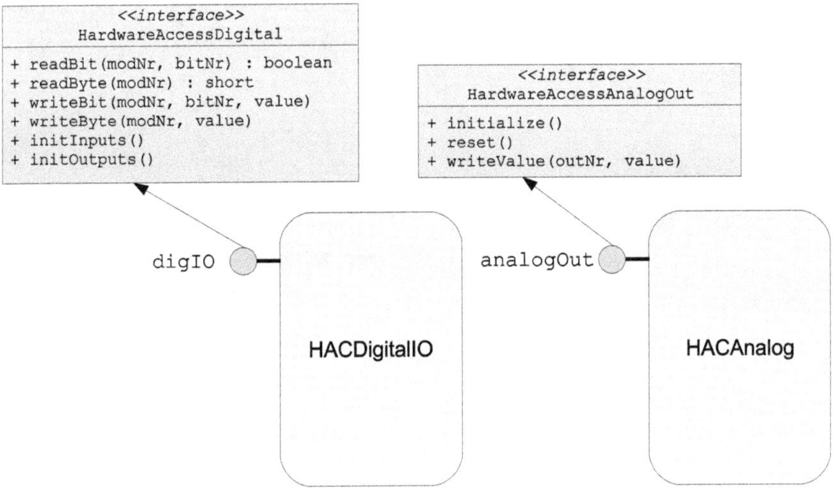

Abbildung 8.24: Ports und Schnittstellen der Komponenten HACDigitalIO und HACAnalog
Ports and interfaces of the components HACDigitalIO and HACAnalog

wird auf den Treiber des analogen I/O-Moduls zugegriffen. Das Prefix *HAC* steht für *Hardware Abstraction Component*. Abbildung 8.24 zeigt die beiden Komponenten zur Ansteuerung der elektronischen Hardware.

Abbildung 8.25 zeigt schließlich das ausführbare Gesamtsystem für die beispielhafte Steuerungsaufgabe. In diesem Beispiel ist es nicht notwendig, das Facet `axesIO` der Komponente PLCAC zu verbinden, da die Freigabe der Achsen durch Lösen der Bremsen direkt von der PLCAC-Komponente bei Aktivierung einer Achse durchgeführt wird. Somit ist es nicht notwendig, dass die Komponente SimpleAxisControl die Freigabe der aktiven Achse vor dem Verfahren bei der Komponente PLCAC beauftragt. Die beiden Komponenten zur Ansteuerung der I/O-Module initialisieren bereits in der Hochlaufmethode `ccm_activate` die Treiber und die I/O-Module. So sind sie zum Zeitpunkt des Aufrufs der Methode `ccm_start` einsatzbereit. Bei allen Komponenten wird als letzte Methode des Hochlaufs die Methode `ccm_start` aufgerufen. Die Komponente PLCAC startet darin die zyklische Abfrage der digitalen Eingänge. Somit werden ab diesem Zeitpunkt die Tasten des Bedienfeldes abgefragt. Die Komponente PLCAC steuert die Reaktion auf diese Tasten. Ist eine Achse aktiviert und die Plus- oder Minus-Taste wird gedrückt, so leitet sie einen entsprechenden Verfahrbefehl an die Komponente SimpleAxisControl weiter, indem sie die Methode `startAxisMovement` am Facet `axisControl` aufruft. Die Komponente SimpleAxisControl setzt daraufhin die Verfahrrichtung und das Flag zur Freigabe der Bewegung. Dieses wird in der zyklischen Schleife bemerkt und führt dazu, dass ein Geschwindigkeitswert ungleich Null über das Receptacle `analogOut` an die Komponente HACAnalog weitergegeben wird. Diese schreibt den Geschwindigkeitswert über den Treiber auf den entsprechenden analogen Signalausgang.

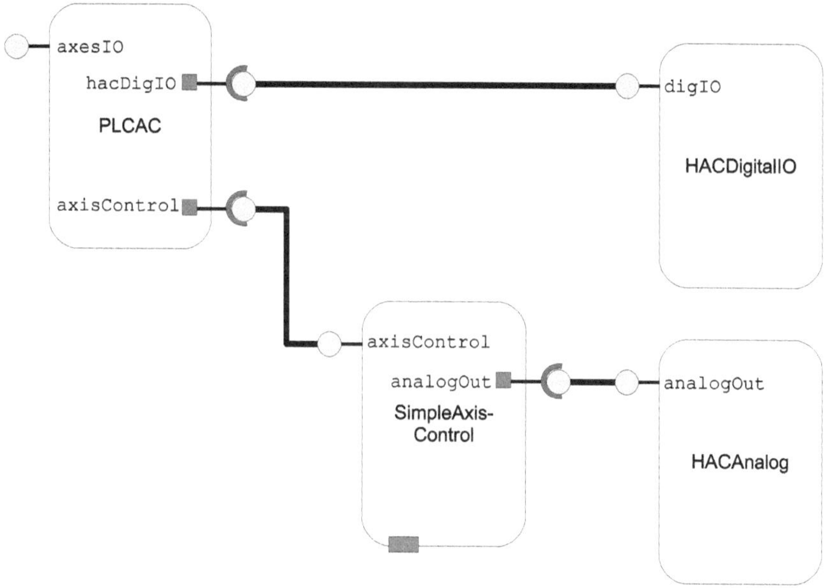

Abbildung 8.25: Komponentenarchitektur des beispielhaften Steuerungssystems

Component architecture of the control system example

In Abbildung 8.26 ist beispielhaft die Kommunikation zwischen den Komponenten beim Verfahren einer Achse dargestellt. Die Komponente PLCAC fragt nach dem Systemstart zyklisch die digitalen Eingänge ab, an denen das Bedienfeld angeschlossen ist. Der Druck des Maschinenbedieners auf die Taste **L** wird durch die Abfrage der digitalen Eingänge erkannt. Die Komponente HACDigitalIO liefert bei Abfrage des entsprechenden Eingangs an PLCAC den *gedrückt*-Status der Taste **L** zurück (1a und 1b). Die Komponente PLCAC interpretiert dies als Aufforderung zur Freigabe der Achse. Dazu ruft die Komponente PLCAC die eigene Methode `axisBrakeOff(...)` zum Lösen der Bremse der L-Achse auf (2). Diese Methode wiederum ruft an der Komponente HACDigitalIO die Methode `writeBit(...)` auf (3). Sie schaltet über den Treiber zur Ansteuerung der digitalen Ausgänge die Bremse der L-Achse aus. Der Status der digitalen Eingänge wird weiterhin zyklisch abgefragt. Dadurch wird das Drücken der Taste + erkannt (4a und 4b). Die Komponente PLCAC interpretiert den Status der Bits als Aufforderung die Achse L zu verfahren. Zunächst überprüft sie intern, ob die Achse bereits freigegeben wurde. Dann ruft sie an der Komponente SimpleAxisControl die Methode `startAxisMovement(...)` zum Verfahren der Achse auf (5). In ihr ist ein Lageregelkreis implementiert, der mit einer Zykluszeit von 2 ms die Methode `writeValue(...)` mit definierten Geschwindigkeitswerten als Parameter an der Komponente HACAnalog aufruft (6). Die Methodenimplementierung in der Komponente HACAnalog steuert über einen Treiber die analogen Ausgänge an, welche direkt Geschwindigkeitswerte an die Elektromotoren der Achsen weitergibt. Dadurch bewegt sich die Achse.

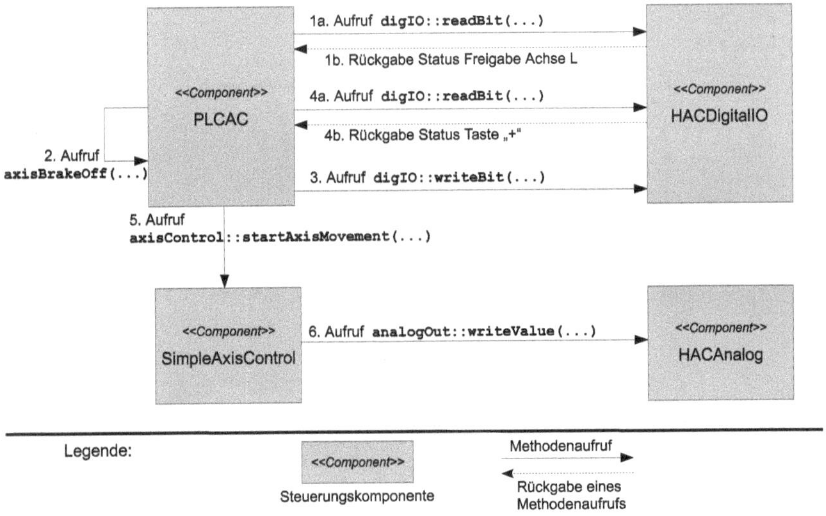

Abbildung 8.26: Ablaufdiagramm für die Ansteuerung einer Achse

Sequence diagram for the control of one axis

8.2.2 Aufsetzen der Systemplattform

Realisation of the System Platform

Das Aufsetzen der in Kapitel 6.2 entworfenen Systemplattform erforderte zunächst die Installation eines Linux-Betriebssystems auf der Zielplattform für das Steuerungssystem. Im Rahmen dieser Arbeit wurde die Linux-Distribution OpenSuSE in der Version 9.2 gewählt, die auch für den unerfahrenen Linux-Benutzer eine denkbar einfache Installation ermöglicht. Dabei wurden auch die Tools für die Entwicklung in C++, wie der GNU-C++-Compiler und das Übersetzungswerkzeug Make installiert. Weiterhin wurde die Version 0.4.5 der Implementierung des CORBA Component Models (CCM) CIAO gemäß beiliegender Installationsanleitung auf dem Zielsystem kompiliert und installiert. Um die Echtzeitfähigkeit der gewählten Linux-Version zu ermöglichen, wurde zusätzlich der RT-PREEMPT-Patch installiert [SCHW09]. Dazu wurde der bestehende Linux-Kernel der Distribution openSuSE durch den Kernel 2.6.26.8 ersetzt. Außerdem wurde der neue Kernel mit der Echtzeiterweiterung RT-PREEMPT in der Version 2.6.26.8-rt16 gepatched, neu kompiliert und installiert. Die digitalen und analogen Steuerungsmodule der Firma AUTOMATA sind bereits mehr als 10 Jahre alt und wurden ursprünglich auf Adapter-Steckkarten über einen VME-Bus mit einem Motorola-PowerPC verbunden. Die Ansteuerung der digitalen und analogen Ein- und Ausgänge erfolgte über eine im Rahmen des OCEAN-Projektes implementierte Steuerung, deren echtzeitfähiger Anteil für das Betriebssystem VxWorks implementiert und auf dem PowerPC ausgeführt wurde. Für die Realisierung im Rahmen dieser Arbeit wurden die AUTOMATA-Module auf eine entsprechende PCI-Bus-Karte der Firma Janz gesteckt. Da die Module über 10 Jahre alt sind und der alte Steckplatz-Standard (MODULbus) der Module von aktuellen PCI-Bus-Karten nicht unterstützt wird, wurden die eingesetzten Karten als Sonderanfertigung hergestellt, bei der die Steckleisten verkürzt wurden. Aktuell wird nur der MODULbus+-Standard unterstützt, der im Vergleich zum MODULbus längere Steckleisten verwendet. Zur Ansteuerung der Module über den PCI-Bus unter Linux wurde mit Hilfe der Dokumentation der AUTOMATA-Module sowie [CORB05] ein eigener Linux-Kernel-Treiber implementiert.

8.2.3 Validierung der Systemplattform

Validation of the System Platform

Die Validierung der Eignung des Betriebssystems Linux mit der Echtzeiterweiterung RT-PREEMPT für den Einsatz zur Steuerung von Werkzeugmaschinen ist u.a. von OSADL und anderen wissenschaftlichen und nicht-wissenschaftlichen Institutionen durchgeführt worden [SCHW09, OSAD09a, OSAD09a]. Einen Überblick über Test- und Benchmark-Methoden für Echtzeitbetriebssysteme gibt [EMBE09]. Das im Rahmen dieser Arbeit aufgesetzte System zeigte in Bezug auf das prioritätenbasierte Scheduling das erwartete Verhalten, sodass beispielsweise ein zyklischer Aufruf einer Funktion im 1-ms-Takt zu einem Jitter von maximal 60 μsec führte. Diese Messung wurde mit dem Benchmark-Tool `cyclictest` durchgeführt [SCHW09].

Die Validierung der Kommunikationsmechanismen von CORBA und insbesondere der CORBA-Implementierung TAO für die Realisierung von Steuerungssystemen wurde bereits im OCEAN-Projekt geleistet [OCEA02], [OCEA05a]. Da die im Rahmen dieser Arbeit verwendete CCM-Implementierung auf TAO basiert, ist dieser Aspekt validiert. Die CIAO-Implementierung induziert keinen Overhead in Bezug auf die Kommunikationsmechanismen, da die Komponenten-Kommunikationsmechanismen nicht zur Laufzeit berechnet werden, sondern offline als Source-Code, welcher die CORBA-Kommunikationsmechanismen nutzt, generiert werden.

Zur Validierung der Funktionsfähigkeit der einzelnen Komponentenmechanismen wurden einzelne Testsysteme aufgesetzt. Die Testsysteme bestehen aus zwei Komponenten und werden als ein System *(Assembly)* ausgeführt. Sie wurden ebenfalls mit DEDiCoS entwickelt. Die folgenden Tests wurden durchgeführt:

- ***Kommunikation über den Eventmechanismus:*** Der Event-Mechanismus wurde mit einem System bestehend aus zwei Komponenten überprüft. Eine Komponente hat über einen Event-Source-Port zyklisch (alle 5 Sekunden) ein Event, bestehend aus einem String sowie einer Zahl, verschickt. Die andere Komponente besaß einen Event-Sink-Port. Die Callback-Methode für diesen Port wurde so implementiert, dass der Text des empfangenen Events so oft auf dem Bildschirm ausgegeben wurde wie die Zahl, die ebenfalls als Teil des Events empfangen wurde. Im Systemerstellungsschritt wurden die Ports der beiden Komponenten miteinander verbunden.

- ***Client-Server Kommunikationsmechanismus:*** Das Client-Server-Kommunikationspattern wird im CCM über die Facet- und Receptacle-Ports realisiert. Zum Test dieses Kommunikationsmechnismus wurde ein System bestehend aus zwei Komponenten erstellt. Die eine Komponente stellt über den Facet-Port eine Methode namens `printText` bereit, die einen String als Übergabeparameter und einen ganzzahligen Wert (Integer) als

Rückgabewert besitzt. Die Implementierung dieser Methode wurde so realisiert, dass der als Parameter übergebene Text auf dem Bildschirm ausgegeben und als Rückgabewert der feste Zahlenwert 9876 zurückgegeben wird. In der Implementierung der Funktion `ccm_start` der anderen Komponente wird die Methode printText über den Receptacle-Port an der anderen Komponente aufgerufen, jeweils mit unterschiedlichen Textelementen als Übergabeparameter. Nach jedem Aufruf wird der Rückgabewert auf dem Bildschirm ausgegeben. Der Facet- und Receptacle-Port der Komponenten hat basieren jeweils auf der gleichen Schnittstelle und werden miteinander verbunden.

▷ ***Komponentenkonfiguration:*** Zum Test der Komponentenkonfiguration über den Attribut-Port einer Komponente wurden die beiden oben genannten Testkomponenten zum Test des Eventmechanismus so modifiziert, dass das Textelement und die Zahl, welche die Komponente mit dem Event-Source-Port als Event versendet, über die Attribute der Komponente gesetzt werden können. Die Konfigurationsdatei der Komponente wurde dann über den Systemerstellungsschritt modifiziert. Anschließend wurde das konfigurierte System ausgeführt.

▷ ***Austausch von Komponenten durch Systemkonfiguration:*** Während der Entwicklung der Testsysteme zur Validierung der Event- und Client-Server-Kommunikation wurden Komponenten durch Konfiguration des Systems durch andere oder weiterentwickelte Komponenten ausgetauscht.

▷ ***Erweiterter Hochlaufmechanismus:*** Zum Test des Hochlaufmechanismus wurden in jeweils zwei Komponenten alle Methoden, die im Rahmen des Systemhochlaufs nacheinander aufgerufen werden, so implementiert, dass sie den Namen der Komponente, den Namen der aufgerufenen Methode sowie die Systemzeit auf dem Bildschirm ausgeben. Die Systemzeit wird mit ausgegeben, da die Bildschirmausgabe eines Linux-Systems nicht echtzeitfähig ist und somit die Reihenfolge der Bildschirmausgabe nicht zwangsläufig Rückschlüsse auf die tatsächliche Reihenfolge des Methodenaufrufs zulässt.

Die Tests haben die erwarteten Ergebnisse gezeigt. Die Komponentenmechanismen sowie der Hochlaufmechanismus funktionieren wie spezifiziert. Die Durchführung der Tests hat somit gezeigt, dass die in Kapitel 6 definierte Systemplattform entsprechend ihrer Spezifikation funktioniert und die an sie gestellten Anforderungen erfüllt.

8.2.4 Validierung der Entwicklungsumgebung DEDiCoS

Validation of the Development Environment DEDiCoS

Zur Validierung der komponentenbasierten Entwicklungsumgebung DEDiCoS wurden das in Kapitel 8.2.1 vorgestellte beispielhafte Steuerungssystem sowie auch die Testsysteme aus Kapitel 8.2.3 mit Hilfe von DEDiCoS entwickelt. Die Erstellung eines Systems bestehend aus mehreren untereinander kommunizierenden Komponenten ist im Vergleich zur manuellen Erstellung eines solchen Systems auf Basis des *CORBA Component Models (CCM)* um ein vielfaches einfacher und schneller.

Erforderte die manuelle, nicht-unterstützte Entwicklung eines Beispielsystems bestehend aus zwei Komponenten (vergleichbar mit der Komplexität der Testsysteme) zu Beginn der Arbeiten noch ca. 4-5 Manntage (MT), so konnte der Aufwand mit Hilfe von DEDiCoS auf ca. 4 Stunden reduziert werden. Der Hauptanteil der Zeitersparnis liegt darin begründet, dass die manuelle Erstellung der XML-Konfigurationsdateien für CIAO sehr fehleranfällig ist. Die Auffinden von Fehlern war zeitaufwendig, da die Tools nur selten Hinweise auf die konkreten Fehler gaben. Das Auffinden der Fehler in den Konfigurationsdateien bei der manuellen Entwicklung kann mit ca. 2-3 MT Arbeitsaufwand bemessen werden. Das manuelle Erstellen von Skripten und Anpassen von Makefiles zum Übersetzen des gesamten Source-Codes muss ebenfalls mit ca. einem MT bemessen werden. Dabei muss berücksichtigt werden, dass bei der manuellen Erstellung schon große Erfahrung im Umgang mit CORBA vorhanden war. Die eigentliche Implementierung der Logik wurde stark vereinfacht, da das manuelle Einbetten des eigens entwickelten Source-Codes ebenfalls fehleranfällig war. Auch hier hat das vorhandene Entwicklungs-Know-How in Bezug auf CORBA das Auffinden von Fehlern vereinfacht. Mit Hilfe der Entwicklungsumgebung DEDiCoS konnten auch die Fehler beim Einbetten des eigens entwickelten Source-Codes vollständig beseitigt werden.

Das Erstellen eines größeren Steuerungssystems bestehend aus vier Komponenten wurde bereits zu Beginn der Arbeiten begonnen, aber nach ca. 15 MT abgebrochen, da die wechselseitigen Abhängigkeiten zwischen den Software-Bibliotheken für Schnittstellen und Komponenten sowie den Skripten und Makefiles zum Übersetzen so komplex waren, dass sie bei manueller Entwicklung mit angemessenen Aufwand nicht zu beherrschen waren. Die Änderung eines Namens in einer Schnittstellenbeschreibung führte zu zeitaufwendigen Anpassungen in vielen Konfigurationsdateien und Skripten. Nach 15 MT waren drei der vier Komponenten in einem System zusammen lauffähig. Für eine erfolgreiche Integration einer vierten Komponente wurden weitere 10 MT geschätzt. Das zeigt den Anstieg der Entwicklungskomplexität in Abhängigkeit von der Anzahl der Komponenten bei der manuellen Erstellung eines komponentenbasierten Steuerungssystems. Bei der Entwicklung des beispielhaften Steuerungssystems aus Kapitel 8.2.1 konnte beobachtet werden, dass die Komplexität nicht in dem Maße mit Anzahl der Komponenten zunahm, sondern ungefähr konstant blieb. Die Entwicklung der Beispielanwendung nahm ca. 4 MT in Anspruch.

Die Spezifikation der Schnittstellen der Ports sowie der Komponenten mit Hilfe des *Interface Design Editors* sowie des *Component Design Editors* hat einen großen Vorteil gebracht, da durch die vollständige Generierung aller notwendiger Dateien für diese Schritte kein Fehler entstehen konnte, der zu einem Abbruch der Übersetzung hätte führen können. Der Übersetzungsvorgang war jedes Mal erfolgreich. Die Implementierung der funktionalen Logik der Komponente mit Hilfe des *Implementation Assistant Editors* hat sich ebenfalls bewährt. Inbesondere die Code-Snippets konnten erfolgreich für das Erstellen der zyklischen Schleifen und das Parametrieren der Echtzeiteigenschaften in den Komponenten SimpleAxisControl und PLCAC angewendet werden. Für die Realisierung der Kommunikation durch Verwendung des Receptacle-Ports konnte ebenfalls erfolgreich auf den Snippet-Generator zurückgegriffen werden. Dadurch entstand in den generierten Code-Segmenten kein Programmierfehler, und es konnte kein wichtiger Bestandteil des Code-Segments vergessen werden. Der *Assembly Design Editor* ermöglichte das einfache Zusammensetzen des Gesamtsystems aus den Komponenten. Schon während der Entwicklung konnten Zwischenstände des Gesamtsystems erstellt werden, bei denen nur zwei Komponenten beteiligt waren. So konnte schnell und unkompliziert die Interaktion zweier Komponenten sowie die korrekte Funktionsweise der Implementierung einer Komponente verifiziert werden.

8.2.5 Validierung des komponentenbasierten Entwicklungsprozesses für Steuerungssysteme

Validation of the component-based Development Process for Control Systems

Bei der Entwicklung der Beispielanwendung sowie der Testsysteme hat sich der komponentenbasierte Entwicklungsprozess für Steuerungssysteme bewährt. Das Vorgehen ist an das V-Modell angelehnt und erzwingt den Design-Schritt vor der eigentlichen Implementierung. Durch Iterationen, in denen einige Design-Schritte bei Bedarf neu durchlaufen werden können, sind aber auch Änderungen des Designs unproblematisch. Durch die Einbettung der unterstützenden Prozesse wie Dokumentation und Konfigurationsmanagement in die Entwicklungsumgebung und somit in die Werkzeuge zur Unterstützung bei den Kernprozessen wird der Overhead für die Bearbeitung der unterstützenden Prozessschritte größtmöglich reduziert. Die Validierung erfolgte in einem zweiköpfigen Entwicklungsteam. Die grundlegende Entwicklungsaufgabe war zwar repräsentativ, allerdings nicht dem üblichen Umfang und Größe des Entwicklungsteams entsprechend. Auch die Rahmenbedingungen einer industriellen Produktentwicklung waren nicht gegeben, da die Beispielanwendung im Rahmen dieser Arbeit nur Prototypencharakter besitzt und die Qualitätsansprüche wesentlich geringer waren als bei einer Produktentwicklung einer Firma. Der grundlegende Gedanke des komponentenbasierten Entwicklungsprozesses konnte jedoch anhand des Beispiels positiv validiert werden.

8.2.6 Validierung der Beispielanwendung

Validation of the Application Example

Das beispielhafte Steuerungssystem aus Abbildung 8.25 konnte erfolgreich in der Praxis validiert werden. Es erfüllte die in Kapitel 8.2.1 gestellten Anforderungen. Damit zeigt sich, dass mit Hilfe des komponentenbasierten Entwicklungsansatzes in der Praxis tatsächlich Steuerungssysteme entwickelt werden können, die auch harte Echtzeitanforderungen erfüllen. Voraussetzung dafür ist ein Echtzeitbetriebssystem sowie die richtige Konfiguration der echtzeitfähigen Prozesse und Threads. Die Konfiguration der Parameter für die echtzeitkritischen Prozesse und Threads muss von Hand mit viel Erfahrung durchgeführt werden. Als Hilfestellung zur Ermittlung der richtigen Parameter können Werkzeuge wie das in Kapitel 8.2.3 erwähnte `cyclictest` verwendet werden. Somit konnte abschließend die in dieser Arbeit entwickelte Systemplattform als Basis für NC-Steuerungssysteme erfolgreich validiert werden.

Entwicklungsaufwand	zugrundeliegendes Entwicklungsprinzip: manuelle, komponentenbasierte Entwicklung mit dem CCM	werkzeuggestützte, komponentenbasierte Entwicklung mit dem CCM	manuelles, Distributed Object Computing (DOC)	optimierte, objekt-orientierte Entwicklung	einfache, objekt-orientierte Entwicklung
Initialer Entwicklungsaufwand	++	+	++	o	+
Änderungsaufwand	+	-	++	o	+
Fehleranfälligkeit	++	--	o	o	+

++ = sehr hoch; + = hoch; o = normal; - = gering; -- = sehr gering

Abbildung 8.27: Grobe Abschätzung des Entwicklungsaufwands nach dem zugrundeliegenden Entwicklungsprinzip

Rough estimation of the development effort according to the underlying development principle

8.2.7 Fazit

Conclusion

Die komponentenbasierte Entwicklung von Steuerungssystemen ist möglich und sinnvoll. Sowohl der zugrundeliegende Entwicklungsprozess als auch die komponentenbasierte Systemplattform konnten erfolgreich eingesetzt werden. Notwendige Voraussetzung dafür sind allerdings unterstützende Werkzeuge, da die manuelle Entwicklung komponentenbasierter Steuerungssysteme auf Basis des CCM fehleranfällig und dadurch zeitaufwendig ist. Die im Rahmen dieser Arbeit realisierte komponentenbasierte Entwicklungsumgebung für Steuerungssysteme DEDiCoS kombiniert unterstützende Werkzeuge für jeden Schritt des komponentenbasierten Entwicklungsprozesses und integriert zusätzlich Werkzeuge für die Handhabung von Unterstützungsprozessen, wie Dokumentation und Konfigurationsverwaltung. Durch Nutzung dieser Entwicklungsumgebung kann die Entwicklungszeit eines komponentenbasierten Steuerungssystems im Vergleich zur manuellen Entwicklung drastisch gesenkt werden (vgl. Kapitel 8.2.4).

In Abbildung 8.27 wird in einer groben Abschätzung der Aufwand der komponentenbasierten Entwicklung mit bisher in der Steuerungstechnik etablierten Entwicklungstechniken verglichen. Der initiale Entwicklungsaufwand zur Erstellung einer komponentenbasierten Steuerungslösung ist dabei höher als bei einem rein objekt-orientierten Ansatz. Dieser Mehraufwand beruht auf der Entkopplung der Steuerungsfunktionalität bei der Partitionierung in Komponenten. Der Änderungsaufwand, zum Beispiel bei Austausch von bestehenden Komponenten oder Erweiterung durch zusätzliche Komponenten, ist bei der werkzeuggestützten, komponentenbasierten Entwicklung am effizientesten, da genau für diesen Anwendungsfall die Konfigurationsmechanismen des Komponentenmodells konzipiert wurden. Ohne Unterstützung durch geeignete Software-Werkzeuge ist der manuelle Konfigurationsaufwand aber genauso hoch wie bei den rein objekt-orientierten Ansätzen. In Bezug auf die Fehleranfälligkeit bildet die manuelle, komponentenbasierte Entwicklung das Schlusslicht. Die manuelle Erstellung von allen notwendigen Konfigurationsdateien und dazu passendem Source-Code ist fehleranfällig und für das schnelle Auffinden der Fehler gibt es keine ausreichende Unterstützung. Wird die Erstellung dieser Konfigurationsdateien und der entsprechenden Stellen im Source-Code allerdings durch Code-Generatoren, wie in dieser Arbeit geschehen, komplett automatisiert, so kann die Konfiguration der Komponenten und des Gesamtsystems als Fehlerquelle komplett ausgeschlossen werden. Insgesamt zeigt sich, dass der Entwicklungsaufwand mit einem werkzeuggestützten, komponentenbasierten Entwicklungsprozess geringer ist als beim *Distributed Object Computing (DOC)* (siehe Kapitel 2.2.2). Das liegt daran, dass das CCM u.a. als Vereinfachung zur Nutzung von CORBA entwickelt wurde. Durch optimale Werkzeugunterstützung kann der höhere Konfigurationsaufwand bei der Verwendung des CCM stark vereinfacht werden. Wenn die unterstützenden Werkzeuge zusätzlich die Übersetzung des generierten Source-Codes automatisieren, so liegt der Entwicklungsaufwand deutlich unter dem des manuell implementierten DOC. Im Vergleich zu einem optimierten, objekt-orientierten Entwicklungsansatz ist der Aufwand der komponentenbasierten Entwicklung höher. Optimiert bedeutet in diesem Zusammenhang, dass zum einen Codierrichtlinien existieren, die eine verteilte Entwicklung der Software in einem großen Team ermöglichen. Zum anderen erfolgt das Übersetzen des Source-Codes automatisiert. Existieren keine klaren Richtlinien zur gemeinsamen Entwicklung, so kann der komponentenbasierte Ansatz in Bezug auf den Aufwand sogar effizienter sein, da durch die Komponentenstruktur implizit klare Regeln für die Zusammenarbeit der Komponenten zur Laufzeit existieren, wobei auch der inhaltlich und

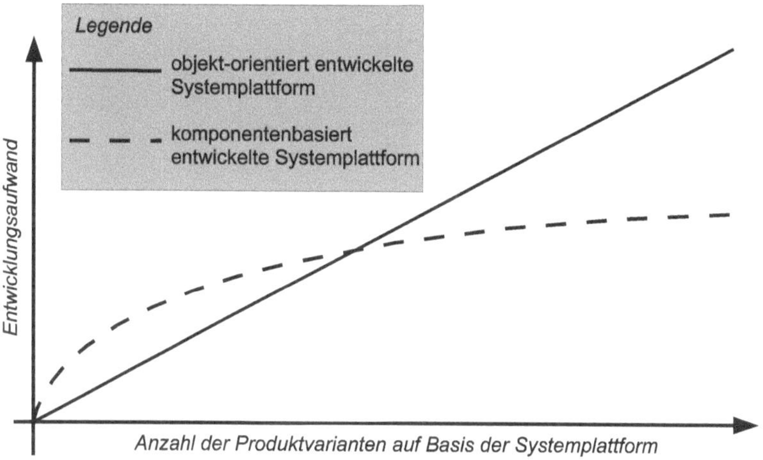

Abbildung 8.28: Gesamtentwicklungsaufwand für Produkte auf Basis einer Systemplattform
Development effort for products based on a system plattform

funktionale Verantwortungsbereich einer jeden Komponente von Beginn an klar definiert sein muss.

Der im Vergleich zur objekt-orientierten Entwicklung höhere Entwicklungsaufwand rechtfertigt sich durch eine bessere Skalier- und Konfigurierbarkeit eines komponentenbasiert entwickelten Systems, was sich in geringeren Aufwänden bei der Änderung eines bestehenden Systems z.B. durch Hinzufügen oder Austauschen von Komponenten äußert (siehe Abbildung 8.27). Sobald mehrere Produkte entwickelt werden, die alle auf Basis eines grundlegenden Systems funktionieren, so können beim komponentenbasierten Ansatz durch Konfiguration und Skalierung Synergien bei der Entwicklung neuer Produkte einfacher genutzt werden. Dadurch wird die komponentenbasierte Entwicklung unter Betrachtung des Gesamtentwicklungsaufwandes bei steigender Anzahl von Produktvarianten, die auf einer komponentenbasierten Systemplattform basieren, ab einem bestimmten Punkt effizienter als die objekt-orientierte Entwicklung. Abbildung 8.28 veranschaulicht diese Aussage. Die Diagramme in diesem Kapitel sind in dieser Hinsicht qualitativ zu verstehen. Eine konkrete Entscheidung zum Einsatz der komponentenbasierten Entwicklung im Bereich der Entwicklung von Steuerungssystemen hängt u.a. auch von den Fähigkeiten der Mitarbeiter, von der Anzahl der Produktvarianten, von der Größe des Entwicklungsteams sowie von der Struktur der bisherigen Produktimplementierungen ab.

9 Zusammenfassung und Ausblick

Conclusion and Outlook

9.1 Zusammenfassung

Conclusion

Im Rahmen der vorliegenden Arbeit wurde der komponentenbasierte Entwicklungsansatz für die effiziente Entwicklung von NC-Steuerungssystemen erschlossen. Dazu wurden eine Systemplattform sowie Methoden und Werkzeuge zur komponentenbasierten Entwicklung von NC-Steuerungssystemem unter Berücksichtigung der speziellen Anforderungen der Steuerungstechnik erarbeitet. Die Analyse des Standes der Technik zeigte, dass der in der Softwaretechnik bereits etablierte Ansatz bereits im Bereich der Automobilelektronik zur Entwicklung von echtzeitkritischer Software genutzt wird. Dagegen sind im Bereich der Steuerungstechnik objektorientierte Ansätze und nur teilweise *Distributed Object Computing (DOC)* Ansätze etabliert. NC-Steuerungssysteme wurden bisher nicht komponentenbasiert entwickelt. Die Untersuchung von Ergebnissen früherer Forschungsprojekte zeigte, dass eine definierte Vorgehensweise sowie eine systematische Werkzeugunterstützung für den erfolgreichen Einsatz der komponentenbasierten Entwicklung im Bereich der Steuerungstechnik für Werkzeugmaschinen erforderlich ist. Nach einer umfassenden Analyse der Anforderungen für die Entwicklung von Steuerungssystemen für Werkzeugmaschinen wurde ein Konzept erstellt, welches die effiziente, komponentenbasierte Entwicklung von NC-Steuerungssystemen ermöglicht. Die Umsetzung des Konzeptes erforderte die Definition einer komponentenbasierten Systemplattform als Basis für die zu entwickelnden Steuerungssysteme. Die Systemplattform stellt das Betriebssystem und die Kommunikations-Middleware für die Steuerungssysteme bereit. Als Basis für die Systemplattform dient ein Linux-Betriebssystem, welches durch eine Erweiterung der OSADL-Genossenschaft auch harte Echtzeitanforderungen für Anwendungen im Bereich der Steuerungstechnik erfüllt. Auf dieses Betriebssystem wurde CIAO, eine Implementierung des etablierten Komponentenstandards CCM, aufgesetzt. Unter Berücksichtigung der Anforderungen für die Steuerungsentwicklung wurden die geeigneten und relevanten Mechanismen und Funktionen von CIAO identifiziert und ihre Verwendung spezifiziert. Damit wurde eine Systemplattform für komponentenbasierte Steuerungssysteme entwickelt, welche auf einem echtzeitfähigen Open Source Betriebssystem beruht und von einer Vereinigung von Steuerungsherstellern und Forschern aus dem Bereich der Steuerungstechnik, der OSADL-Genossenschaft, weiterentwickelt wird. Weiterhin bietet OSADL die Zertifizierung und damit die Absicherung der Basisplattform, bestehend aus Betriebssystem, Treibern und Rechnerhardware, als Dienstleistung an. Dies ist insbesondere für die KMU unter den Steuerungsherstellern eine interessante Option, da sie dadurch ihre Entwicklungskapazitäten auf die eigenen Kernkompetenzen im Bereich der Steuerungstechnik konzentrieren können.

Weiterhin wurde in dieser Arbeit ein komponentenbasierter Entwicklungsprozess hergeleitet, der den Anforderungen der Steuerungstechnik gerecht wird und die Entwicklung auf Basis der komponentenbasierten Systemplattform führt. Für jeden Prozessschritt des komponentenbasierten Entwicklungsprozesses wurde detailliert ausgearbeitet, wie der Entwickler in diesem Schritt optimal unterstützt werden kann. Weitere unterstützende Maßnahmen beinhalten die automatische Generierung von Source-Code und Konfigurationsdateien sowie die automatisierte Übersetzung des Source-Codes zu ausführbaren Softwarebibliotheken. Zur Unterstützung des Entwicklers bei der Implementierung wurden Code-Snippets für typische Programmieraufgaben, die bei der Entwicklung von echtzeitfähigen Steuerungssystemen entstehen, sowie auch Code-Snippets für die Realisierung der Kommunikation zwischen den Komponenten, erstellt. Um eine möglichst starke Bindung zwischen den unterstützenden Maßnahmen und dem Entwicklungsprozess zu schaffen, sieht das Konzept eine Integration aller Maßnahmen und Konzepte in eine integrierte Entwicklungsumgebung vor.

Die praktische Realisierung der unterstützenden Maßnahmen und Konzepte führte zu der integrierten Entwicklungsumgebung für komponentenbasierte Steuerungssysteme DEDiCoS. Diese wurde als Plug-In für Eclipse entwickelt. Eclipse stellt eine Basisplattform für Entwicklungsumgebungen dar. Das Plug-In beinhaltet speziell für die komponentenbasierte Entwicklung realisierte Editoren und Code-Generatoren. Mit den Editoren lassen sich Instanzen eines Modells erstellen, welches die Elemente des Komponentenmodells CCM in Java nachbildet. Diese Modellinstanzen werden dann für die Code-Generierung und automatisierte Übersetzung verwendet. Weiterhin wurden exisitierende Plug-Ins integriert, um so auch entwicklungsbegleitende Prozessschritte wie Dokumentation und Konfigurationsverwaltung mit dem komponentenbasierten Entwicklungsprozess zu kombinieren.

Abschließend wurden die Systemplattform, der komponentenbasierte Entwicklungsprozess und die integrierte Entwicklungsumgebung DEDiCoS durch verschiedene Testsysteme sowie eine für die Steuerungstechnik typische Beispielanwendung positiv validiert. Mit der Beispielanwendung wurde ein einfaches Steuerungssystem entwickelt, welches die manuelle Steuerung der Achsen einer realen Modellmaschine erlaubt. Das Steuerungssystem wurde aus vier Komponenten zusammengesetzt. Sowohl das Design und die Implementierung jeder einzelnen Komponente als auch das Erstellen und Konfigurieren des Gesamtsystems wurden mit DEDiCoS durchgeführt. Zur Ansteuerung der Achsen mussten harte Echtzeitanforderungen erfüllt werden. Zur Abfrage und Ansteuerung der digitalen Ein- und Ausgänge wurde eine Software-PLC statisch implementiert. Verglichen mit vorherigen Entwicklungsversuchen hat sich gezeigt, dass die komponentenbasierte Entwicklung durch Werkzeugunterstützung sehr effizient ist und dass kein tiefgehendes Know-How zur Anwendung der Komponenten-Middleware notwendig ist. So wird abschließend festgestellt, dass die komponentenbasierte Entwicklung eine Chance für die Steueurngsentwicklung bietet, um die steigende Komplexität (Variantenvielfalt, Konfigurationsmöglichkeiten, Skalierbarkeit) zu beherrschen.

9.2 Ausblick

Outlook

Die komponentenbasierte Entwicklung auf Basis des CCM kann zur Steigerung der Effizienz bei der Entwicklung von Steuerungssystemen eingesetzt werden. Die erfolgreiche Nutzung erfordert jedoch eine Anpassung des gesamten Entwicklungsprozesses sowie der unterstützenden Werkzeuge. Der in dieser Arbeit vorgestellte Ansatz bietet die Möglichkeit, auch in anderen Prozessgebieten, wie z.B. dem Komponenten- und Systemtest die Effizienz zu steigern. Dazu könnten entsprechende Software-Werkzeuge entwickelt und in die komponentenbasierte Entwicklungsumgebung integriert werden. Der in Kapitel 8.1.4 realisierte und Abbildung 8.17 dargestellte Editor zur Unterstützung bei systematischen Komponententests ist ein Beispiel dafür.

Der Aufwand der Portierung von bestehendem Source-Code eines Steuerungssystems auf die komponentenbasierte Systemplattform ist abhängig von der aktuellen Softwarearchitektur. Basiert die aktuelle Softwarearchitektur auf einem objekt-orientierten Ansatz und besitzt bereits klare Strukturen mit definierten Schnittstellen, dann ist der Aufwand zur Portierung des Source-Codes in ein komponentenbasiertes System voraussichtlich gering. Zu beachten sind allerdings die Konzepte zur Ablaufsteuerung. Für den komponentenbasierten Ansatz mit dem definierten Hochlaufsystem ist möglicherweise eine Anpassung der Ablaufsteuerung notwendig, die auch die Neuimplementierung einiger Aspekte des Steuerungssystems erfordern kann. Die im Rahmen dieser Arbeit entwickelte Lösung muss für den produktiven Einsatz in einem industriellen Unternehmen noch angepasst werden. Da die Zielplattform von der im Rahmen dieser Arbeit gewählten Zielplattform abweichen kann, müssen entweder die Code-Generatoren für die Zielplattform angepasst werden, oder ein Mechanismus zur Unterstützung mehrerer Zielplattformen wird eingeführt. Eine weitere mögliche Erweiterung zur Verbesserung des Entwicklungsprozesses ist ein Editor, welcher die Verteilung der Komponenten auf mehrere Zielplattformen erlaubt, sodass das resultierende Steuerungssystem als verteiltes System läuft. Im Rahmen dieser Arbeit konnte ein solcher Editor nicht entwickelt werden, da die gewählte Version des Komponentenmodells den Mechanismus zur Verteilung der Komponenten noch nicht bereitstellte.

Eine weitere Steigerung der Effizienz durch einen weiteren Abstraktionsschritt in der Entwicklung, zum Beispiel durch modellbasierte Entwicklung, ist kurz- bis mittelfristig im Bereich der Entwicklung von NC-Steuerungen nicht zu erwarten. Zum einen ist noch kein modellbasierter Ansatz bekannt, mit welchem große, echtzeitfähige und verteilte Steuerungssysteme, die nicht nur durch Signalfluss beschreibbar sind, vollständig modelliert werden können. Zum anderen erscheint der modellbasierte Ansatz fraglich, da bei Echtzeitsystemen und auch insbesondere NC-Steuerungssystemen durch Code-Optimierung die Performance stark gesteigert und somit die HW-Kosten gesenkt werden können. Solche Optimierungen lassen sich nicht automatisch generieren. Eine manuelle Nachbearbeitung von Source-Code, der auf Basis eines Modells generiert wird, würde zu hohen Aufwänden bei Änderungen des Modells führen, da die Optimierungen jeweils manuell nachgeführt werden müssten. Ob sich ein modellbasierter Ansatz eventuell doch rechnen würde, ist allerdings auch eine Frage des Verhältnisses von Stückzahlkosten (eines Steuerungssystems inklusive Hardware) und Entwicklungskosten.

Conclusion

Within the scope of this thesis the component-based approach to an efficient development of numerical control systems has been made accessible. For this purpose a system platform as well as methods and tools for the component-based development of numerical control systems has been worked out, taking into account the special requirements of control engineering. The analysis of the state of the art has shown, that the established approach in software engineering is already being used in the field of automotive electronics for the development of real-time critical software. In control engineering however, object-oriented approaches and only partly Distributed Object Computing (DOC) are established. Numerical control systems have not been developed in a component-based way so far. Examining the results of former research work has shown, that a defined approach on the one hand as well as a systematic tool support on the other hand is necessary for the successful utilisation of component-based development in the field of control engineering for machine tools. After an extensive requirements analysis for the development of control systems for machine tools a concept has been worked out, which enables the efficient component-based development of numerical control systems. The realisation demanded the definition of a component-based system platform as basis for the numerical control systems to be developed. The system platform provides the according operating system as well as the communication middleware. An operating system based on Linux, which is able to fulfill even hard real-time requirements for utilisation in control engineering by the use of an extension provided by the OSADL association, functions as the basis of this control system. CIAO, the implementation of the established component standard CCM, has been set up upon this operating system. In regard to the requirements in control development the suitable and relevant mechanisms and functions of CIAO have been identified and specified for their utilisation. This way, a system platform for component-based control systems has been developed, which is based on a real-time open source operating system and is refined by a consortium of control manufacturers and researchers in the field of control engineering, the OSADL association. Furthermore, OSADL offers the certification and hence the release of the basis platform, consisting of operating system, drivers and computer hardware as a service. This is an interesting option especially for the SME among the control manufacturers, since they can concentrate their development capacities on their own core competences in the field of numerical control engineering.

Furthermore, a component-based development process has been affiliated which meets the requirements of control engineering and allows the development on the basis of the component-based system platform. For each process step of the component-based development process, it has been worked out explicitly, in which way the developer can be supported. Further supportive measurements include the automatic generation of source code and configuration files as well as the automatic compilation of the source code into executable software libraries. In order to support the developer in implementation, code snippets for typical programming tasks have been developed. These snippets emerge from the development of real-time control systems, as well as from the realisation of communication between the components. In order to forge close links between the supportive measures and the development process, the concept provides for an integration of all measures and concepts in an integrated development environment (IDE).

The practical realisation of the supportive measures and concepts has led to the integrated development environment for component-based control systems DEDiCoS, which has been developed as an Eclipse plug-in. Eclipse represents a basic platform for development environments. The plug-in includes editors and code generators, which have been realised especially for component-based development. By the means of the editors, instances of a model can be created, which are able to reproduce the elements of the component model CCM in Java. These instances of the model are then used for code generation and the automatic compilation. Furthermore, existing plug-ins have been integrated in order to combine the process steps accompanying the development, such as documentation and configuration administration, with the component-based development process.

Finally, the system platform, the component-based development process and the integrated development environment DEDiCoS have been positively validated by several test setups as well as the development of a typical example of application in numerical control engineering. Within this example of use a simple control system has been developed, which allows the manual control of the axes of a real model machine. The control system has been set up out of four software control components. The design, the implementation of every single component as well as the assembly and configuration of the complete system has been accomplished in DEDiCoS. The control of the axes had to meet hard real-time requirements. For the query and control of the digital inputs and outputs a software PLC has been implemented statically. In comparison to former development attempts, the tool-supported component-based development has proved itself as very efficient. It has also been demonstrated, that no profound knowledge of the component-middleware was necessary in order to realise the control system. Therefore, concluding it can be stated that component-based development holds chances for control development to handle the challenges of growing complexity (variant diversity, configurability, scalability).

Outlook

Component-based development on the basis of the CCM can be used for the enhancement of efficiency in developing numerical control systems. The successful utilisation however requires the adjustment of the entire development process as well as that of the supportive tools. The approach introduced in this thesis offers the possibility to also increase efficiency in other disciplines, e.g. component and system testing. Corresponding software tools could be developed and integrated into the component-based development environment. The editor for the support of systematic component testing realised in chapter 8.1.4 and visualised in Fig. 8.17 is an example for this.

The effort for porting existing source code of a numerical control system to the component-based system platform depends on the current software architecture. If it is already based on an object-oriented approach with clear structures and defined interfaces, the effort of porting the source code to a component-based system is likely to be low. However, the concepts of the control flow of the existing system have to be considered. For the component-based approach with a defined start-up system, the adjustment of the control flow may be necessary which itself may lead to the re-implementation of certain aspects of the control system. For the productive application in industrial enterprises the solution developed in this thesis has to be adjusted to the specific environment and requirements of the enterprise. As the target platform can differ from that chosen in this thesis, either the code generators have to be adjusted or a mechanism for the support of multiple target platforms has to be established. A further possible extension for the improvement of the development process is an editor allowing the distribution of components to multiple target platforms. That way, the resulting control system may run as a distributed system. Within the scope of this thesis such an editor could not be developed as the chosen version of the component model implementation did not provide the mechanisms for the distribution of components yet.

Further enhancement of efficiency by means of additional abstraction in development, e.g. by model-based development, is not to be expected in development of numerical controls on the short and medium term. On the one hand no model-based approach is known by which large real-time and possibly distributed control systems, that are not fully specifiable by signal flow, can be modeled completely. On the other hand the model-based approach seems questionable, because the performance of real-time systems and numerical control systems in particular could be highly increased by code optimisation which leads to a reduction of the costs for hardware. Such optimisations cannot be generated automatically yet. The manual post-editing of source code generated on the basis of a model would lead to high effort after changes to the model, as the optimisation would have to be updated manually. If a model-based approach could be profitable after all would also depend on the ratio of costs per unit (of a control system incl. hardware) and costs of development.

A Ergänzende Informationen

A.1 Rahmenwerk für Komponenten von CIAO

Component Framework of CIAO

Das CCM hat den Anspruch, ein universelles Komponentenmodell für die unterschiedlichsten Programmieraufgaben zu sein. Aus diesem Grund wurden Mechanismen und Abstraktionsebenen rund um die Komponente eingeführt, die einen vielfältigen Einsatz erlauben, für den Nutzer das Verständnis aber zunächst erschweren. Daher wird hier zwar auf die wesentlichen Aspekte des Frameworks eingegangen, allerdings wird nicht erklärt, für welche Anwendungsfälle eine derart komplexe Architektur notwendig ist.

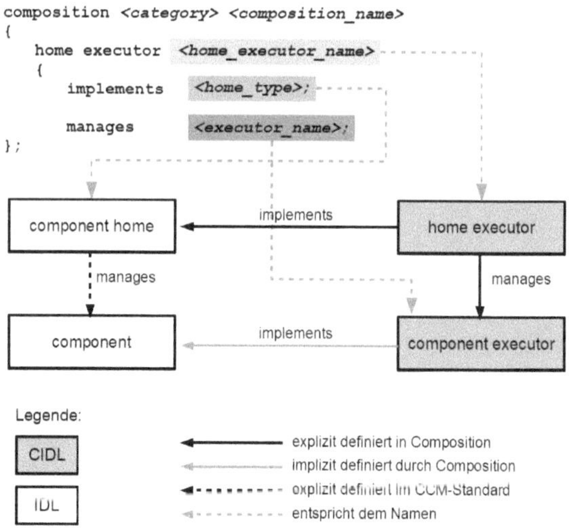

Abbildung A.1: Zusammenhang zwischen Component Home und Component Executor [SIEG00]

Relation between Component Home and Component Executor

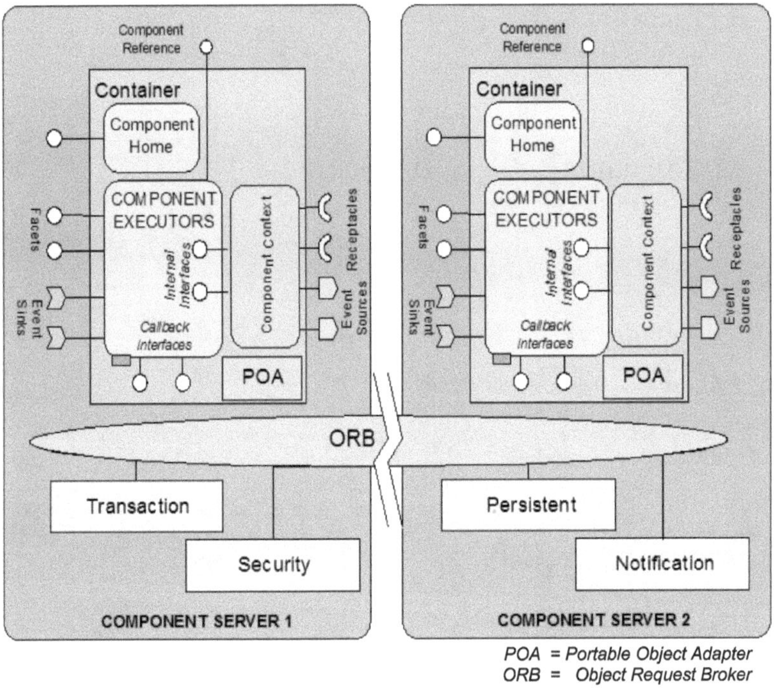

Abbildung A.2: Verschiedenene Aspekte einer Komponente zur Laufzeit gekapselt durch den Component Server [SCHM09b]

Different aspects of a component at run-time encapsulated by the Component Server

Für die Realisierung der unterschiedlichen Kategorien von Komponenten ist eine Ausführungsumgebung für eine Komponente notwendig. Ähnlich wie bei EJB (Java) wird diese Umgebung auch beim CCM *Container* genannt. Dieser Container stellt eine Abstraktion von den spezifischen Schnittstellen des Betriebssystems bereit, sodass die tatsächliche Komponentenimplementierung vom zugrundeliegenden Betriebssystem entkoppelt und somit unabhängig ist. Jeder Container ist genau für eine Komponente ausgelegt. Allerdings können in dem Container mehrere Instanzen einer Komponente erzeugt werden. Außerdem stellt der Container jeder Komponenteninstanz einen sogenannten *Component Context* zur Verfügung. Darüber kann die Komponenteninstanz Zugriff auf ihre Attribute, verbundene Receptacles und den Event-Mechanismus erhalten. Um vom Container über eingehende Methodenaufrufe und Events informiert zu werden, werden in der Realisierung der Komponente entsprechende Callback-Funktionen implementiert.

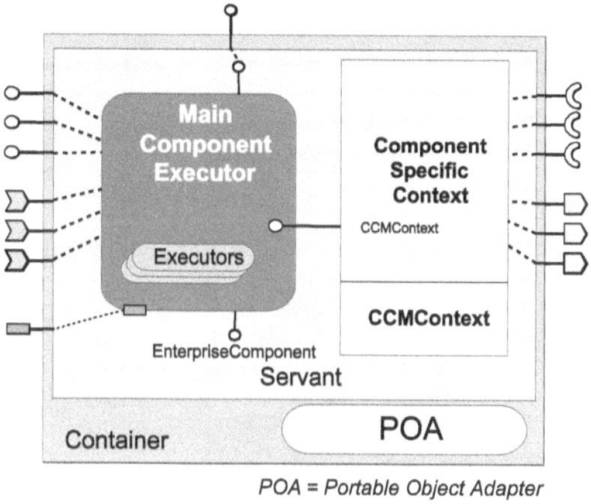

Abbildung A.3: Softwarearchitekturkonzept des *Servant* in CIAO [SCHM09b]
Software architecture concept of the Servant in CIAO

Für die Verwaltung einer Komponente innerhalb des Containers ist ein sogenanntes *Component Home* zuständig. Die tatsächliche Implementierung des abstrakten Typs Component Home wird *Home Executor* genannt. Dementsprechend heisst die konkrete Implementierung der Komponente *Component Executor*. Die Zusammenhänge und Benennungen der Komponententeile wird in einer CIDL-Datei *(Component Implementation Definition Language)* vorgenommen. Die Definition der generellen Schnittstellen von Komponente und Home ist in IDL-Schnittstellen-Dateien beschrieben, welche von der OMG bestimmt sind. Abbildung A.1 verdeutlicht diesen Zusammenhang. Über die standardisierte Home-Schnittstelle kann ein Client auf die Lifecycle-Management-Funktionen (*activate, deactivate, ...*) einer Komponente zugreifen. Der *POA (Portable Object Adapter)* ist ein CORBA-Konzept, welches die Trennung von Schnittstelle und Implementierung erlaubt. Er ist zuständig für die Abbildung eines Aufrufs einer Schnittstellenfunktion auf die konkrete Implementierung dieser Funktion im Component Executor. Auf dem Betriebssystem läuft sowohl der Container als auch der Component und Home Executor in einem Prozess ab. Dieser Prozess wird *Component Server* genannt. Auf einem Rechner können viele solcher Component Server ausgeführt werden, die alle über den CORBA ORB miteinander kommunizieren. Abbildung A.2 zeigt die Organisation der unterschiedlichen Komponentenaspekte zur Laufzeit.

Aus Sicht der Softwarearchitektur gibt es ein weiteres Abstraktionskonzept, den *Component Servant*. Damit wird die von CIAO automatisch generierte Klasse bezeichnet, welche den notwendigen Verbindugscode für die Integration des Executor-Codes in den Container bereitstellt. Der Executor-Code beinhaltet die vom Entwickler implementierte funktionale Logik. Der Container ist eine fest implementierte Klasse von CIAO, welche je nach gewählter Komponentenkategorie unterschiedliche Ausprägungen besitzt. In Abbildung A.3 wird das Konzept des Servants verdeutlicht.

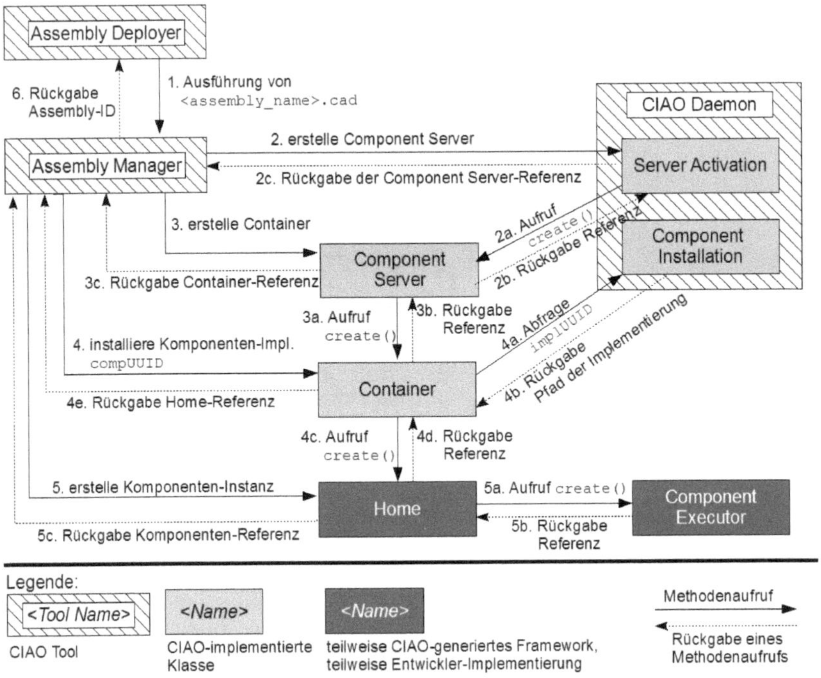

Abbildung A.4: Zusammenspiel der CIAO-Tools bei der Ausführung eines komponentenbasierten Systems [Schm09b]

Cooperation of the tools of CIAO during execution of a component-based system

A.2 Laufzeitumgebung von CIAO

Run-time Environment of CIAO

Zur Ausführung eines komponentenbasierten Systems besitzt CIAO einige Softwarewerkzeuge, die diese Aufgabe gemeinsam wahrnehmen. Dazu werden neben der Verwendung der CIAO-Werkzeuge auch Methoden der Klassen des Komponenten-Frameworks aufgerufen, welche Teil einer erstellten Komponente sind.

Die folgenden Softwarewerkzeuge von CIAO werden dabei verwendet:

- ▷ Das **Assembly Deployer**-Tool ist die Applikation, welche die Ausführung eines Systems kontrolliert. Es besitzt Funktionen zum Starten und Herunterfahren von komponentenbasierten Systemen. Über eine CORBA-Schnittstelle steuert es den *Assembly Manager*.

▷ Der **Assembly Manager** ist ein Hintergrundprozess zur Erstellung einer konkreten Assembly, welche ihm vom *Assembly Deployer* in Form eines Dateinamens - und pfads zum entsprechenden Component Assembly Descriptor (`*.cad`) überreicht wird. Der Assembly Manager analysiert den Component Assembly Descriptor, startet alle darin enthaltenen Komponenten in einem Component Server und erstellt im Anschluss daran die konfigurierten Verknüpfungen zwischen den Ports der Komponenten.

▷ Der **CIAO Daemon** implementiert zwei Schnittstellen der durch die OMG spezifizierten *CCM-Deployment*-Schnittstelle: das `ComponentInstallation`-Interface sowie das `ServerActivator`-Interface. Die Implementierung des ServerActivator-Interfaces ist zuständig für die initiale Erstellung sowie das Entfernen eines Component Servers. Die Aufgabe der ComponentInstallation-Implementierung ist die Verwaltung einer konkreten Komponentenimplementierung.

Abbildung A.4 zeigt das Zusammenspiel der oben beschriebenen Werkzeuge bei der Ausführung eines komponentenbasierten Systems mit CIAO. Der Assembly Deployer beauftragt den Assembly Manager mit der Erstellung des Systems, welches im Component Assembly Descriptor, den er ihm übergibt, spezifiziert ist. Der Assembly Manager fordert daraufhin vom CIAO Daemon einen neuen (bisher leeren) Component Server. Diesen Component Server beauftragt der Assembly Manager dann mit der Erstellung eines Containers. Der Container wird danach dazu aufgerufen, eine konkrete, im Component Assembly Descriptor spezifizierte, Komponente zu installieren. Mit Hilfe des CIAO Daemones wird ein Component Home erstellt und konfiguriert. Zum Schluss kann der Assembly Manager mit Hilfe des Component Home eine konkrete Komponenteninstanz erzeugen. Dieser Vorgang wird für alle im Component Assembly Descriptor spezifizierten Komponenten durchgeführt. Danach werden die Kommunikationsverbindungen zwischen den Komponenten erstellt und im Anschluss daran die Ausführung der Komponentenlogik angestoßen.

A.3 Komponentenbasierter Entwicklungsprozess von CIAO

Component-based Development Process of CIAO

Der komponentenbasierte Entwicklungsprozess mit CIAO lässt sich in sieben Phasen aufteilen. Abbildung A.5 zeigt schematisch diese verschiedenen Phasen sowie die dabei verwendeten Tools und die Dokumente, die generiert werden bzw. vom Entwickler manuell erstellt werden müssen in einem Flussdiagramm. Dabei beschäftigen sich die ersten vier Phasen mit der Entwicklung der spezifischen Komponenten, während sich die drei letzten Phasen mit der Entwicklung des Gesamtsystems befassen. Die einzelnen Phasen haben dabei die folgenden Aufgaben:

1. ***Interface Design***: In diesem Schritt werden die Inhalte der Schnittstellen definiert und spezifiziert. Diese Schnittstellen können später für die inhaltliche Definition der Komponenten-Ports verwendet werden. Eine Schnittstellendefinition kann Datentyp-, Attribut- und Methodendefinitionen beinhalten. Im Kontext von CIAO bedeutet dieser Schritt, dass der Entwickler die Schnittstellendefinitionen manuell in Form von IDL-Dateien anlegt.

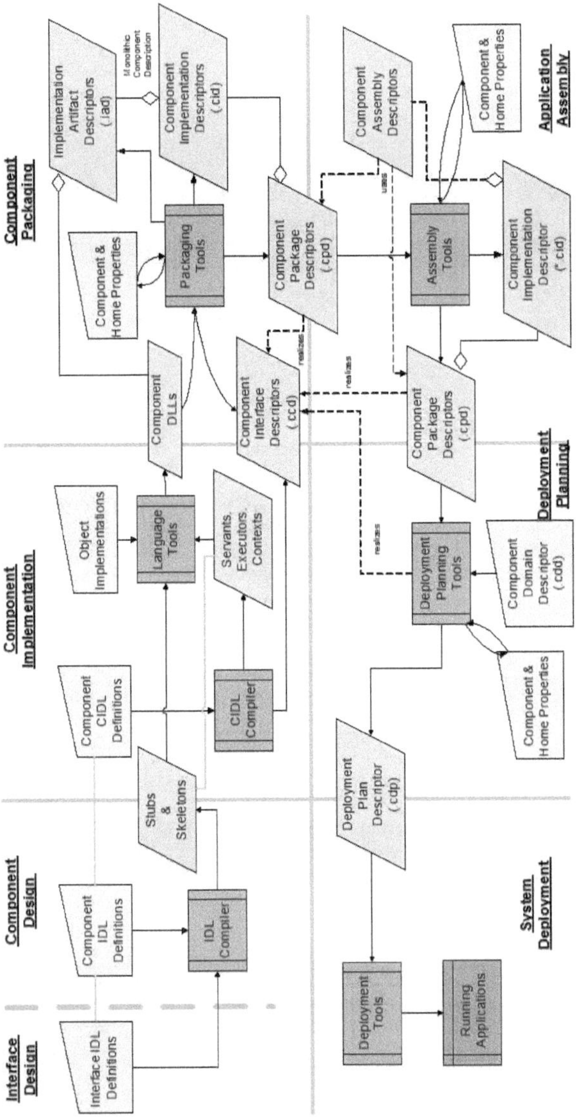

Abbildung A.5: Komponentenbasierter Entwicklungsprozess von CIAO [SCHM09b]

Component-based development process of CIAO

2. ***Component Design***: Die Komponente wird spezifiziert. Die Ports werden durch Benamung und Zuweisung eines Daten- oder Schnittstellentypen beschrieben. Die Schnittstellen, die dabei verwendet werden, müssen dazu im ersten Schritt (Interface Design) spezifiziert worden sein. Somit wird in diesem Schritt definiert, was die Komponente anderen Komponenten anbietet und welche Schnittstellen von anderen Komponenten bedient werden müssen. Die Beschreibung der Komponente erfolgt ebenfalls in IDL-Dateien und wird manuell vom Entwickler durchgeführt. Der IDL-Compiler erzeugt aus diesen Beschreibungen zusammen mit den Schnittstellenbeschreibungen aus dem ersten Schritt dann C++-Code (so genannte *Stubs* für die Client-Seite und *Skeletons* für die Server-Seite; siehe auch Kapitel 6.3.2 und Abbildung A.6).

3. ***Component Implementation***: In dieser Phase wird die Funktionalität der Komponente in der Zielsprache (hier: C++) implementiert. Außerdem wird in dieser Phase die CIDL-Beschreibung erstellt, welche die konkrete Implementierung und ihre Zusammensetzung (z.B. bezüglich Home, vgl. Kapitel 6.3.2, Abbildung A.1) sowie die Komponentenkategorie (Service, Session, ...) beschreibt. Diese CIDL-Beschreibung (*Component Implementation Definition Language*) wird ebenfalls vom Entwickler manuell erstellt und vom CIDL-Compiler verarbeitet, der dann daraus Komponenten-Servant-Code und das Executor-Code-Skelett in der Zielsprache (C++) generiert. In das Executor-Code-Skelett kann der Entwickler nun die funktionale Logik der Komponente in Form einer konkreten Implementierung einbetten. Abschließend wird der generierte und manuell erstellte Source-Code mit dem entsprechenden Sprachkompiler (z. B. C++) zusammen mit dem C++-Code aus Phase 2 in eine Komponentenbibliothek übersetzt. Weiterhin soll in dieser Phase eine Datei (`*.cpf`) mit Default-Werten für die Attribute der Komponente erstellt werden.

4. ***Component Packaging***: Die Komponente wird verpackt. Alle notwendigen Bibliotheken der Komponente werden zusammen in einem Archiv abgelegt. Ein solches Archiv enthält dabei immer genau eine Komponente. Es ist aber möglich, verschiedene Komponentenimplementierungen in einem Archiv zusammenzufassen. So lässt sich in einer späteren Phase die gewünschte Implementierung für die entsprechende Komponente auswählen.

5. ***System Assembly***: Das Gesamtsystem wird aus einzelnen Komponenten zusammengesetzt. Die notwendigen Verbindungen zwischen den Komponenten werden bestimmt, und die Komponenten werden konfiguriert. Anschließend wird das Gesamtsystem in einem Archiv zusammengefasst.

6. ***Deployment Planning***: Für jede Komponente des Gesamtsystems wird bestimmt, auf welcher der möglichen Zielplattformen sie ausgeführt werden soll. Dazu werden die Komponenten sowie das Gesamtsystem entsprechend für die Zielplattform konfiguriert.

7. ***System Deployment***: Das Gesamtsystem wird gemäß Deployment-Plan auf die Zielplattformen hochgeladen und installiert. Dabei werden die Komponenten sowie die Ausführungsumgebung ebenfalls gemäß der Deploymenteinstellungen konfiguriert. Das System ist nun lauffähig und ausführbar.

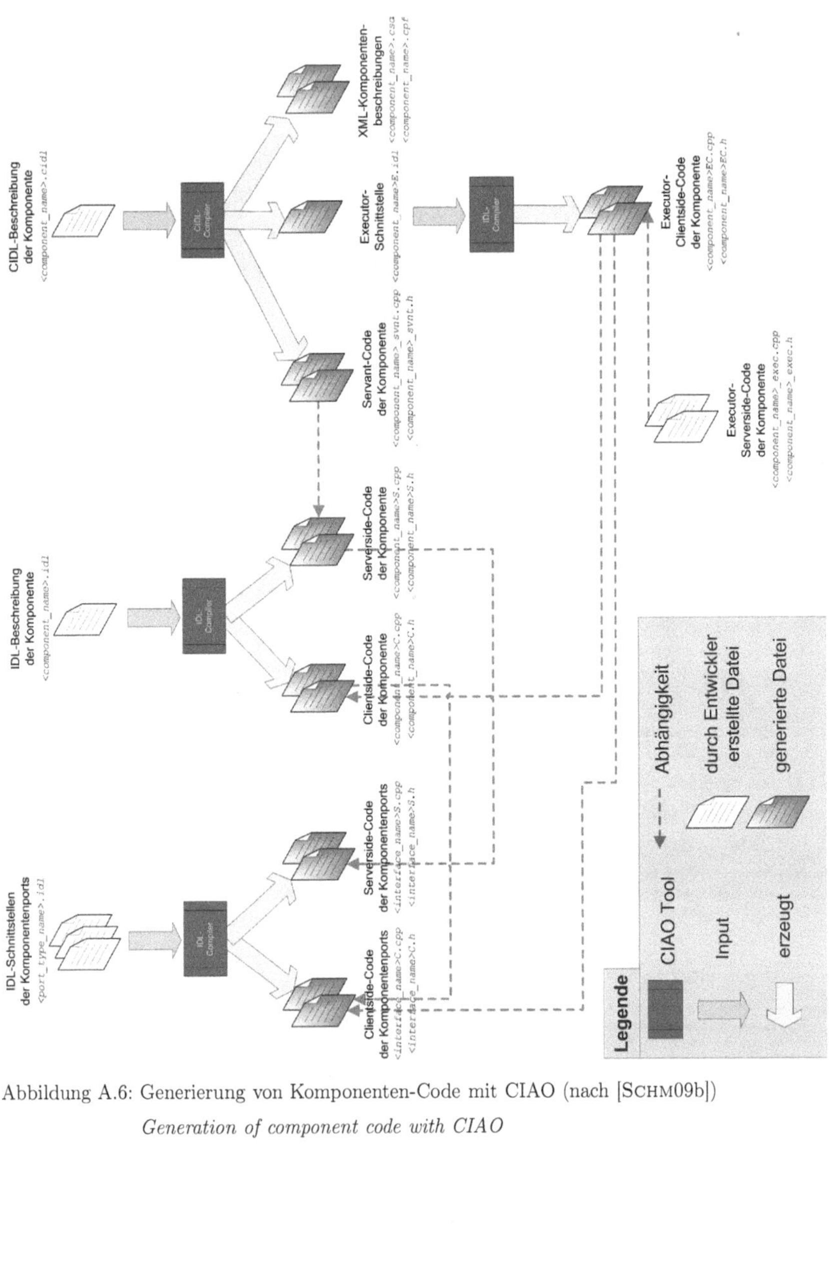

Abbildung A.6: Generierung von Komponenten-Code mit CIAO (nach [Schm09b])

Generation of component code with CIAO

A.4 Snippets für Echtzeitprogrammieraufgaben

Snippets for Real-Time Programming Tasks

Im Rahmen dieser Arbeit sind beispielhaft zwei Code-Snippets für die Echtzeitprogrammierung mit einem Linux-Betriebssystem mit der Echtzeiterweiterung RT-PREEMPT (siehe Kapitel 6.2) realisiert worden, welche bei der Entwicklung von Steuerungssystemen hilfreich sind. Weiterhin können die beiden Snippets auch miteinander kombiniert werden. Diese sollen dem Steuerungsentwickler ebenfalls durch das Werkzeug zur Unterstützung der Implementierung zur Verfügung gestellt werden. Abbildung A.7 zeigt beispielhaft ein Code-Snippet zur Realisierung eines echtzeitfähigen Threads. Da das Erstellen eines neuen Threads Erweiterungen in mehreren Dateien erfordert, stehen im Source-Code des Snippets Kommentare, die den Entwickler anweisen, an welche Stellen bzw. in welche Dateien die entstehenden Teile des Snippets eingefügt werden müssen.

Das zweite Snippet realisiert den zyklischen Durchlauf einer Schleife mit einer definierten Zykluszeit. Die Echtzeiterweiterung RT-PREEMPT für Linux bietet die Funktion `nanosleep(x,y)` an, welche die Berechnung der aktuellen Funktion für einen spezifizierten Zeitraum mit einer zeitlichen Auflösung im Nanosekundenbereich aussetzt. Mit Hilfe der entsprechend genauen Zeitmessfunktionen lassen sich so zyklische Aufrufe von bestimmter Funktionalität unabhängig von der eigenen Ausführungszeit dieser Funktionalität realisieren. Ein typischer Anwendungsfall für ein solches Code-Snippet ist die Implementierung von Regelfunktionen einer NC-Steuerung, wie z.B. Lage-, Geschwindigkeits-, oder Momentenregelung. Abbildung A.8 zeigt das entsprechende

```
// copy the next 2 lines to the place where the thread should be started
pthread_t cyclic_thread;
pthread_create(&(cyclic_thread), NULL, MyImpl::LoopImpl_exec_i::staticThreadMethod,(void*)this);

// copy the following line to the corresponding class header file
static void* staticThreadMethod(void* this_vp);

// copy the following method implementation to the class implementation
void* MyImpl::LoopImpl_exec_i::staticThreadMethod(void* this_vp)
{
    // re-cast reference to parent object
    MyImpl::LoopImpl_exec_i* self = static_cast<MyImpl::LoopImpl_exec_i*>(this_vp);

    // set scheduling mechanism that the thread will be handled with
    int policy = SCHED_FIFO;
    struct sched_param schedp;
    memset(&schedp, 0, sizeof(schedp));
    // set priority of thread
    schedp.sched_priority = 10;

    // set the new scheduling parameters
    sched_setscheduler(0, policy, &schedp);

    // TODO: own implementations of thread functionality to follow here...

}
```

Abbildung A.7: C++-Code-Snippet für das Erstellen eines echtzeitfähigen Threads

C++ code snippet for creating a real-time thread

```
struct timespec now, next, interval;

// define inteval-time for first loop
interval.tv_sec = 0;
interval.tv_nsec = 50000;

// get current time
clock_gettime(CLOCK_REALTIME, &now);
// store current time
next = now;
next.tv_sec++;

// infinite loop
while(1)
{
    // get current time
    clock_gettime(CLOCK_REALTIME, &now);

    // sleep for the calculated time interval
    clock_nanosleep(CLOCK_REALTIME, TIMER_RELTIME, &interval, NULL);

    {
        // enter here the cyclic loop code
        // or call a method that encapsulates that code
    }

    // get current time
    clock_gettime(CLOCK_REALTIME, &next);

    // calculate the interval to sleep, so that
    // (execution time of loop code) + (sleep interval) = cycle-time
    interval.tv_nsec = 50000-(next.tv_sec-now.tv_sec);

}// end while(1)
```

Abbildung A.8: C++-Code-Snippet für eine echtzeitfähige, zyklische Schleife

C++ code snippet for a real-time capable cyclic loop

Code-Snippet. Eine Alternative zu dieser Art der Implementierung einer zyklischen Ausführung von Code wäre die Implementierung mit sogenannten *Timern*. Ein Timer löst nach einer zu spezifizierenden Zeit einen Interrupt aus, welcher wiederum die Ausführung einer Funktion auslösen kann. Im Falle der Echtzeiterweiterung RT-PREEMPT sind die echtzeitfähigen Timer zur Zeit dieser Arbeit jedoch nicht so genau wie die hier vorgeschlagene Lösung. Das letzte Snippet lässt sich sehr gut mit dem zur Erstellung eines echtzeitfähigen Threads kombinieren, da es oftmals sinnvoll ist, eine Schleife mit fester Zykluszeit in einem separaten Thread auszuführen.

A.5 Ablaufdiagramme der Code-Generierung von DEDiCoS

Concept Diagrams of DEDiCoS Code Generation

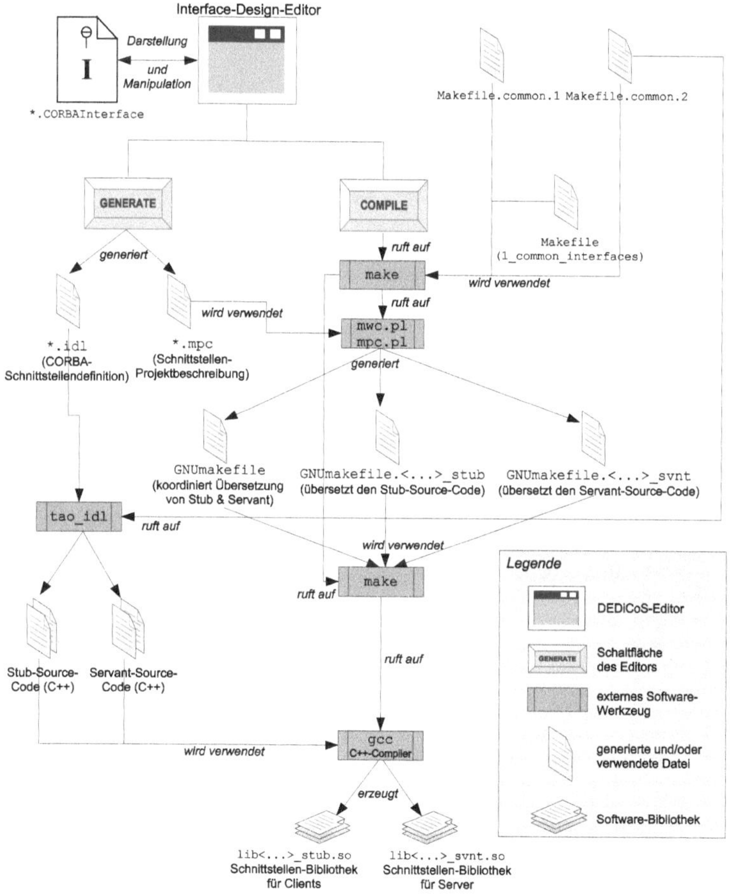

Abbildung A.9: Generierung von Source-Code und automatisches Übersetzen durch den Interface-Design-Editor

Generation of source code and automatic compilation by the Interface Design Editor

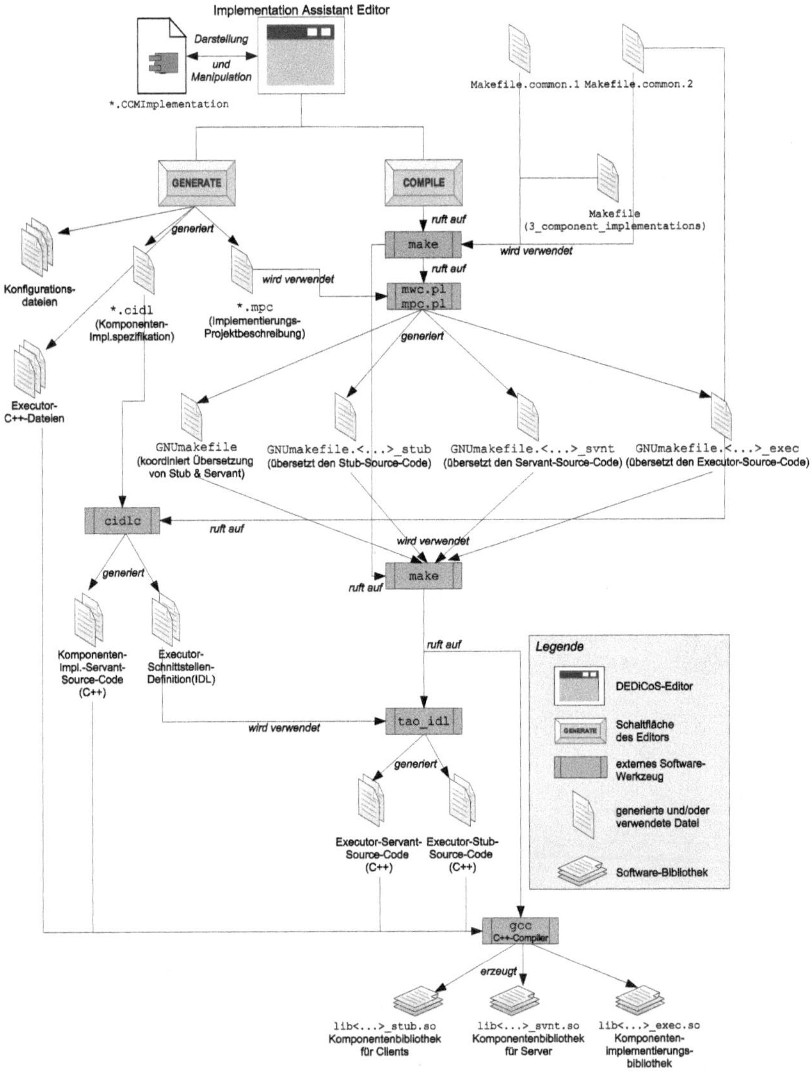

Abbildung A.10: Generierung von Source-Code und automatisches Übersetzen durch den *Implementation Assistant Editor*

Generation of source code and automatic compilation by the Implementation Assistant Editor

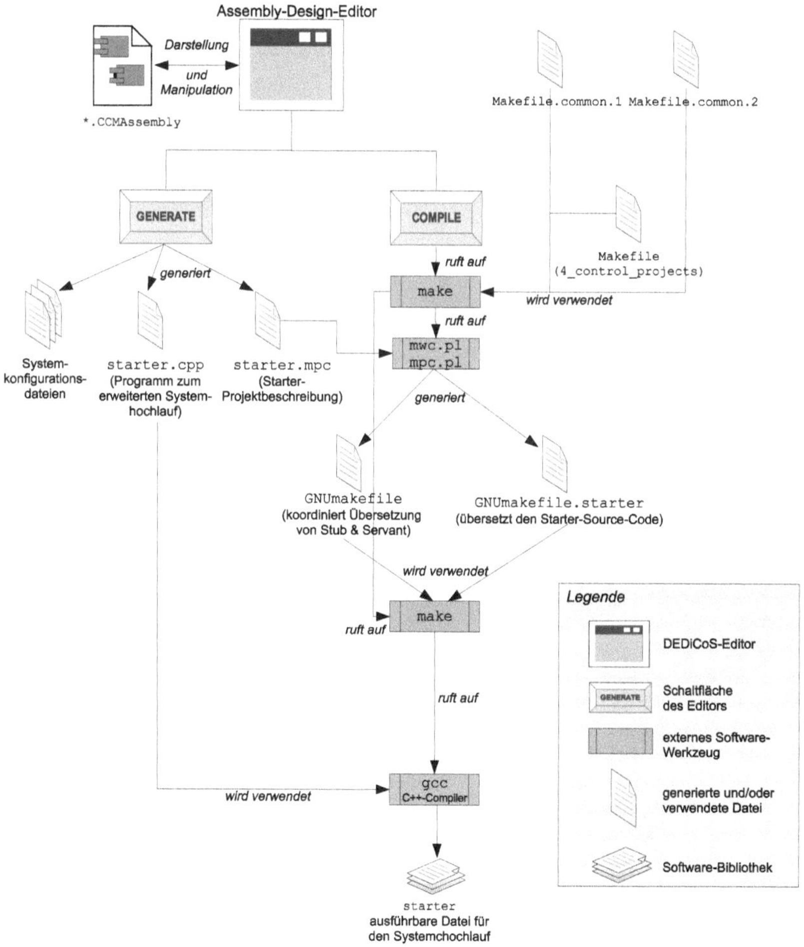

Abbildung A.11: Generierung von Source-Code und automatisches Übersetzen durch den *Assembly Design Editor*

Generation of source code and automatic compilation by the Assembly Design Editor

Literaturverzeichnis

[ABBO09] ABBOTT, D.: *Embedded Linux Development Using Eclipse.* Oxford, Großbritanien: Newnes/Elsevier Ltd., 2009

[ANDR04] ANDRESEN, A.: *Komponentenbasierte Softwareentwicklung mit MDA, UML 2 und XML.* 2. Auflage. München, Wien: Hanser Verlag, 2004

[ANDR08] ANDRON GMBH: *Produktübersicht andronic 2060.* Wasserburg: Firmenschrift, 2008

[ARNO07] ARNOWITZ, J.; ARENT, M. ; BERGER, N.: *Effective Prototyping for Software Makers.* Oxford, Großbritannien: Elsevier Ltd., 2007

[AUTO09] AUTOSAR: *AUTOMOTIVE OPEN SYSTEM ARCHITECTURE.* `http://www.autosar.org`. Version: 18.04.2009. – Projekt Website.

[BACH06] BACHLER, G.: Generic Motion Control. In: *automotion* Bd. 12. Bernecker und Rainer Industrie-Elektronik, 2006, S. 38–41

[BAUE09] BAUER, S.: *Eclipse für C/C++-Programmierer: Handbuch zu den Eclipse C/C++ Development Tools (CDT).* Heidelberg: dpunkt Verlag, 2009

[BENN05] BENNETT, S.: *Object-oriented Systems Analysis and Design Using UML.* 3. Auflage. Berkshire, Großbritannien: McGraw Hill Education, 2005

[BERL09] BERLIN RACING TEAM BEI DER URBAN CHALLENGE 2007: *Operating system and software framework.* `http://robotics.mi.fu-berlin.de/pmwiki/OverallSystem`. Version: 18.04.2009. – Projekt Website.

[BOLT01] BOLTON, F.; WALSHE, E.: *Pure CORBA: A Code-Intensive Premium Reference.* Indianapolis, IN, USA: Sams Publishing, 2001

[BREC05] BRECHER, C.; VOSS, M.: Potenziale komponentenbasierter offener NC-Steuerungssysteme. In: *Fortschritt-Berichte VDI - Fertigungs- und Medizintechnik: Gemeinsame Lösungansätze.* Düsseldorf: VDI Verlag, 2005, S. 121–134

[BREC07] BRECHER, C.; KLEIN, W.: Auf dem Weg zur Condition-Monitoring-fähigen Werkzeugmaschine. In: *wt Werkstattstechnik* Bd. 7/8. Springer-VDI-Verlag, 2007, S. 480–484

[BRUY01] BRUYNINCKX, H.: Open robot control software: the OROCOS project. In: *Proceedings 2001 IEEE International Conference on Robotics and Automation* Bd. 3. Coex Seoul, Korea: IEEE Press, 2001, S. 2523–2528

[BRÜH99] BRÜHL, J.; WECK, M.: OSACA produktreif - Einheitliche Schnittstelle zu allen Steuerungen. In: *wt Werkstattstechnik* Bd. 5, Jg. 89. Springer-VDI-Verlag, 1999, S. 263–264

[BRÜH03] BRÜHL, J.; WZL, RWTH AACHEN (Hrsg.): *Methoden zur Realisierung einheitlicher Schnittstellen für offene Steuerungssysteme.* Aachen: Shaker Verlag, 2003. – Dissertation

[BUNS02] BUNSE, C.; VON KNETHEN, A.: *Vorgehensmodelle kompakt.* Berlin, Heidelberg: Spektrum-Akademischer Verlag, 2002

[BURK06] BURKE, B.; MONSON-HAEFEL, R.: *Enterprise JavaBeans 3.0.* 5. Auflage. Sebastopol, USA: O'Reilly Media, Inc., 2006

[CORB05] CORBET, J.; RUBINI, A. ; KROAH-HARTMANN, G.: *Linux Device Drivers.* 3. Auflage. Sebastopol, USA: O'Reilly Media, Inc., 2005

[D'AN05] D'ANJOU, J.; FAIRBROTHER, S.; KEHN, D.; KELLERMAN, J. ; MCCARTHY, P.: *The Java^{TM}Developer's Guide to Eclipse.* 2. Auflage. Boston, USA: Addison-Wesley, 2005

[DANI96] DANIEL, C.; ISW, UNIVERSITÄT STUTTGART (Hrsg.): *Dynamisches Konfigurieren von Steuerungssoftware für offene Systeme.* Berlin, Heidelberg: Springer-Verlag, 1996. – Dissertation

[ECLI09] ECLIPSE FOUNDATION: *Eclipse C/C++ Development Tooling - CDT.* `http://www.eclipse.org/cdt`. Version: 02.06.2009. – Projekt Website.

[ECLO09] ECLOX DEVELOPMENT COMMUNITY: *Eclox.* `http://eclox.eu`. Version: 02.06.2009. – Projekt Website.

[EMBE09] EMBEDDED LINUX WIKI: *Realtime Testing Best Practices.* `http://elinux.org/Realtime_Testing_Best_Practices`. Version: 11.06.2009. – Embedded Linux Wiki Website.

[FAGO08] FAGOR AUTOMATION: *FAGOR CNC 8070 Catalog.* Arrasate-Mondragón, Spanien: Firmenschrift, 2008

[FIDI08] FIDIA S.P.A.: *Numerische Steuerungen: C10 - C20.* Arrasate-Mondragón, Spanien: Firmenschrift, 2008

[FOEG07] FOEGEN, M.; SOLBACH, M.; RAAK, C. ; KONRAD, M.: *Der Weg zur professionellen IT: Eine praktische Anleitung für das Management von Veränderungen mit CMMI, ITIL oder SPICE.* Berlin, Heidelberg: Springer Verlag, 2007

[FUCH08] FUCHS, P.; RENNERICH, M. ; SIMON, R.: Im Parallelschwung zur idealen Steuerungsplattform. In: *Kompass Steuerungstechnik 2009 - Informationen und Tipps für den Maschinenbau.* Frankfurt: VDMA-Verlag GmbH, 2008, S. 12–15

[FUJI98] FUJITA, S. ET AL.: Open System Environment for Controllers - OSEC Architecture and API. In: KOREN, Y. (Hrsg.); JOVANE, F. (Hrsg.) ; PRITSCHOW, G. (Hrsg.): *Global Activities on Open Architecture Control Systems* Bd. 2. Mailand, Italien: ITIA series, 1998

[GAMM95] GAMMA, E.; HELM, R.; JOHNSON, R. ; VLISSIDES, J.: *Design Patterns: Elements of Reusable Object-Oriented Software*. Boston, San Francisco, New York: Addion-Wesley, 1995

[GENE94] GENERAL MOTORS CORP.; FORD MOTORS CORP.; CHRYSLER CORP.: *Requirements of Open Modular Architecture Controllers for Applications in the Automotive Industry*. Version 1.1. Detroit, USA: OMAC Users Group, 1994

[GEOR09] GEORGI, W.; METIN, E.: *Einführung in LabVIEW*. 4. Auflage. Leipzig: Hanser Fachbuchverlag, 2009

[GOKH99] GOKHALE, A.; SCHMIDT, D. C.: Techniques for Optimizing CORBA Middleware for Distributed Embedded Systems. In: *Proceedings of INFOCOM '99*. 1999, S. 513–521

[GOKH04] GOKHALE, A.; SCHMIDT, D. C.; NATARAJAN, B.; GRAY, J. ; WANG, N.: Model Driven Middleware. In: MAHMOUD, Q. H. (Hrsg.): *Middleware for Communications*. John Wiley & Sons, Ltd, 2004, S. 163–187

[HARD02] HARDEBUSCH, C.; WZL, RWTH AACHEN (Hrsg.): *Entwicklung offener NC-Steuerungen: Methoden und Werkzeuge*. Aachen: Shaker Verlag, 2002. – Dissertation

[HARR06] HARRANT, H.; HEMMRICH, A.: *Risikomanagement in Projekten*. 9. Auflage. München, Wien: Carl Hanser Verlag, 2006

[HATC03] HATCLIFF, J.; DENG, X.; DWYER, M. B.; JUNG, G. ; RANGANATH, V.: Cadena: an integrated development, analysis, and verification environment for component-based systems. In: *ICSE '03: Proceedings of the 25th International Conference on Software Engineering*. Washington, DC, USA: IEEE Computer Society, 2003, S. 160–173

[HEIN04] HEINECKE, H. ET AL.: AUTomotive Open System ARchitecture - An Industry-Wide Initiative to Manage the Complexity of Emerging Automotive E/E-Architectures. In: *Convergence 2004*. Detroit: AUTOSAR, 2004

[HEIN06] HEINECKE, H. ET AL.: AUTOSAR - Current results and preparations for exploitation. In: *7th EUROFORUM conference "Software in the vehicle"*. Stuttgart: AUTOSAR, 2006

[HENN99] HENNING, M.; VINOSKI, S.: *Advanced CORBA programming with C++*. Boston, MA, USA: Addison-Wesley Longman Publishing Co., Inc., 1999

[HERM03] BRUYNINCKX, Herman; SCHUTTER, Joris D.; LEFEBVRE, Tine; GADEYNE, Klaas; SOETENS, Peter; RUTGEERTS, Johan; SLAETS, Peter ; MEEUSSEN, Wim: Building Blocks for SLAM in Autonomous Compliant Motion. In: DARIO, Paolo (Hrsg.); CHATILA, Raja (Hrsg.): *ISRR* Bd. 15, Springer Verlag, 2003 (Springer Tracts in Advanced Robotics), S. 432–441

[HÖHN08] HÖHN, R.; HÖPPNER, S.: *Das V-Modell XT*. Berlin, Heidelberg: Springer Verlag, 2008

[ICMG09] ICMG: *Products Component Lab*. http://www.icmgworld.com/products.asp. Version: 05.07.2009. – Firmen-Produkt-Website.

[IHNS07] IHNS, O.; HARBECK, D.; HELDT, S. M.; KOSCHEK, H.; EHM, J.; SAHLING, C. ; SCHLÖMMER, R.: *EJB 3 professionell*. Heidelberg: dpunkt Verlag, 2007

[IMBU09] IMBUS AG AND MODELWARE CONSORTIUM: *MODELWARE*. http://www.modelware-ist.org/. Version: 18.04.2009. – Projekt Website.

[IWAN05] IWANITZ, F.; LANGE, J.: *OPC - Grundlagen, Implementierung und Anwendung*. 3. Auflage. Heidelberg: Hüthig Verlag, 2005

[JOCH01] JOCHEM, M.; DEISENROTH, J.: Offenheit als Mittel zur Kosteneinsparung. In: *A&D Kompendium 2001*. München: publish industry Verlag, 2001, S. 55–57

[JOSU02] JOSUTTIS, N.: *Object-Oriented Programming in C++*. 3. Auflage. New York, Chichester, Weinheim, Brisbane, Singapore, Toronto: John Wiley & Sons, 2002

[KAHM05] KAHMEN, A.; WZL, RWTH A. (Hrsg.): *Eine offene Integrationsplattform zur Prozess- und Maschinenzustandsüberwachung in Numerischen Steuerungen*. Aachen: Shaker Verlag, 2005. – Dissertation

[KANS09] KANSAS STATE UNIVERSITY: *Cadena Home*. http://cadena.projects.cis.ksu.edu. Version: 05.07.2009. – Projekt Website.

[KATH09] KATHOLIEKE UNIVERSITEIT LEUVEN; FMTC: *The Orocos Project. Smarter control in robotics & automation!* http://www.orocos.org. Version: 18.04.2009. – Projekt Website.

[KERZ06] KERZNER, H.: *Project Management. A Systems Approach to Planning, Scheduling, and Controlling*. 9. Auflage. New York, Chichester, Weinheim, Brisbane, Singapore, Toronto: John Wiley & Sons, 2006

[KIEN08] KIENZLE, E.; FRIEDRICH, J.: *Programmierungs von Echtzeit-Systemen*. 1. Auflage. Leipzig: Hanser Fachbuchverlag, 2008

[KRÜG04] KRÜGER, P.; WZL, RWTH AACHEN (Hrsg.): *Seuerung und Regelung für Maschinen mit ebener Parallelkinematik*. Aachen: Shaker Verlag, 2004. – Dissertation

[LAHR09] LAHRES, B.; RAYMAN, G.: *Objektorientierte Programmierung*. 2. Auflage. Bonn: Galileo Press, 2009

[LARM05] LARMAN, C.: *Applying UML and Patterns: An Introduction to Object-Oriented Analysis and Design and Iterative Development*. 3. Auflage. Upper Saddle River, NJ, USA: Pearson Education, Inc., 2005

[LEHM07] LEHMBACH, J.: *Vorgehensmodelle im Spannungsfeld traditioneller, agiler und Open-Source-Softwareentwicklung*. Stuttgart: Ibidem, 2007

[LEMI01] LEMIEUX, J.: *Programming in the Osek/VDX Environment*. USA: Elsevier B.V., CMP PUBLICATIONS, 2001

[LIGG02] LIGGESMEYER, P.: *Software-Qualität. Testen, Analysieren und Verifizieren von Software.* München: Spektrum Akademischer Verlag, 2002

[LINU08] LINUXCNC.ORG: *LinuxCNC.org: Home of users of the Enhanced Machine Controller - EMC.* http://www.linuxcnc.org/. Version: 31.12.2008. – Projekt Website.

[LITT04] LITTO, M.; KORAJDA, I.; MANGOLD, C.; ANGERBAUER, R.; HILS, W. ; LERCHE, M.: *Baukastenbasiertes Engineering mit Föderal - Ein Leitfaden für Maschinen- und Anlagenbauer.* VDMA Verlag, Frankfurt, 2004

[MANG08] MANGOLD, P.: *IT Projektmanagement kompakt.* Berlin, Heidelberg: Spektrum-Akademischer Verlag, 2008

[MEYE05] MEYERS, S.: *Effective C++: 55 Specific Ways to Improve Your Programs and Designs.* 3. Auflage. München: Addison-Wesley, 2005

[MICH00] MICHALOSKI, J.; BIRLA, S.; YEN, C. J.; IGOU, R. ; WEINERT, G.: An open system framework for component-based CNC machines. In: *ACM Computing Surveys (CSUR)* Bd. 32. New York, USA: ACM Publishing, 2000

[MÜLL97] MÜLLER, J.; ISW, UNIVERSITÄT STUTTGART (Hrsg.): *Objektorientierte Softwareentwicklung für offene numerische Steuerungen.* Berlin, Heidelberg: Springer Verlag, 1997. – Dissertation

[NASC01] NASCA, J.: Comparison of three different open architecture controllers. In: *Proceedings of International Federation of Automatic Control (IFAC)-MIM.* Prag, Tschechische Republik: IFAC, 2001, S. 134–138

[NEUB04] NEUBAUER, B.; RITTER, T. ; STOINSKI, F.: *CORBA Komponenten - Effektives Software-Design und Programmierung.* Berlin: Springer Verlag, 2004

[NEUH03] NEUHAUS, J.; WZL, RWTH AACHEN (Hrsg.): *Umkonfigurieren von Werkzeugmaschinen durch Plug & Play mechatronischer Module.* Aachen: Shaker Verlag, 2003. – Dissertation

[OBJE04] OBJECT MANAGEMENT GROUP: Common Object Request Broker Architecture (CORBA/IIOP) / Object Management Group. Version: 2004. http://www.omg.org/docs/formal/04-03-01.pdf. 2004 (Version 3.0.3). – Specification

[OBJE06] OBJECT MANAGEMENT GROUP: CORBA Component Model 4.0 Specification / Object Management Group. Version: April 2006. http://www.omg.org/docs/formal/06-04-01.pdf. 2006 (Version 4.0). – Specification

[OBJE09] OBJECT COMPUTING, INC.: *The Makefile, Project, and Workspace Creator (MPC).* http://downloads.ociweb.com/MPC/MakeProjectCreator.pdf. Version: 01.08.2009. – Firmen-Produktbeschreibung.

[OCEA02] OCEAN CONSORTIUM; KAHMEN, A.: *OCEAN Deliverable 1.1: Usability Study of available Real-Time Operating and Communication Systems.* Aachen/Mailand, Italien: OCEAN Consortium, 2002

[OCEA05a] OCEAN CONSORTIUM; KAHMEN, A.; VOSS, M.: *OCEAN Deliverable 2.5: Validation of the DCRF.* Aachen/Mailand, Italien: OCEAN Consortium, 2005

[OCEA05b] OCEAN CONSORTIUM; VOSS, M.: *OCEAN Deliverable 4.9: Manual of the Extended Reference Architecture for Open Control Systems based on OCEAN.* Aachen/Mailand, Italien: OCEAN Consortium, 2005

[OCEA05c] OCEAN CONSORTIUM; VOSS, M.: *OCEAN Deliverable 5.5: Description of Demonstrators.* Aachen/Mailand, Italien: OCEAN Consortium, 2005

[OCEA05d] OCEAN CONSORTIUM; WILD, M.: *OCEAN Deliverable 2.4: Implementation of the DCRF.* Aachen/Mailand, Italien: OCEAN Consortium, 2005

[OMAC99] OMAC API WORK GROUP: *OMAC API SET.* Version 0.23. Detroit, USA: OMAC API Work Group, 1999

[OSAC96] OSACA ASSOCIATION: *OSACA - Open System Architecture for Controls within Automation Systems - OSACA I & II Final Report.* Stuttgart: OSACA Association, 1996

[OSAC01] OSACA ASSOCIATION: *OSACA Handbook.* Version 2.0. Stuttgart: OSACA Association, 2001

[OSAC09] OSACA ASSOCIATION: *OPEN SYSTEM ARCHTECTURE FOR CONTROLS WITHIN AUTOMATION SYSTEMS.* `http://www.osaca.org`. Version: 18.04.2009. – Projekt Website.

[OSAD09a] OSADL GENOSSENSCHAFT: *Open Source Automation Development Lab.* `http://www.osadl.org`. Version: 05.06.2009. – Projekt Website.

[OSAD09b] OSADL GENOSSENSCHAFT: *Open-Source-Software und Virtualisierung in der Automatisierungsindustrie - Modeerscheinungen oder Paradigmenwechsel?* `http://www.osadl.org/Open-Source-Software-und-Virtualisierung.osadl-whitepaper-foss-de.0.html`. Version: 10.12.2009. – OSADL Whitepaper auf der OSADL-Website.

[PFEI01] PFEIFER, T.: *Qualitätsmanagement. Strategien, Methoden, Techniken.* 3. Auflage. München, Wien: Hanser Verlag, 2001

[PILA08] PILATO, C. M.; COLLINS-SUSSMAN, B. ; FITZPATRICK, B. W.: *Version Control with Subversion.* 2. Auflage. Sebastopol, USA: O'Reilly Media, 2008

[POPP07] POPP, G.: *Konfigurationsmanagement mit Subversion, Ant und Maven: Grundlagen für Softwarearchitekten und Entwickler.* 2. Auflage. Heidelberg: dpunkt Verlag, 2007

[PRIT01] PRITSCHOW, G. ET AL.: Open Controller Architecture - Past, Present and Future. In: *Annals of the CIRP* Bd. 50, Nr. 2. Paris, Frankreich: CIRP Published by Elsevier B.V., 2001, S. 463–470

[PRIT03] PRITSCHOW, G.; WECK, M.; BAUER, G.; KAHMEN, A.; KREMER, M. ; WILD, M.: OCEAN: Offene, echtzeitfähige Steuerungsarchitektur. In: *wt Werkstattstechnik* Bd. 5. Springer-VDI-Verlag, 2003, S. 374 ff.

[PRIT06] PRITSCHOW, G.: *Einführung in die Steuerungstechnik.* 1. Auflage. München, Wien: Carl Hanser Verlag, 2006

[QUAT02] QUATRANI, T.: *Visual Modeling with Rational Rose 2002 and UML.* 3. Auflage. Amsterdam, Niederlande: Addison-Wesley Longman, 2002

[RANG03] RANGANATH, V.; CHILDS, A.; GREENWALD, J.; DWYER, M. B.; HATCLIFF, J. ; SINGH, G.: Cadena: enabling CCM-based application development in Eclipse. In: *eclipse '03: Proceedings of the 2003 OOPSLA workshop on eclipse technology eXchange.* New York, NY, USA: ACM, 2003, S. 20–24

[RAUS08] RAUSCH, A.; BROY, M.: *Das V-Modell XT: Grundlagen, Erfahrungen und Werkzeuge.* Heidelberg: dpunkt Verlag, 2008

[ROBE96] ROBERT BOSCH GMBH: *Typ3 osa. Dokumentation der NCS.* Erbach: Firmenschrift, 1996

[ROBE07] ROBERTZ, S. G.; HENRIKSSON, R.; NILSSON, K.; BLOMDELL, A. ; TARASOV, I.: Using real-time Java for industrial robot control. In: *JTRES '07: Proceedings of the 5th international workshop on Java technologies for real-time and embedded systems.* New York, NY, USA: ACM, 2007, S. 104–110

[RUMB04] RUMBAUGH, J.; JACOBSON, I. ; BOOCH, G.: *The Unified Modeling Language Reference Manual.* 2. Auflage. Amsterdam, Niederlande: Addison-Wesley Longman, 2004

[RUPP07] RUPP, C.: *Requirements-Engineering und -Management: Professionelle, iterative Anforderungsanalyse für die Praxis.* 4. Auflage. München, Wien: Carl Hanser Verlag, 2007

[RÄTZ04] RÄTZMANN, M.: *Software-Testing & Internationalisierung - Rapid Application Testing, Softwaretest, Agiles Qualitätsmanagement.* 2. Auflage. Bonn: Galileo Press, 2004

[SCHA05] SCHARNHORST, T. ET AL.: AUTOSAR - Challenges and Achievements 2005. In: *Electronic Systems for Vehicles 2005, VDI Congress.* Baden-Baden: VDI Verlag, 2005

[SCHM97] SCHMIDT, D. C.; GOKHALE, A.; HARRISON, T. H. ; PARULKAR, G.: A High-performance Endsystem Architecture for Real-time CORBA. In: *IEEE Communications Magazine* Bd. 14. 1997, S. 72–77

[SCHM09a] SCHMIDT, D. C.: *Component-Integrated ACE ORB (CIAO).* `http://www.cse.wustl.edu/ schmidt/CIAO.html`. Version: 01.08.2009. – Projekt Website.

[SCHM09b] SCHMIDT, D. C.: *Tutorial on the Lightweight CORBA Component Model (CCM) - Industrialozing the Development of Distributed Real-time and Embedded Systems.* `http://www.cs.wustl.edu/ schmidt/OMG-CCM-Tutorial.ppt`. Version: 01.08.2009. – Präsentationsdokument.

[SCHW09] SCHWEBEL, R.; FU, L.: *RT PREEMPT HOW TO im RTWiki.* http://rt.wiki.kernel.org/index.php/RT_PREEMPT_HOWTO. Version: 11.06.2009. – Website.

[SEIG06] SEIGNOLE, V; WIGHAM, C. ; RADERMACHER, A.: Component-based approach to real-time and embedded systems. In: *Real-time and Embedded Systems Workshop.* Arlington, USA: Object Management Group (OMG), 2006, S. Vortragsfolien

[SHOR07] SHORE, J.; WARDEN, S.: *The Art of Agile Development.* Sebastopol, USA: O'Reilly Media, 2007

[SIEG00] SIEGEL, J.: *CORBA 3: Fundamentals and Programming.* 2. Auflage. New York, Chichester, Weinheim, Brisbane, Singapore, Toronto: John Wiley & Sons, Inc., 2000

[SIEM97] SIEMENS AG: *SINUMERIK 840D OEM-package NCK Software Release 4 User's Manual.* 12.97. Erlangen: Firmenschrift, 1997

[SIEM03] SIEMENS AG: *sinumerik OPEN ARCHITECTURE - Durchgängig offen bis in den Kern.* 12.97. Erlangen: Firmenschrift, 2003

[SMIT08] SMITS, R.; DE LAET, T.; CLAES, K.; BRUYNINCKX, H. ; DE SCHUTTER, J.: iTASC: a tool for multi-sensor integration in robot manipulation. In: *IEEE International Conference on Multisensor Fusion and Integration for Intelligent Systems, MFI 2008.* Seoul, Korea: ACM Publishing, 2008, S. 426–433

[SOUR09] SOURCEFORGE.NET DEVELOPMENT COMMUNITY: *ecp 0.7 - Eclipse Corba Plugin.* http://eclipsecorba.sourceforge.net. Version: 05.06.2009. – Projekt Website.

[SPER99] SPERLING, W.; ISW, UNIVERSITÄT STUTTGART (Hrsg.): *Modulare Systemplattformen für offene Steuerungssysteme.* Berlin, Heidelberg: Springer Verlag, 1999. – Dissertation

[SRIP06] SRIPLAKICH, P.; BLANC, X. ; GERVAIS, M.-P.: Supporting transparent model update in distributed CASE tool integration. In: *SAC '06: Proceedings of the 2006 ACM symposium on Applied computing.* New York, NY, USA: ACM, 2006, S. 1759–1766

[STAH07] STAHL, T.; VÖLTER, M.; EFFTINGE, S. ; HAASE, A.: *Modellgetriebene Softwareentwicklung: Techniken, Engineering, Management.* 2. Auflage. Heidelberg: dpunkt Verlag, 2007

[SUNI08] SUNIWE PROJECT CONSORTIUM; STAFFORDSHIRE UNIVERSITY ENTERPRISES LTD.: *SUNIWE.* http://projects.staffs.ac.uk/suniwe/project/rup.html. Version: 01.12.2008. – Projekt Website.

[SUTT04] SUTTER, H.; ALEXANDRESCU, A.: *C++ Coding Standards: 101 Rules, Guidelines and Best Practices.* Amsterdam, Niederlande: Addison-Wesley Longman, 2004

[THE 09] THE MATHWORKS, INC.: *Real-Time Workshop 7.3 - Generierung von C-Code aus Simulink-Modellen and MATLAB-Code.* http://www.mathworks.de/products/rtw/. Version: 05.07.2009. – Firmen Website.

[TIGR09a] TIGRIS.ORG: *Subclipse*. `http://subclipse.tigris.org/`. Version: 02.06.2009. – Projekt Website.

[TIGR09b] TIGRIS.ORG: *Subversion*. `http://subversion.tigris.org/`. Version: 02.06.2009. – Projekt Website.

[VAN 09] VAN HEESCH, D.: *Doxygen*. `http://www.doxygen.org`. Version: 02.06.2009. – Projekt Website.

[VERS00] VERSTEEGEN, G.: *Projektmanagement mit dem Rational Unified Process*. Berlin, Heidelberg: Springer Verlag, 2000

[WANG04] WANG, N.; GILL, C. D.; SCHMIDT, D. C.; GOKHALE, A.; NATARAJAN, B.; LOYALL, J. P.; SCHANTZ, R. E. ; RODRIGUES, C.: QoS-Enabled Middleware. In: MAHMOUD, Q. H. (Hrsg.): *Middleware for Communications*. John Wiley & Sons, Ltd, 2004, S. 131–162

[WECK97] WECK, M.: Werkzeugmaschinen mit neuartiger Bewegungskinematik. In: *AWK-Fachkolloqium "Dynamik des technischen Wandels"*. Aachen: Werkzeugmaschinenlabor (WZL) der RWTH Aachen, 1997

[WECK98] WECK, M.; GIESSLER, M.: Auslegung von Werkzeugmaschinen auf Basis paralleler Kinematiken am Beispiel Hexapod und Dyna-M. In: *Tagungsband "Hexapod, Linapod, Dyna-M"*. Aachen: Werkzeugmaschinenlabor (WZL) der RWTH Aachen, 1998

[WECK06] WECK, M.; BRECHER, C.: Automatisierung von Maschinen und Anlagen. In: *Werkzeugmaschinen Fertigungssysteme 4*. 6. Auflage. Berlin, Heidelberg: Springer, 2006, S. 182–194

[WEIL08] WEILKIENS, T.: *Systems Engineering with SysML/UML - Modeling, Analysis, Design*. Burlington, USA: Morgan Kaufmann Publishers Inc, 2008

[WEIS02] WEISCHEDEL, G.; VERSTEEGEN, G. (Hrsg.): *Konfigurationsmanagement*. Berlin, Heidelberg: Springer Verlag, 2002

[WELL04] WELLINGS, A.: *Concurrent and Real-Time Programming in Java*. New York, Chichester, Weinheim, Brisbane, Singapore, Toronto: John Wiley & Sons, 2004

[WILL01] SHACKLEFORD, William P.; PROCTOR, Frederick M.: Use of open source distribution for a machine tool controller. In: ORBAN, Peter E. (Hrsg.); KNOPF, George K. (Hrsg.): *Sensors and Controls for Intelligent Manufacturing* Bd. 4191, Nr. 1. Boston, USA: SPIE, 2001, S. 19–30

[WÖRN09] WÖRN, H.; BRINKSCHULTE, U.: *Echtzeitsysteme - Grundlagen, Funktionsweisen, Anwendungen*. Berlin, Heidelberg: Springer Verlag, 2009

[ZIMM07] ZIMMERMANN, W.; SCHMIDGALL, R.: *Bussysteme in der Fahrzeugtechnik: Protokolle und Standards*. 2. Auflage. Wiesbaden: Vieweg, 2007

Lebenslauf

Persönliche Daten

Name	Markus Voß
Geburtsdaten	12. August 1975 in Meppen

Schulbildung

1982 – 1986	Hasebrink Grundschule Meppen
1986 – 1988	Orientierungsstufe der Johannesschule Meppen
1988 – 1995	Windthorst Gymnasium Meppen

Studium

10/1995 – 01/2003	Studium Informatik mit Anwendungsfach Elektrotechnik an der RWTH Aachen Abschluss: Diplom-Informatiker

Berufstätigkeit

02/2003 – 04/2008	Wissenschaftlicher Mitarbeiter / Projektleiter am Werkzeugmaschinenlabor (WZL) der RWTH Aachen, Lehrstuhl für Werkzeugmaschinen
06/2008 – 02/2009	Software-Architekt und Entwicklungsingenieur bei der Robert Bosch GmbH
seit 03/2009	System- und Software-Architekt bei der Robert Bosch GmbH

In der Reihe **Ergebnisse aus der Produktionstechnik** zuletzt erschienen:

Sankal, Talib:
Dynamically Distributed Real-Time Systems in Adaptive Manufacturing
ISBN: 978-3-98555- 359-4
Erscheinungsdatum: 24.08.2026

Boßmann, Carsten:
Planung hybrider Portfolios von Lösungsanbietern im Maschinenbau
ISBN: 978-3-98555-349-5
Erscheinungsdatum: 01.07.2026

Abramowski, Johann-Philip:
Entwicklung eines standardisierten Vorgehensmodells zur Integration manueller, automatisierter und virtueller Quality Gates in produzierenden Unternehmen
ISBN: 978-3-98555-347-1
Erscheinungsdatum: 22.06.2026

Klumpen, Niclas:
Einsatz von Formgedächtnislegierung zur Verbesserung des Dämpfungsvermögens von Fräswerkzeugen
ISBN: 978-3-98555-346-4
Erscheinungsdatum: 19.05.2026

Zhao, Guifeng:
Methoden zur effizienten und genauen Berechnung der statischen Nachgiebigkeit und der Eigenpaare dünnwandiger Werkstücke
ISBN: 978-3-98555-335-8
Erscheinungsdatum: 09.03.2026

Girmen, Caroline:
Integration of a Multimodal Sensor System for Health Monitoring of Battery Cells
ISBN: 978-3-98555-357-0
Erscheinungsdatum: 17.08.2026

Schümmelfeder, Sven:
Lebenszyklusorientierte Informationsstrukturierung zur Umsetzung von Produktkreislaufstrategien
ISBN: 978-3-98555-350-1
Erscheinungsdatum: 01.07.2026

Hoeren, Maximilian:
Lernende Algorithmen für die automatisierte aktive Justage optischer Systeme
ISBN: 978-3-98555-345-7
Erscheinungsdatum: 16.06.2026

Schmid, Tobias:
System- und Prozesstechnologie zur lokalen Beschichtung blechbasierter elektrischer Kontaktbauteile durch Laser-Draht-Mikroauftragschweißen
ISBN: 978-3-98555-339-6
Erscheinungsdatum: 09.04.2026

Frey, Christoph:
Gestaltung eines Ökosystems für Netzwerkinnovationen im Werkzeugbau
ISBN: 978-3-98555-329-7
Erscheinungsdatum: 23.02.2026

Edition Wissenschaft
Apprimus

Westphal, Christian:
Verzahnungsauslegung für Stufenplanetengetriebe
ISBN: 978-3-98555-330-3
Erscheinungsdatum: 11.02.2026

Schäfer, Jan Marvin:
Digitale Auftragsnachverfolgung auf dem Shopfloor additiver Produktionssysteme
ISBN: 978-3-98555-332-7
Erscheinungsdatum: 03.02.2026

Kiesewetter-Marko, Caroline:
Verwendung von Zementbeton für dynamisch belastete Strukturbauteile von Werkzeugmaschinen
ISBN: 978-3-98555-322-8
Erscheinungsdatum: 27.01.2026

Wiesch, Marian:
Lernende Prozesskraftmodellierung zur Planung und Überwachung in der Einzelteilfertigung für Fräsanwendungen
ISBN: 978-3-98555-324-2
Erscheinungsdatum: 13.01.2026

Maetschke, Jan:
Wirtschaftliche Leistungssteigerung von Produktionslinien
ISBN: 978-3-98555-316-7
Erscheinungsdatum: 09.12.2025

Blanke, Philipp:
Temporäre Automatisierung von Werkzeugmaschinen
ISBN: 978-3-98555-314-3
Erscheinungsdatum: 24.11.2025

Dehn, Mathias:
Korrektur des thermo-elastischen Maschinenfehlers von Fräsmaschinen mithilfe von künstlichen neuronalen Netzen und maschineninternen Daten
ISBN: 978-3-98555-326-6
Erscheinungsdatum: 23.02.2026

Buchholz, Philip:
Entwicklung und Evaluierung eines neuartigen Recyclingverfahrens für thermoplastische Tapes
ISBN: 978-3-98555-327-3
Erscheinungsdatum: 03.02.2026

Niwar, Lea:
Methodik zur Arbeitsvorbereitung mittels Maschinensteuerungs- und Sensordaten für extrusionsbasierte additive Verfahren
ISBN: 978-3-98555-315-0
Erscheinungsdatum: 13.01.2026

Bergs, Christian:
Untersuchung von Werkzeugschnittstellen für Fräsmaschinen unter Betriebsbedingungen
ISBN: 978-3-98555-320-4
Erscheinungsdatum: 13.01.2026

Slawik, Viktor:
Datenbasierte Analyse vernetzter natürlich sprachlicher Anforderungen in der Produktentwicklung
ISBN: 978-3-98555-313-6
Erscheinungsdatum: 24.11.2025

de Oliveira Löhrer, Patrícia:
Influence of Material Removal Mechanisms on Thermo-Mechanical Loads in Continuous Generating Gear Grinding
ISBN: 978-3-98555-309-9
Erscheinungsdatum: 17.11.2025

Edition Wissenschaft
Apprimus

Kolibri 360 GmbH
Ferdinand-Jühlke-Straße 7
99095 Erfurt, Deutschland
produktsicherheit@kolibri360.de